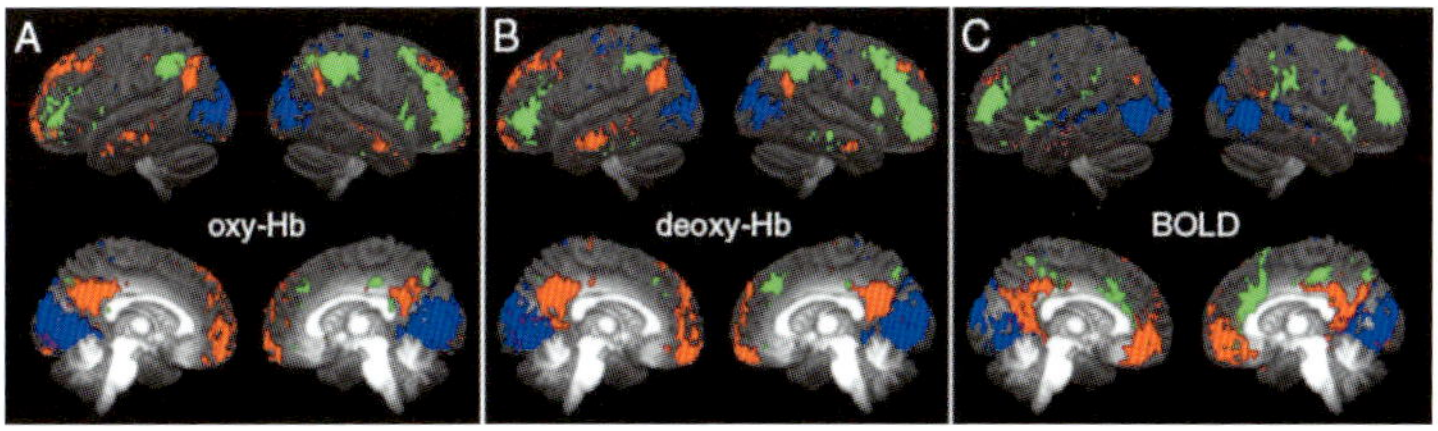

図２－１　安静時自発活動の fMRI と NIRS の同時計測

（Sasai et al. 2012 より引用）（本文 p.56）

NIRS で計測したチャンネルから得られた酸素化ヘモグロビン、脱酸素化ヘモグロビン、NIRS チャンネルの位置に相当するボクセルの BOLD 信号を、それぞれ seed として得られた機能的ネットワーク。デフォルトモードネットワーク（赤）、背側注意ネットワーク（青）、前頭頭頂ネットワーク（緑）。

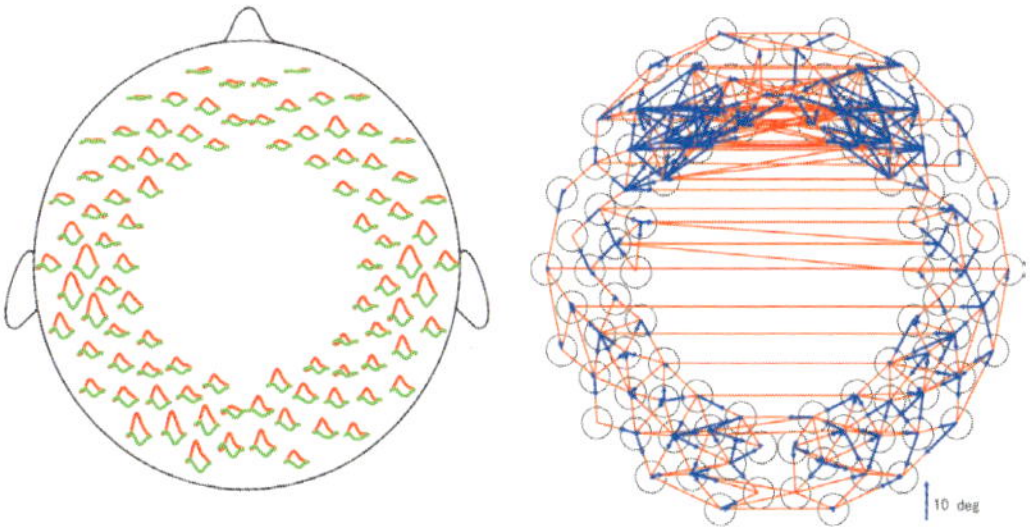

図２－２　睡眠中の音声応答と位相同期（Taga et al. 2011 より改変）

（本文 p.61）

左　酸素化ヘモグロビン（赤）と脱酸素化ヘモグロビン（緑）の応答

右　位相同期度（赤線）、位相勾配（青矢印）

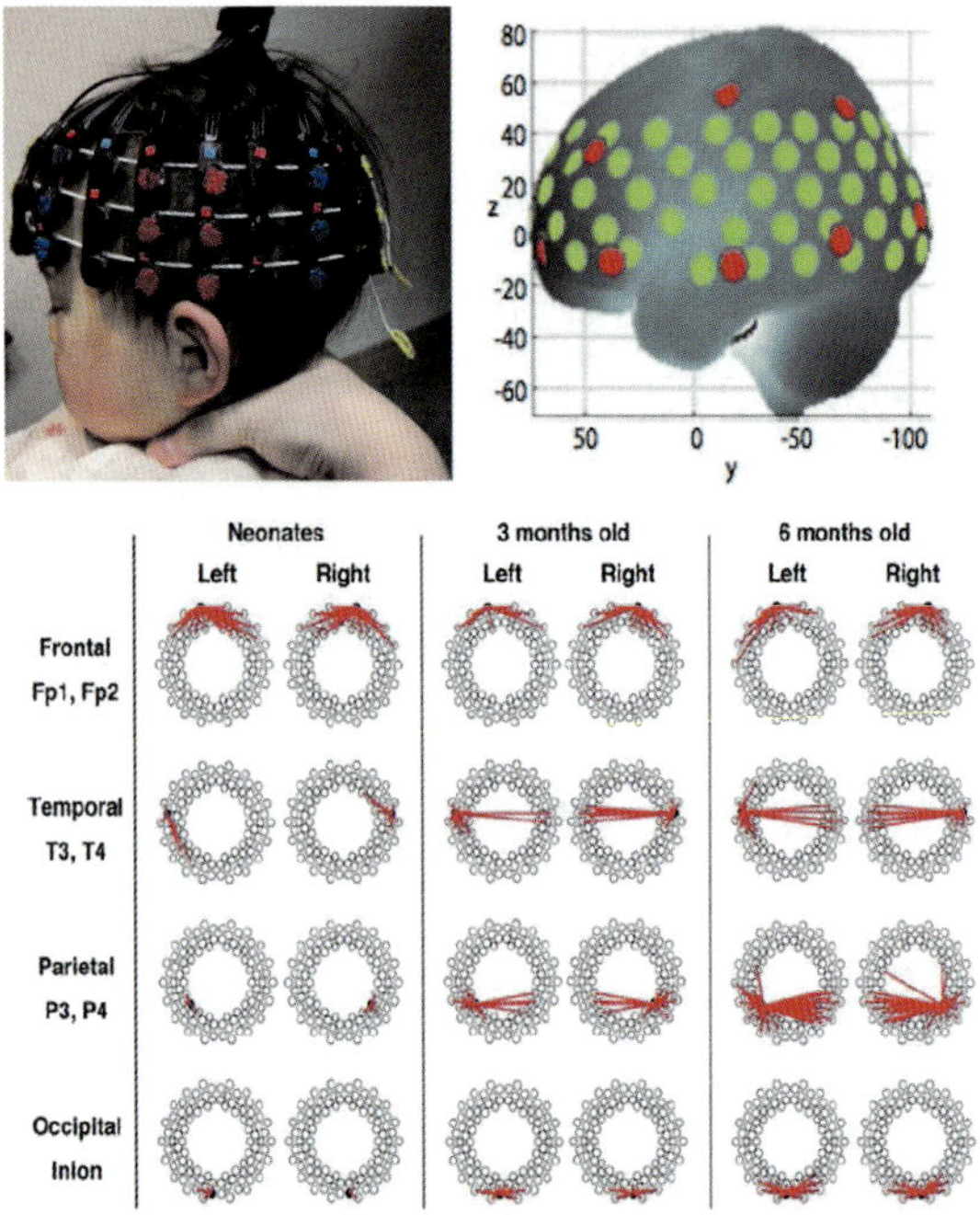

図２－３　NIRS 計測による乳児脳の機能的ネットワークの発達

（Watanabe et al. 2013; Homae et al. 2010 より引用）（本文 p.63）

顔の動画像　　おもちゃの動画像　　手伸ばし動画像

図３－10　ファローニらの実験で用いられた刺激画像

（Farroni et al. 2013）（本文 p.93）

新生児において、これらの画像と車の静止画像を観察中の脳活動を比較したところ、顔の動画像（左）だけに対し脳活動の上昇が示された。

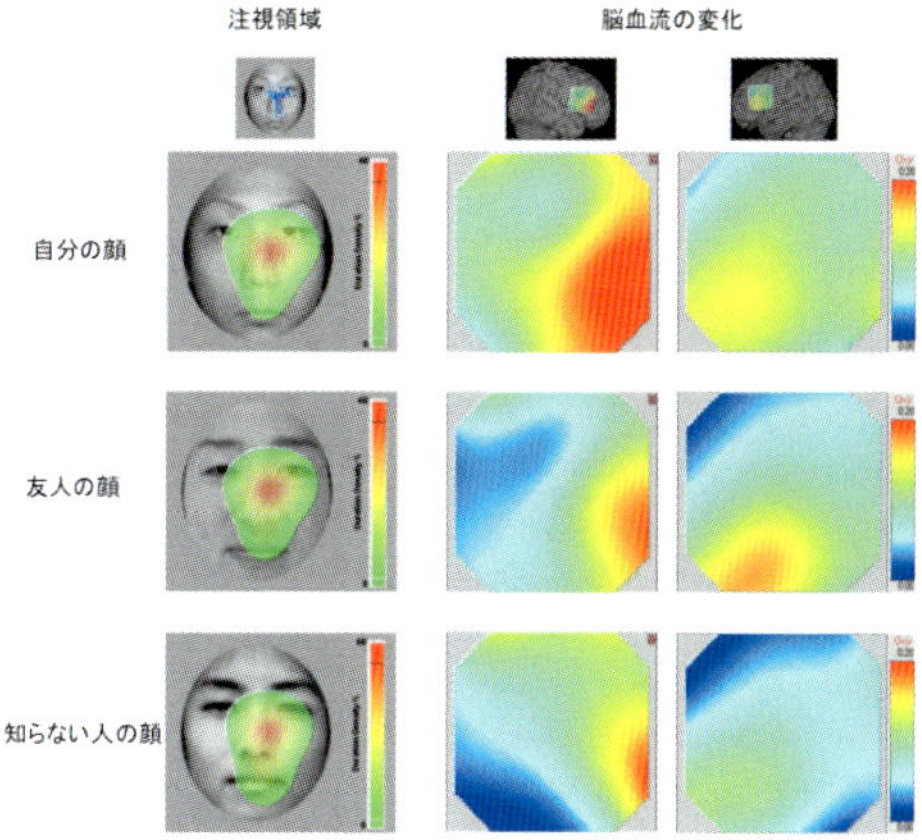

図４－３　さまざまな顔を見ている際の注視領域（左）と脳活動の変化（右）
（Kita et al. 2010b より改変）（本文 p.118）

いずれの顔を見ていても注視領域は大きく異ならない。友人の顔や知らない人の顔を見ている際に、前頭領域の脳活動に大きな変化は見られない。しかし、自分の顔を見ている際には、右の下前頭回周辺の活動が上昇している（赤色部分）

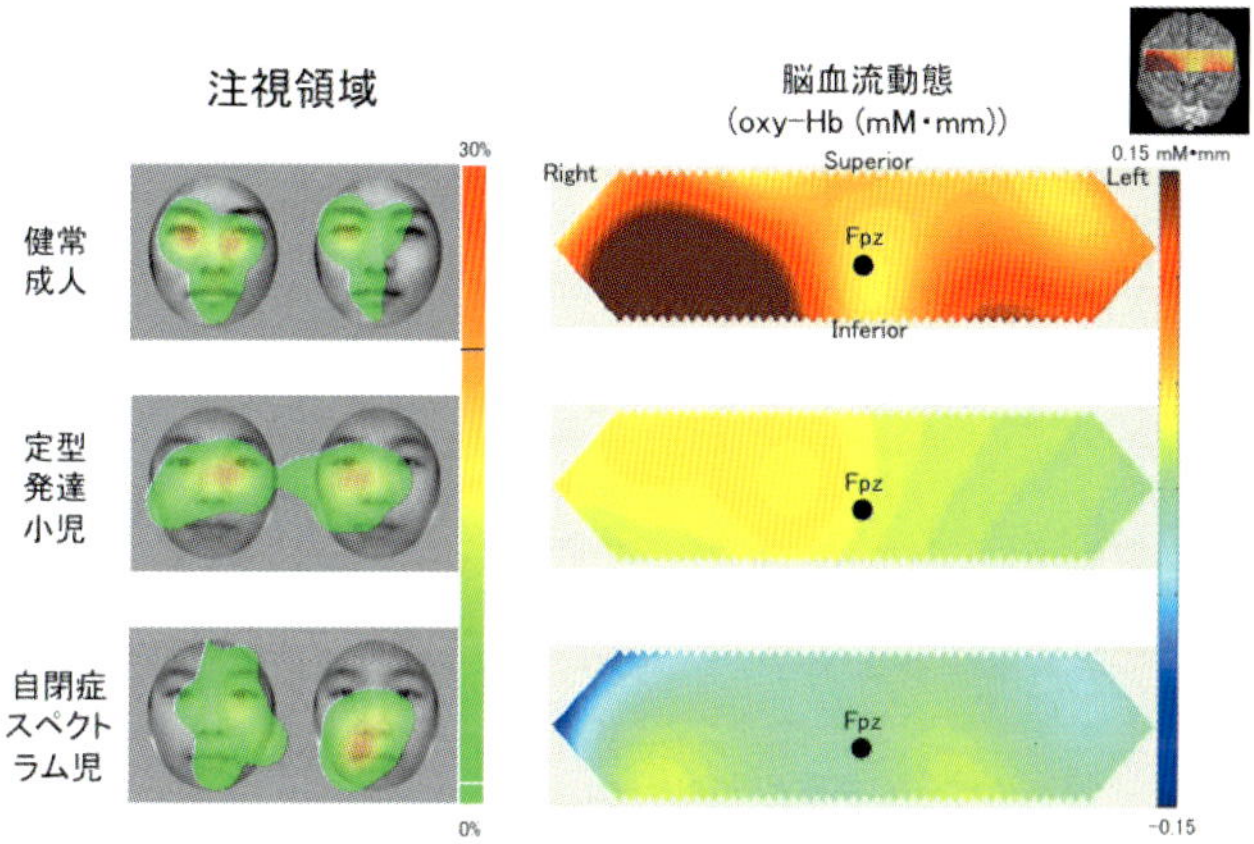

図４－４　自分の顔を見ている際の注視領域（左）と脳活動の変化（右）
（Kita et al. 2011 より改変）（本文 p.121）

健常成人、定型発達小児およびＡＳＤ児では、注視領域に大きな差異は認められなかった。健常成人では、自分の顔を見ている際に右の下前頭回周辺の活動が上昇していた。定型発達小児でもその傾向が認められた。一方、ＡＳＤ児では、そのような上昇が認められなかった。

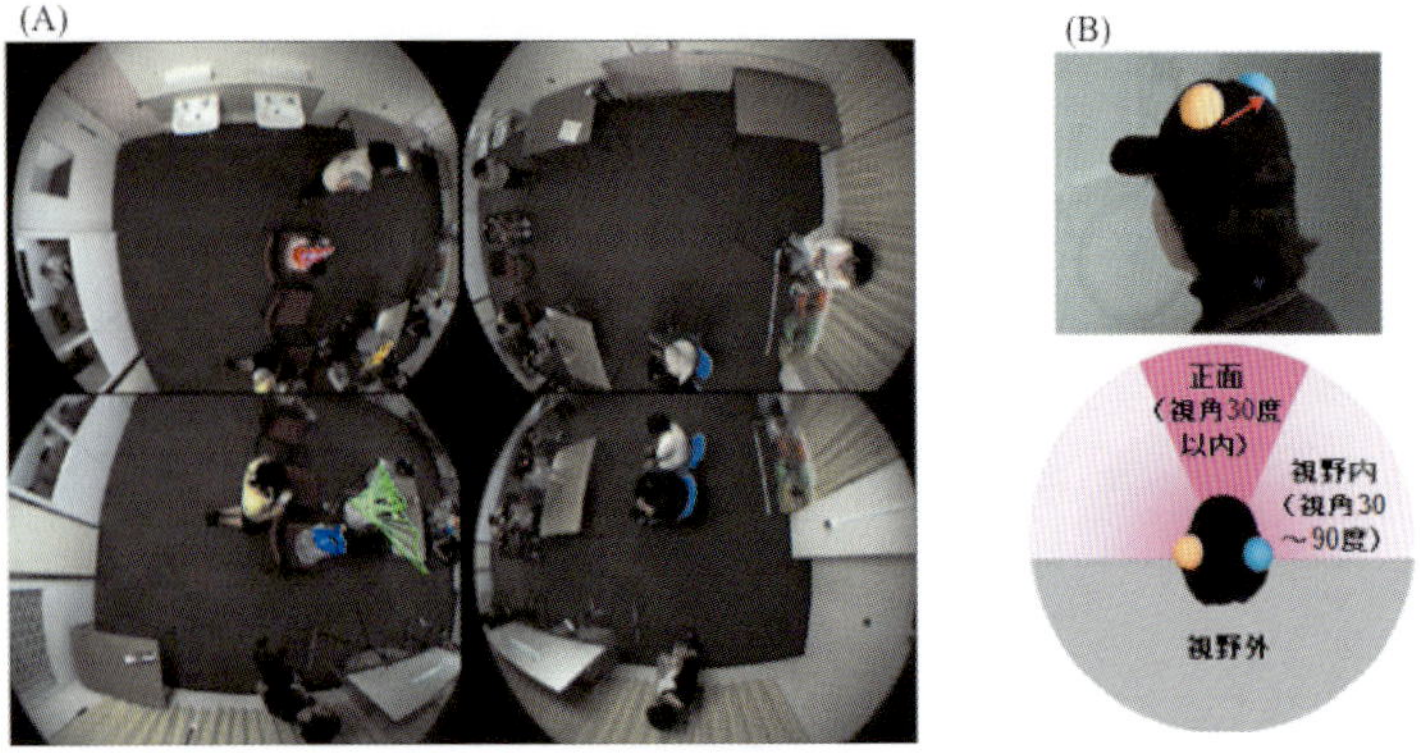

図４－７　活動部屋内に取り付けた魚眼レンズからの俯瞰図（左）**と被験者が着用した色マーカー付きの帽子**（右）（本文 p.132）

魚眼レンズを通して部屋の全体を記録し、色マーカーを追跡することで被験者の頭部の向きや、二者間の対人距離などを評価することができる。

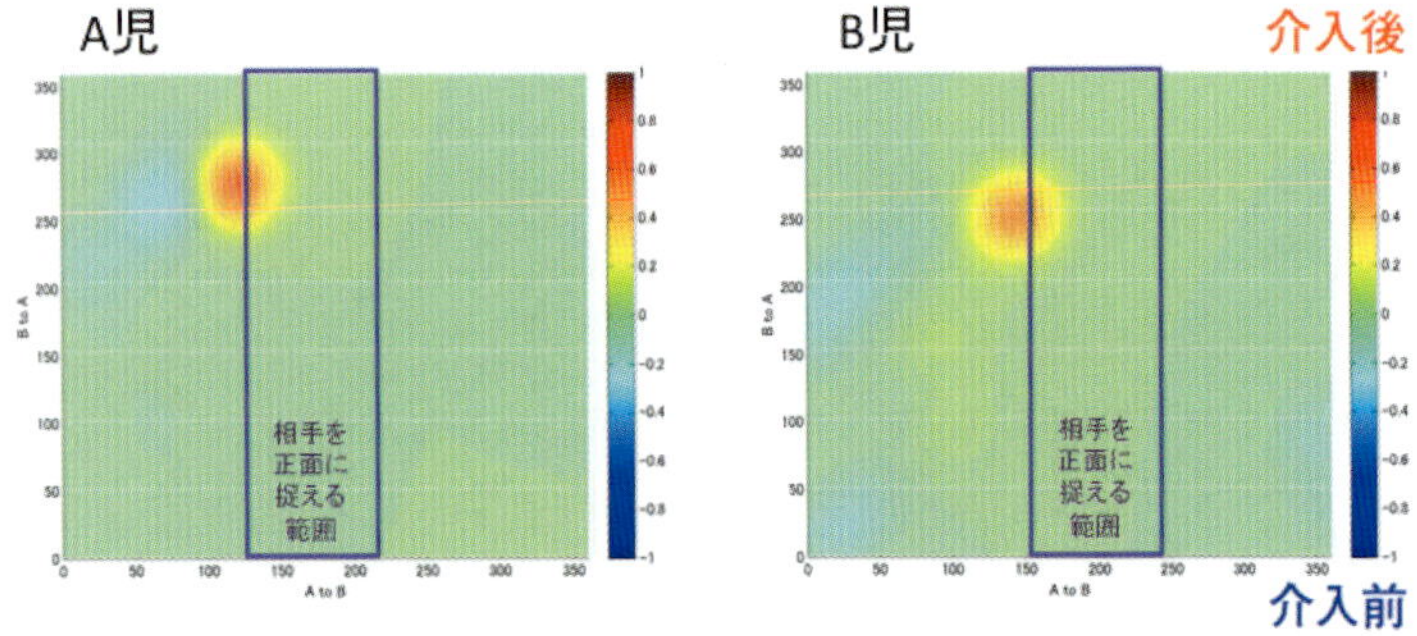

図４－10　介入プログラム前後におけるASD児の他者に注意を向ける行動の変化（本文 p.142）

介入前では、ペアの相手を正面に捉える行動はほとんど見られなかったが（青印）、介入後では相手を正面に捉え、注意を向ける行動が上昇し、改善傾向が示されたことが理解される（赤印）。

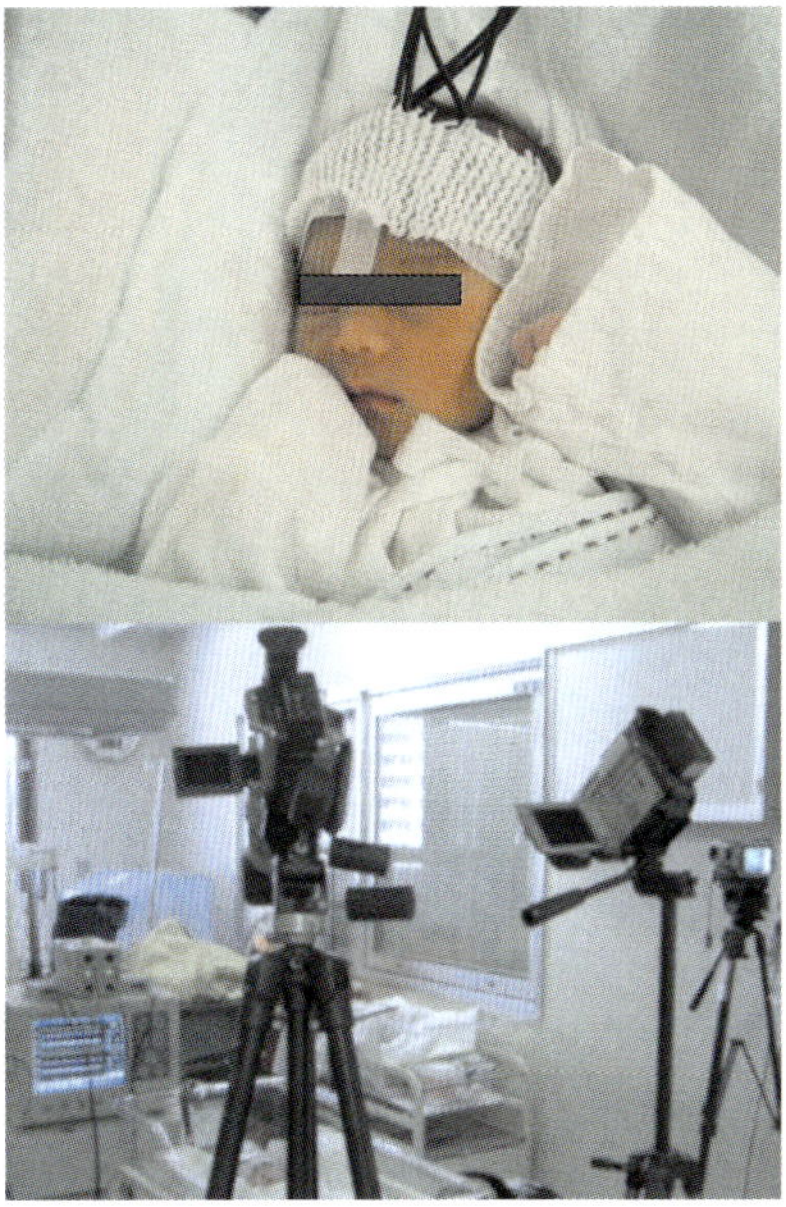

図５－５　NIRO-200 のオプトードを装着した新生児（上図）と
測定室の様子（下図）（本文 p.160）

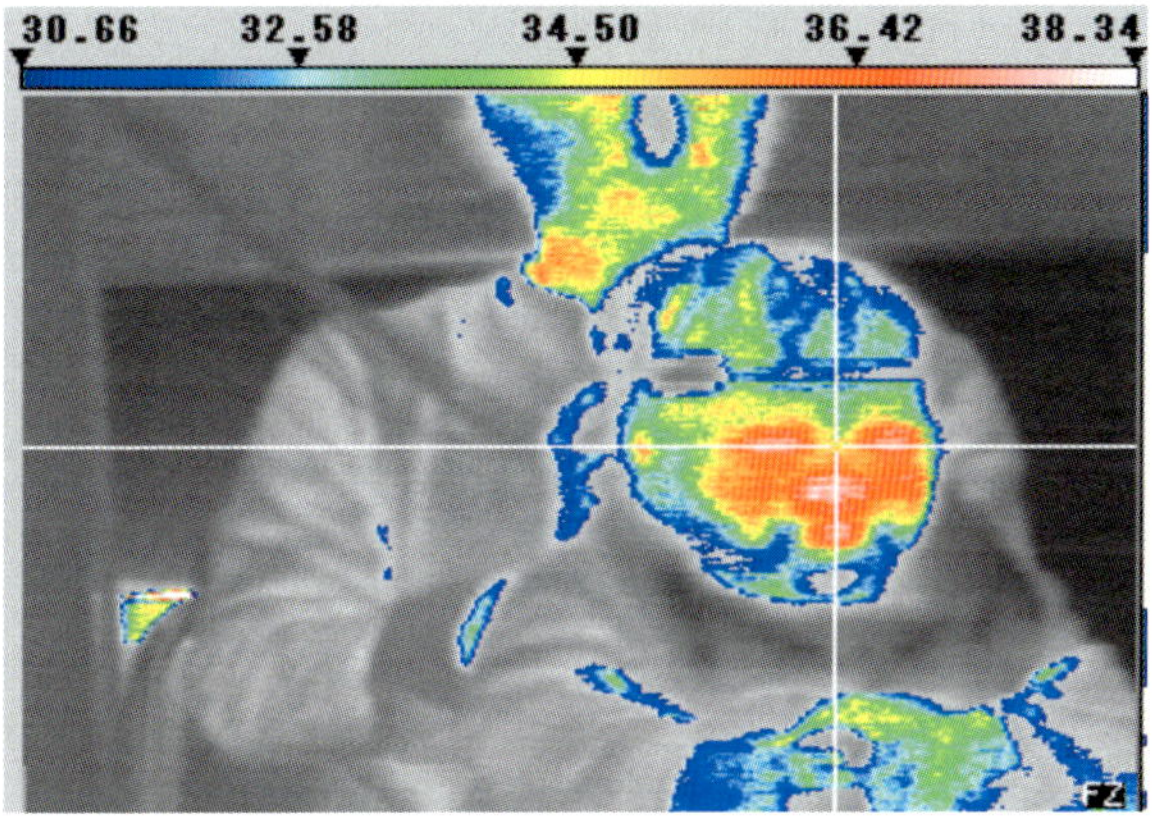

図５－15　サーモグラフィーによる乳児の顔面全体の温度トポグラフおよび基準指標とした鼻根部の位置（左右軸の交点）（利島他 2003）（本文 p.184）

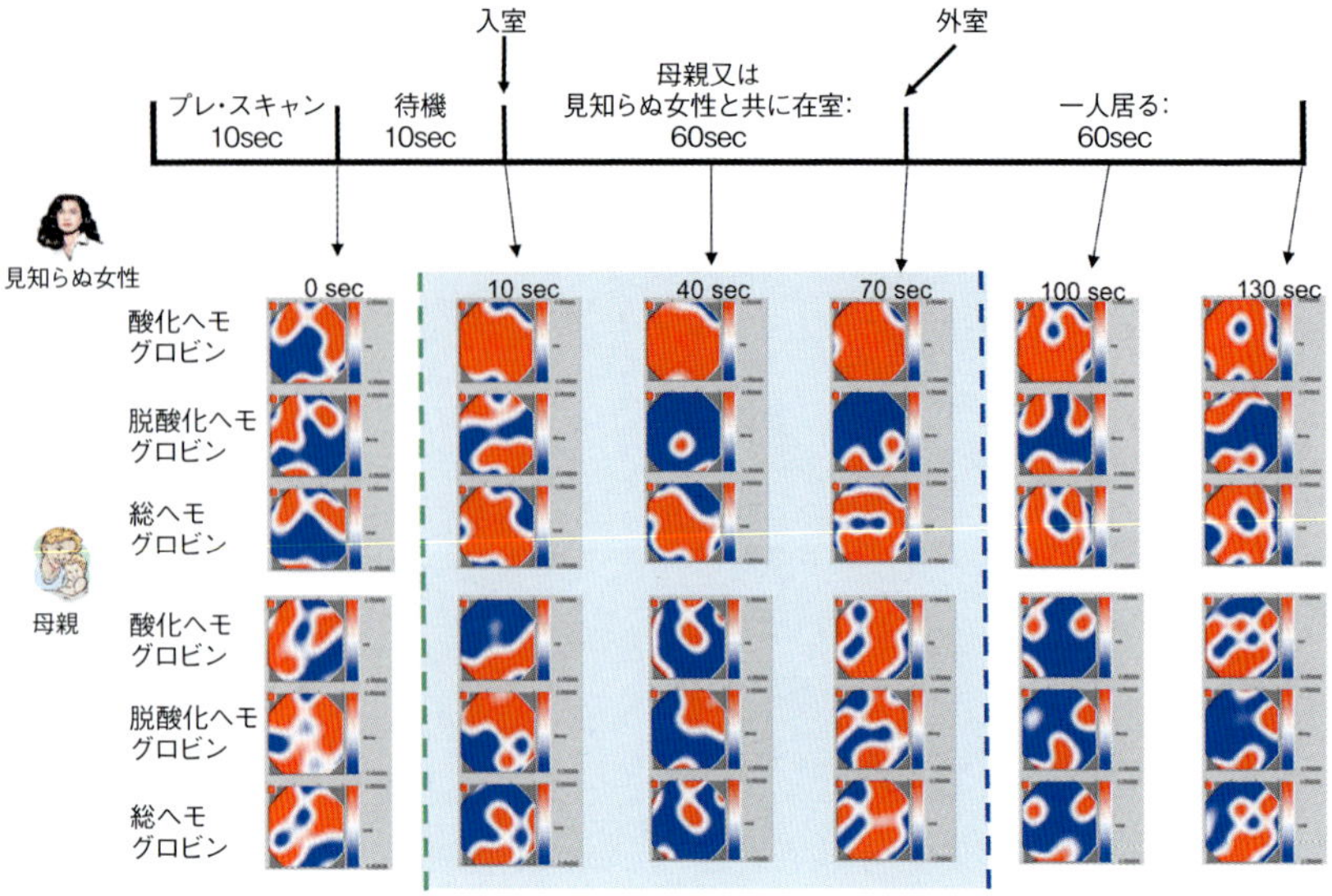

図5－17　6ヶ月女児の対人対面時の母親と見知らぬ女性に対する後頭領域の脳血流のトポグラフの時間的変化（橋本他 2003）
（本文 p.186）

きいろ　　みどり

図6－1　ストループ課題（本文 p.201）

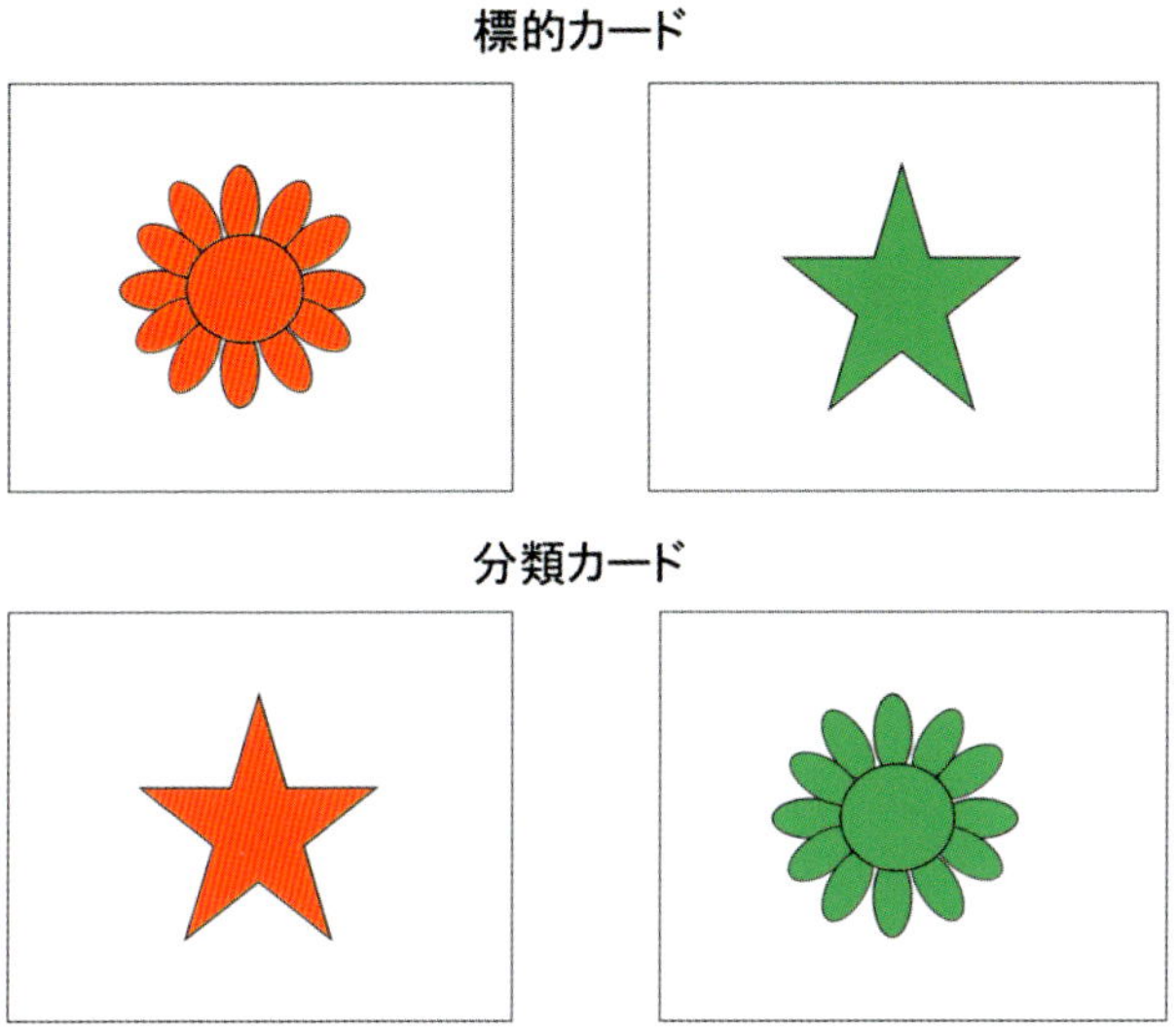

図6－2　DCCS 課題（本文 p.207）

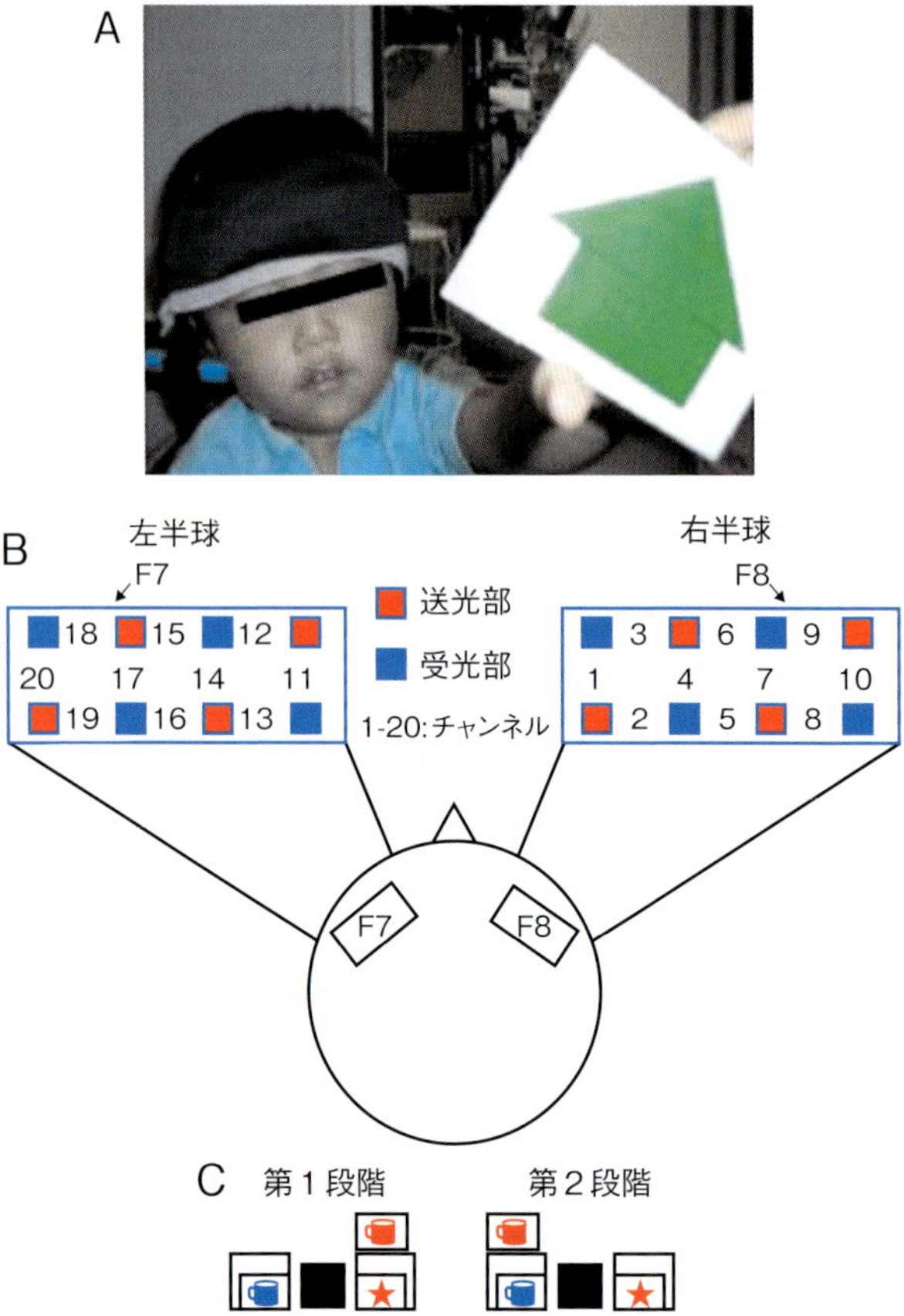

図６－３　実験状況（Moriguchi & Hiraki 2009 より転載。PANS is not responsible for the accuracy of this translation.）（本文 p.213）

（A）ＮＩＲＳプローブを付けた幼児。（B）ＮＩＲＳプローブは両側の下前頭領域に装着された。赤い部分は送光部、青い部分は受光部。数字はチャンネル。（C）実験で用いた刺激の例。

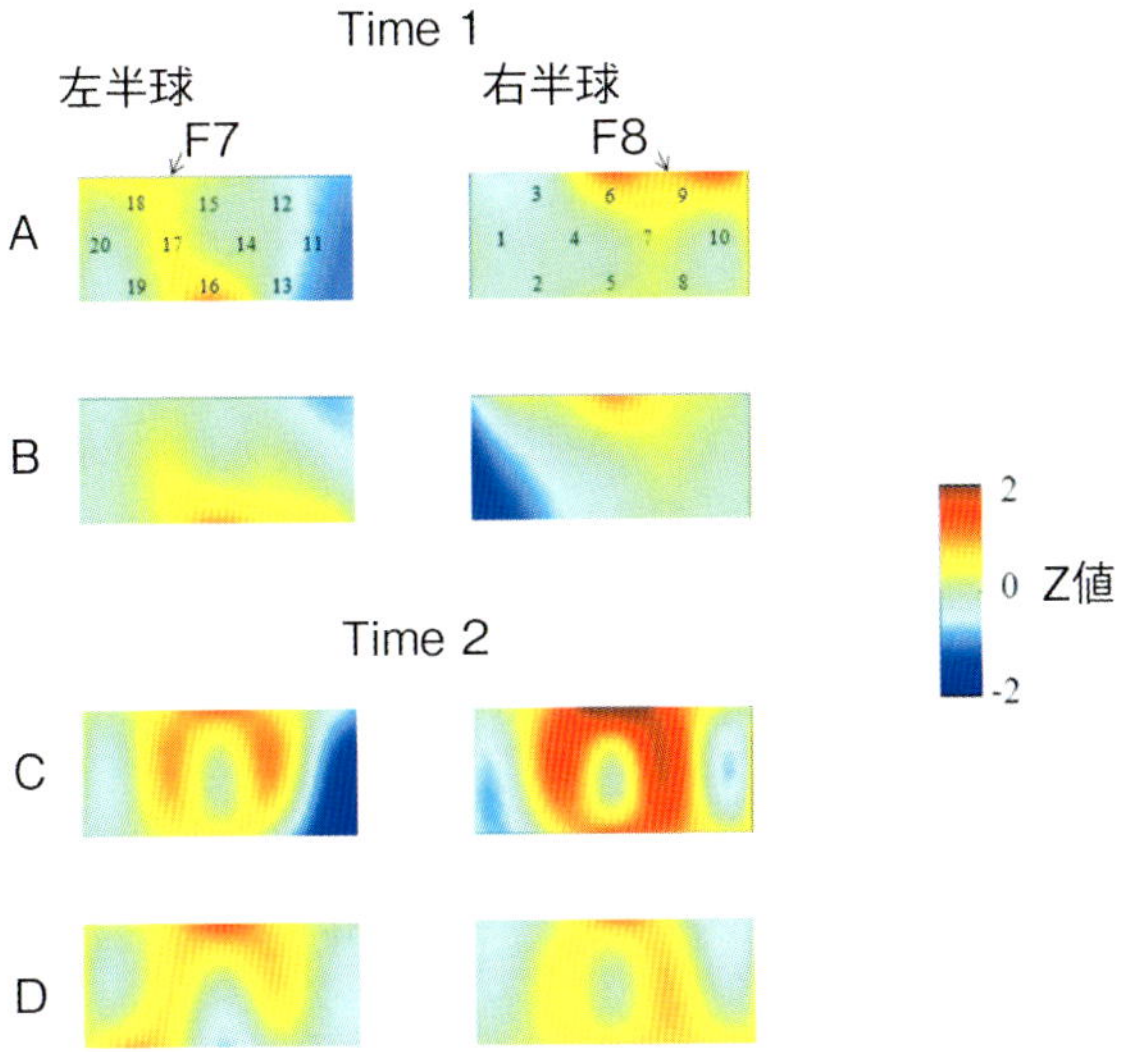

図6－4　Time 1（AB）および Time 2（CD）の通過群の脳活動

（Moriguchi & Hiraki 2011 より。Elsevier 社の許可を得て転載）

（本文 p.214）

コントロール課題と比べた際のテスト課題時の脳活動の平均データ。1-20 は NIRS プローブのチャンネルを意味する。（A）と（C）はプレスイッチ段階の、（B）と（D）はポストスイッチ段階の脳活動。赤い領域は強い活動を示す領域。

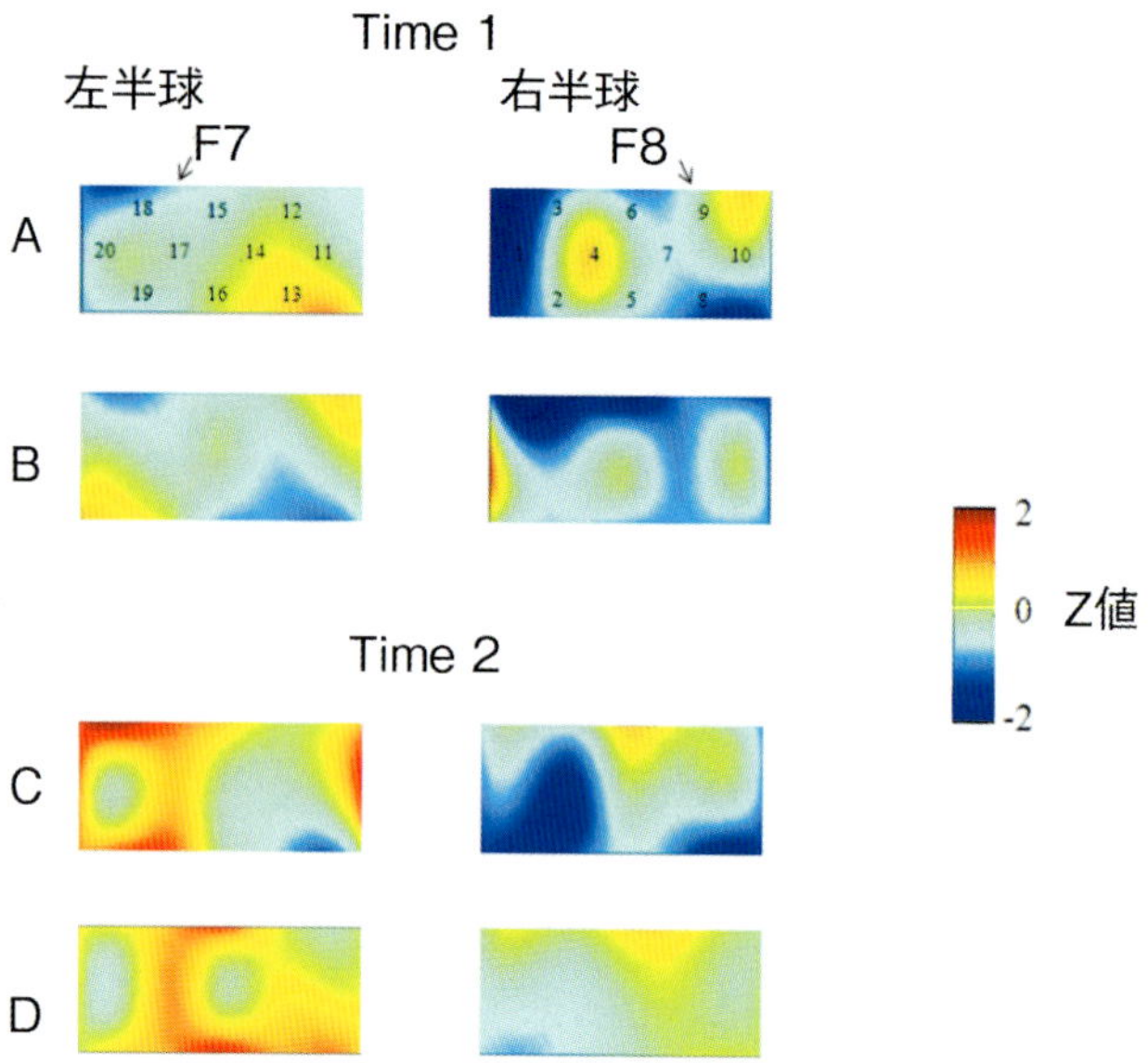

図6－5　Time 1（AB）および Time 2（CD）の失敗群の脳活動

（Moriguchi & Hiraki 2011 より。Elsevier 社の許可を得て転載）

（本文 p.215）

コントロール課題と比べた際のテスト課題時の脳活動の平均データ。1-20 は NIRS プローブのチャンネルを意味する。(A) と (C) はプレスイッチ段階の、(B) と (D) はポストスイッチ段階の脳活動。赤い領域は強い活動を示す領域。

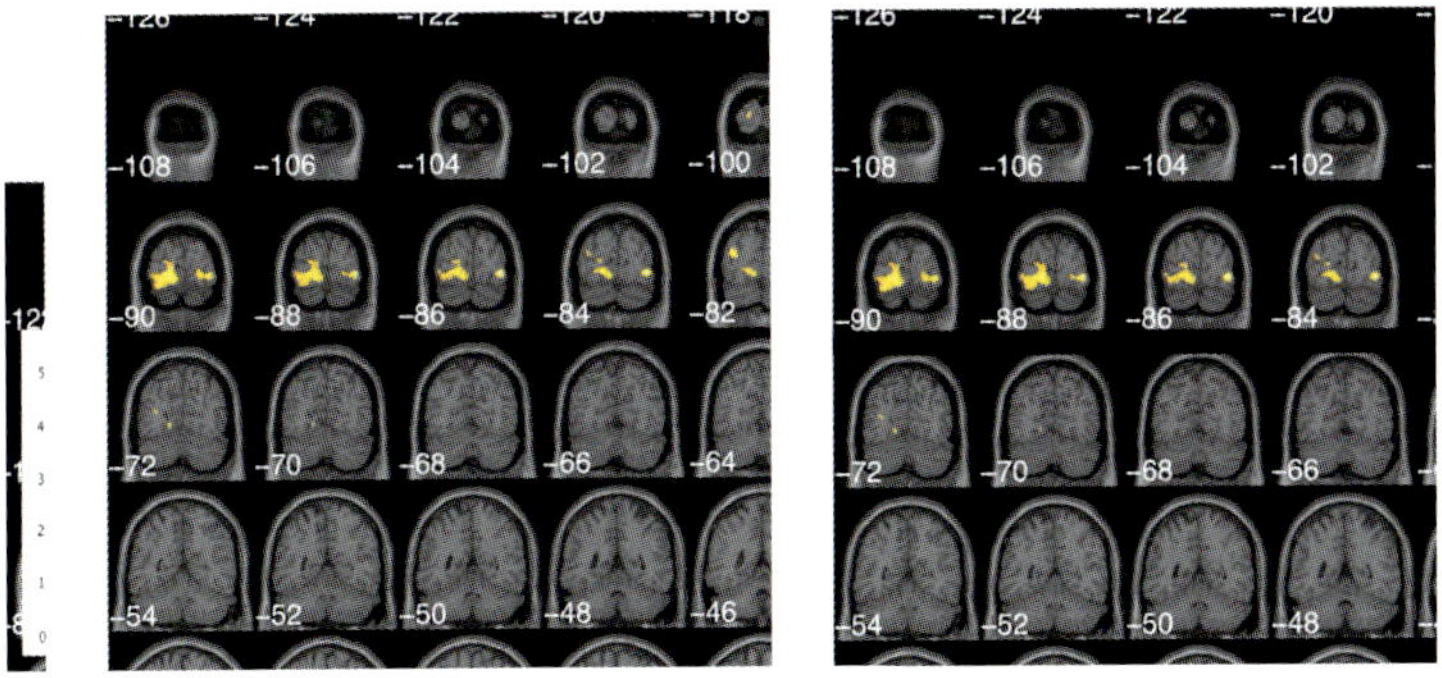

図7－1　VBM 法による性的虐待経験者の脳皮質容積減少

（Tomoda, Navalta et al. 2009 より引用）（本文 p.233）

高解像度ＭＲＩ画像（Voxel-Based Morphometry: ＶＢＭ法）による、小児期に性的虐待を受けた若年成人女性群（23 名）と健常対照女性群（14 名）との脳皮質容積の比較検討。被性的虐待群では両側一次視覚野（17-18 野）に有意な容積減少を認めた。（カラーバーはＴ値を示す。）

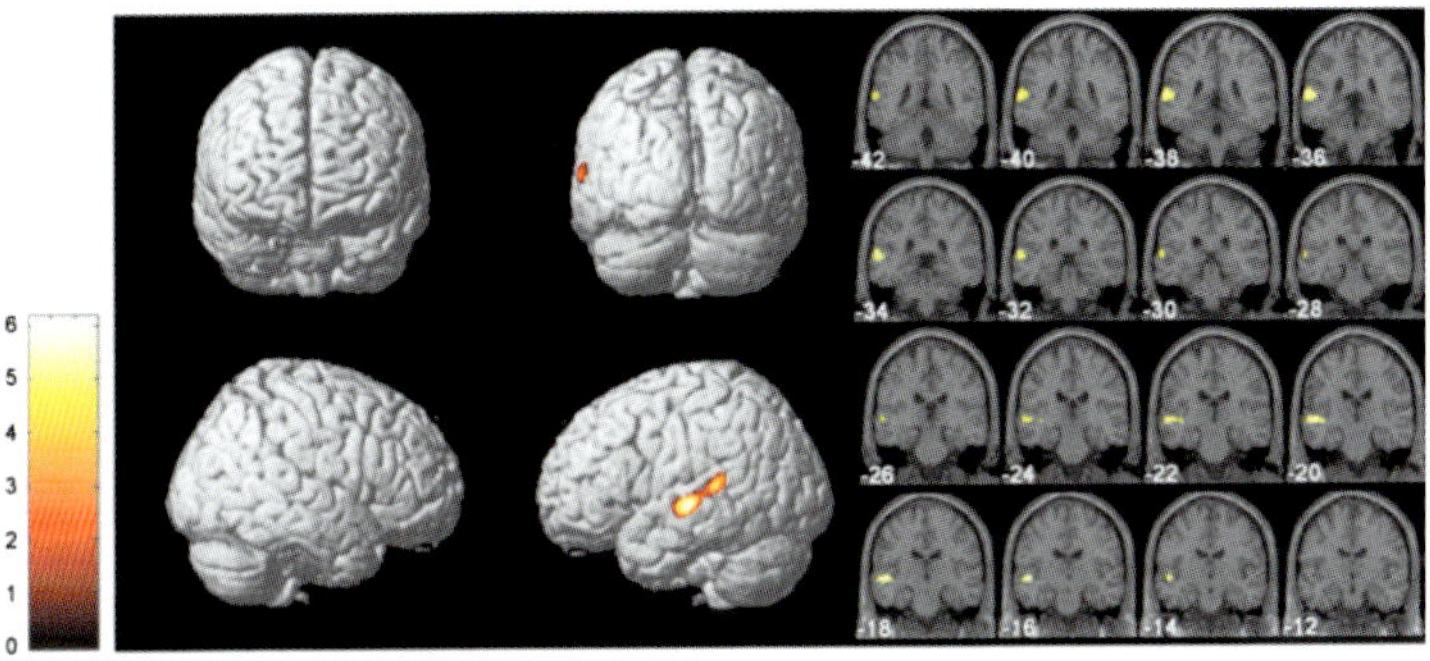

図7－2　VBM 法による暴言虐待経験者の脳皮質容積増加

（Tomoda et al. 2011 より引用）（本文 p.235）

ＶＢＭ法による小児期に暴言虐待を受けた若年成人群（21 名）と健常対照者群（19 名）との脳皮質容積の比較検討。被暴言虐待群では左聴覚野（22 野）に有意な容積増加を認めた。（カラーバーはＴ値を示す。）

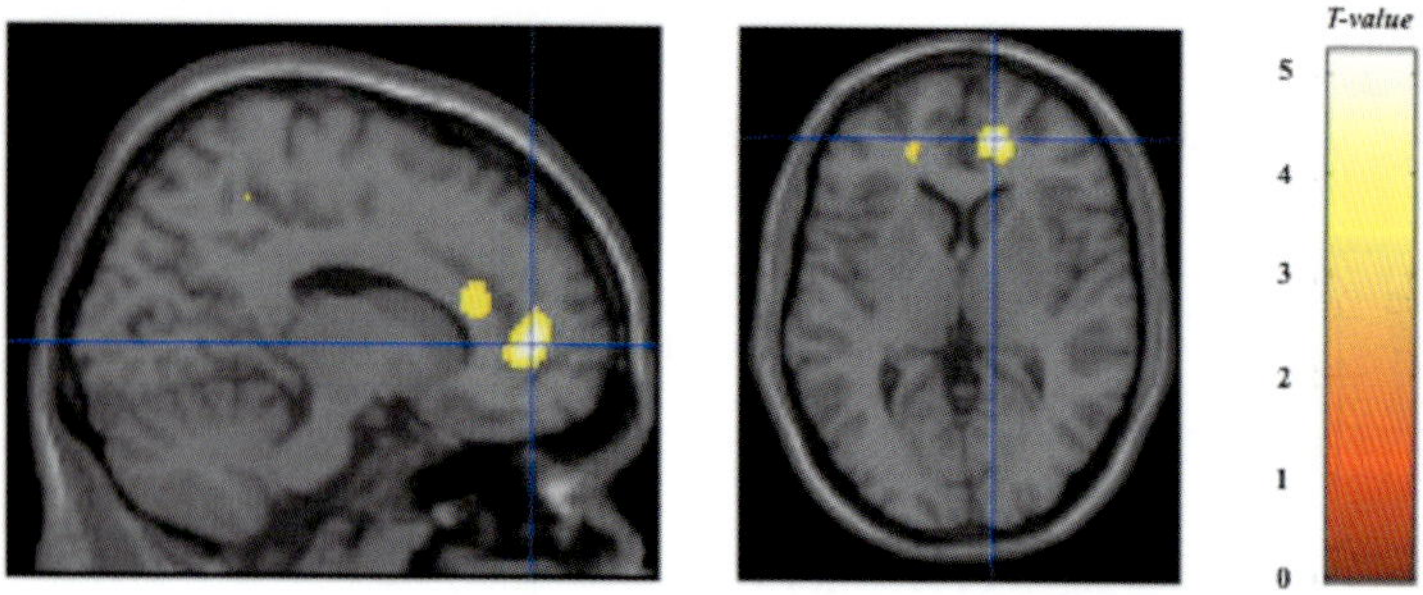

図7－4　VBM 法による厳格体罰経験者の脳皮質容積減少

（Tomoda, Suzuki et al. 2009 より引用）（本文 p.238）

VBM 法による小児期に厳格体罰を受けた若年成人群（23 名）と健常対照群（22 名）との脳皮質容積の比較検討。被厳格体罰群では右前頭前野内側部（10 野）、右前帯状回（24 野）、左前頭前野背外側部（９野）に有意な容積減少を認めた。（カラーバーはＴ値を示す。）

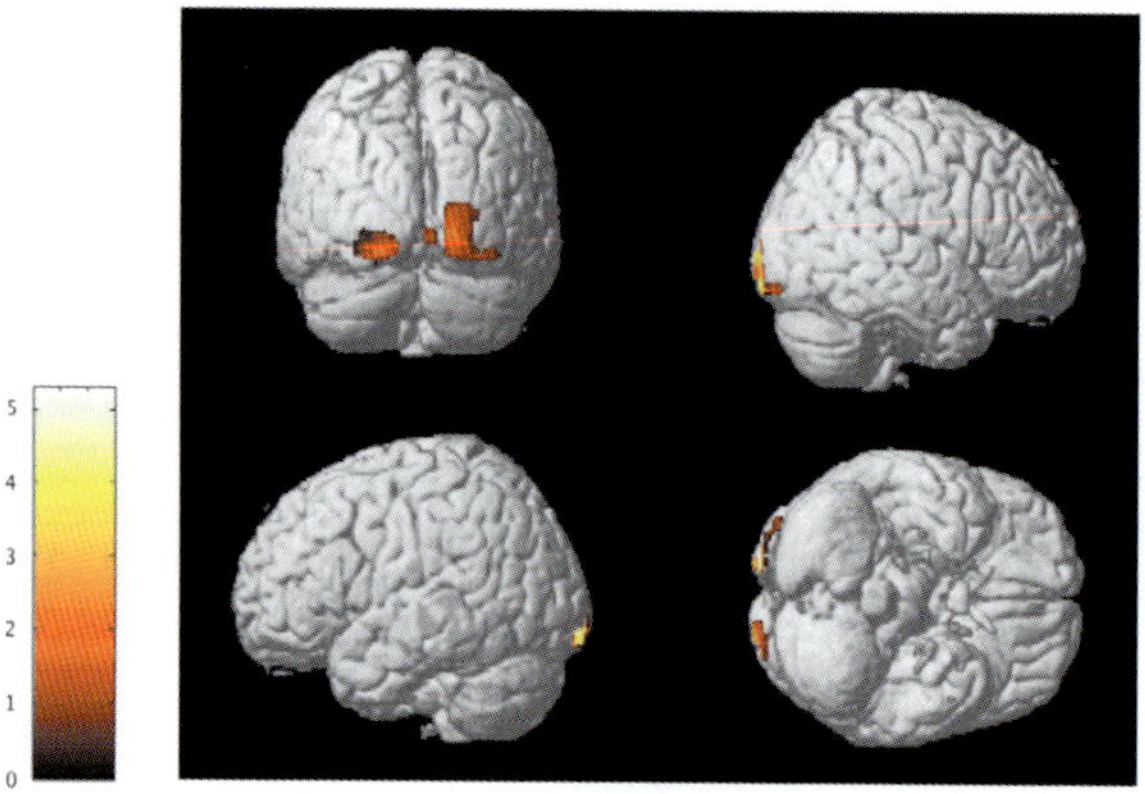

図7－5　VBM 法による DV 目撃経験者の脳皮質容積減少

（Tomoda et al. 2012 より引用）（本文 p.240）

VBM 法による小児期に両親間の家庭内暴力（DV）を目撃した若年成人群（22 名）と健常対照群（30 名）との脳皮質容積の比較検討
ＤＶ目撃群では右舌状回の容積が 6.1％も有意に減少していた。（カラーバーはＴ値を示す。）

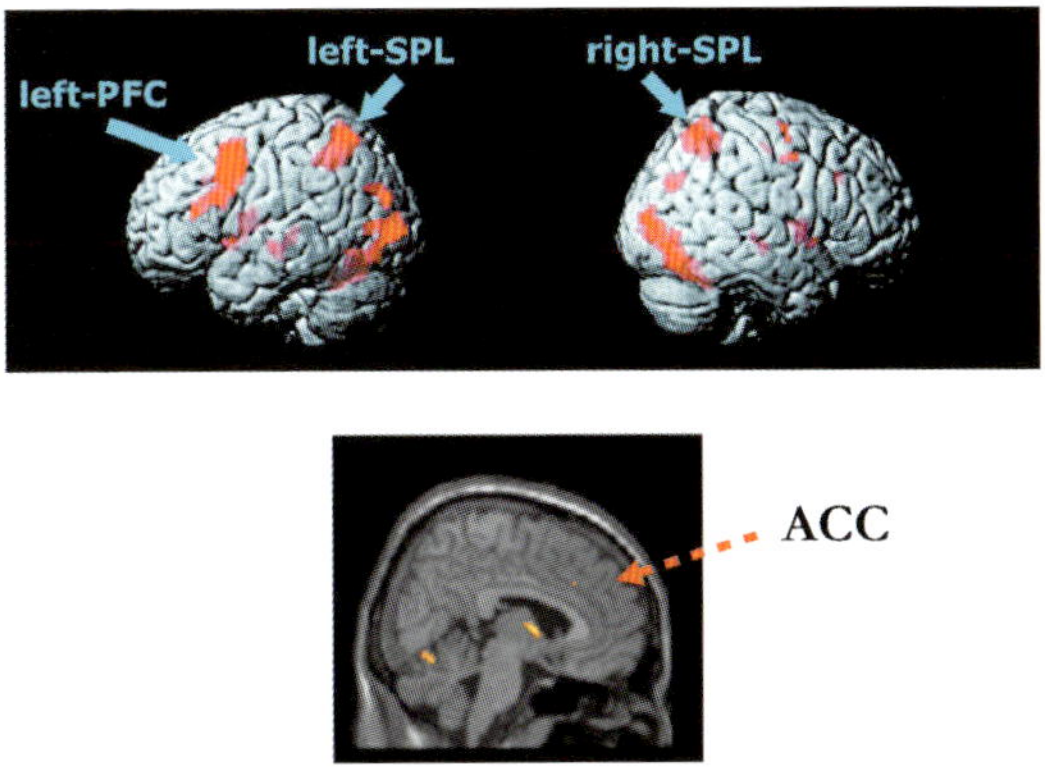

図８－２　ＲＳＴ遂行中の高齢者の脳画像例（脳の外側面と内側面）（本文 p.256）

図８－３　４種類のストループ図版（上から色、アニマル、オブジェクト、空間位置の各ストループ検査）（本文 p.261）

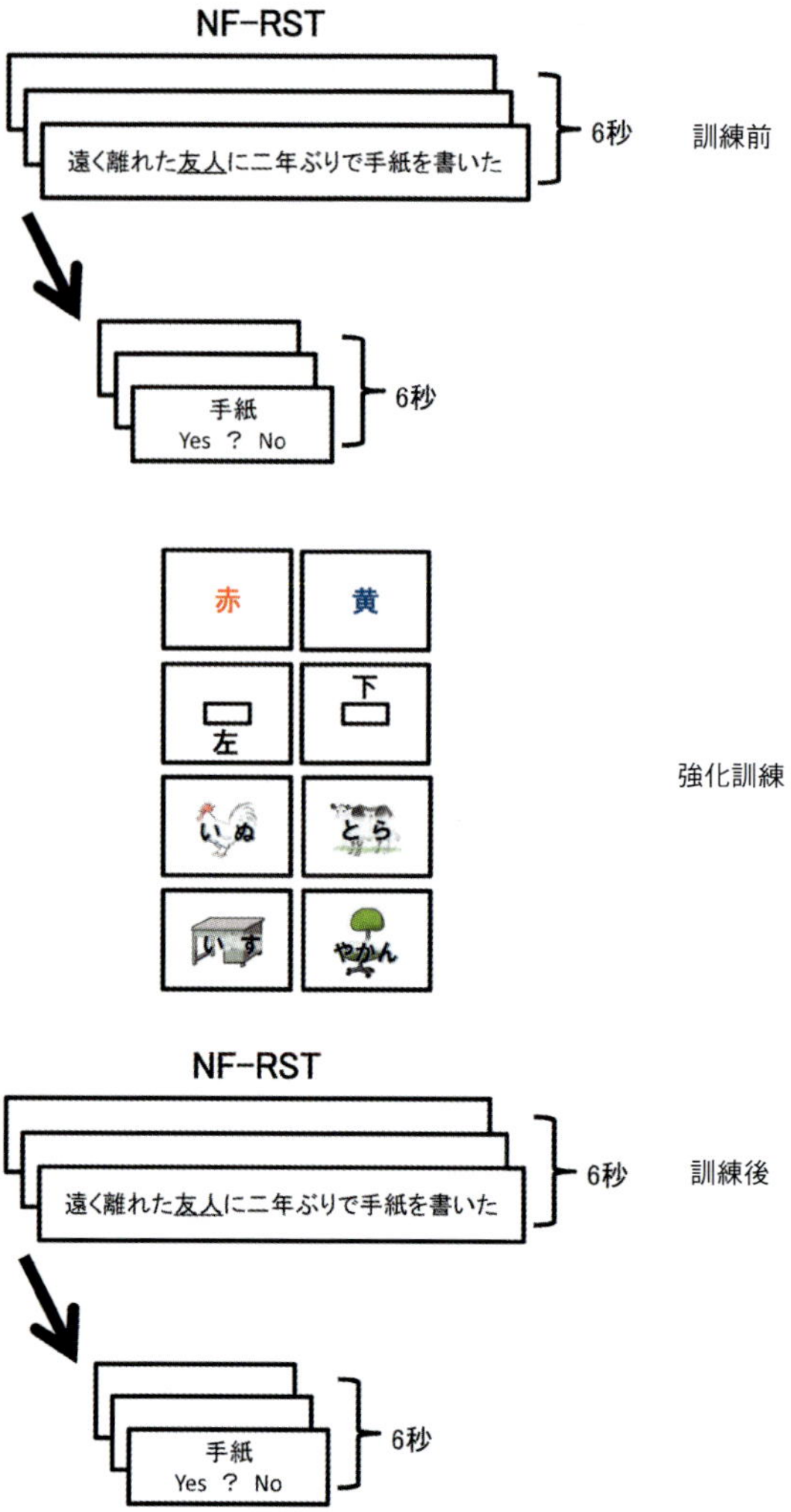

図８－４　強化訓練実験の概要（本文 p.264）

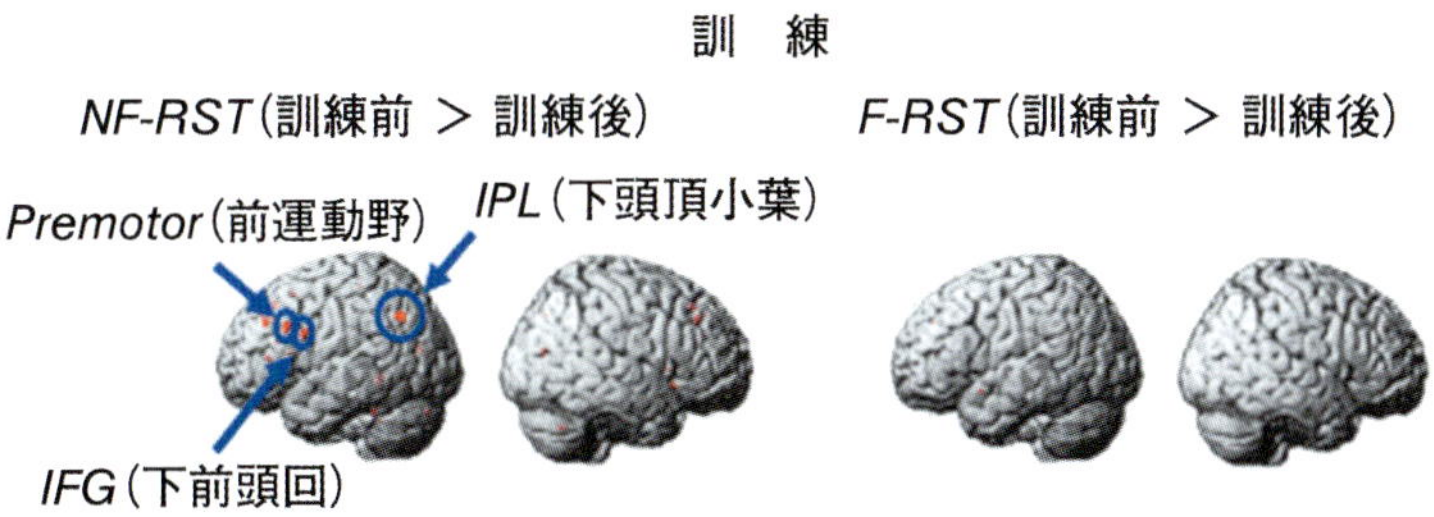

図８－６　ストループ課題を用いた強化訓練前後の脳活動の比較（外側面）
（本文 p.268）

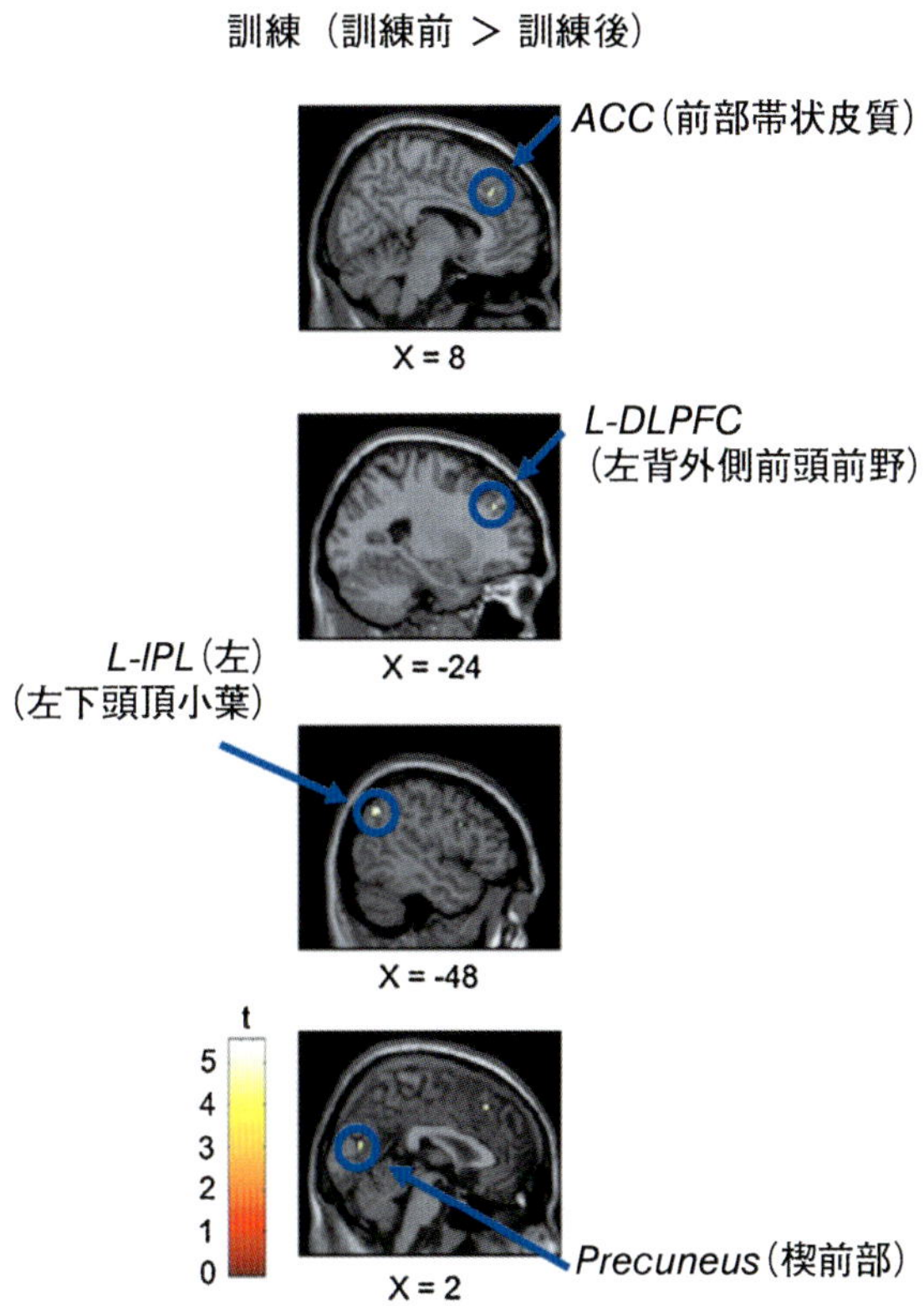

図８－７　ストループ課題を用いた強化訓練前後の脳活動の比較（内側面）
（本文 p.268）

社会脳シリーズ
8

成長し衰退する脳

神経発達学と神経加齢学

苧阪直行 編

新曜社

Social Brain Series Vol.8

Brains, Its Developments and Declines
viewed from Neurodevelopment and Neuroaging

(Series Editor, Naoyuki Osaka)

「社会脳シリーズ」刊行にあたって

苧阪直行

脳というわずか1リットル半の小宇宙には、銀河系の星の数に匹敵するほどの膨大な数のニューロンがネットワークを形成し、相互に協調あるいは抑制し合いながら、さまざまな社会的意識を生みだしているが、その脳内表現についてはほとんどわかっていない。

17世紀、デカルトは方法的懐疑によって、思考する主体としての自己を「われ思うゆえにわれあり」という命題に見出し、心が自己認識のはたらきをもつことを示した。しかし、デカルトは、この命題を「われ思うゆえに社会あり」あるいは「われ思うゆえに他者あり」というフレームにまで拡張したわけではなかった。自己が社会の中で生かされているなら、それを担う脳もまた社会的存在だといえよう。しかし、自己と他者を結ぶきずなとしての社会意識がどのように脳内に表現されているのかを探る気の遠くなる作業は、はじまったばかりである。そして、この作業は実に魅力ある知的冒険でもある。

脳の研究は20世紀後半から現在に至るまで、その研究を加速させてきたが、それは主として「生物脳（バイオロジカル・ブレイン）」の軸に沿った研究であったといえる。しかし、21世紀初頭から現在に至る10年間で、研究の潮流はヒトを対象とした「社会脳（ソシアル・ブレイン）」あるいは社会神経科学を軸とする研究にコペルニクス的転回をとげてきている。社会脳の研究の中核となるコンセプトは心の志向性（intentionality）にある。たとえば目は志向性をもつが、それは視線に他者の意図が隠されているからである。志向性は心の作用を目標に向けて方向づけるものであり、社会の中の自己と他者をつなぐきずなの基盤ともなる。人類の進化とともに社会脳は、その中心的な担い手である新皮質（とくに前頭葉）のサイズを拡大してきた。霊長類では群れの社会集団のサイズが脳の新皮質の比率と比例するといわれるが、なかでもヒトの比率は最も大きく、安定した社会的つながりを維持できる集団成員もおよそ１５０名になるといわれる（Dumber 2003）。三人寄れば文殊の知恵というが、この程度の集団成員に達すれば新しい創発的アイデアも生まれやすく、新たな環境への適応も可能になり、社会の複雑化にも対応できるようになる。一方、社会脳は個々のヒトの発達のなかでも形成される。たとえば、幼児は個人差はあるが、およそ4歳以降に他者の心を理解するための「心の理論（theory of mind）」をもつことができるようになるといわれるが、これはこの年齢以降に成熟してゆく社会脳の成熟とかかわりがあるといわれる。他者の心を理解したり、他者と共感するためには、他者の意図の推定ができることが必要であるが、このような能力はやはりこの時期にはじまる前頭葉の機能的成熟がかかわるのである。志向的意識やワーキングメモリがはたらきはじめる時期とも一致するのである。オキシトシンやエンドルフィンなどの分泌性ホルモンも共感を育む脳の成熟を助け、社会的なきずなを強めたり、安心感をもたらすことで社会脳とかかわることも最近わかってきた。

社会脳の研究は、このような自己と他者をつなぐきずなである共感がなぜ生まれるのかを社会における人間とは何かという問いを通して考える。たとえば共感からどのように笑いや微笑みが生まれるのか、さらにヒトに固有な利他的行為がどのような脳内表現をもつのかにも探求の領域が拡大されてゆくのである（苧阪 2010）。共感とは異なる側面としての自閉症、統合失調症やうつなどの社会性の障害も社会脳の適応不全とかかわることもわかってきた。

さて、脳科学は理系の学問というのが相場であったが、近年人文社会科学も含めて心と脳のかかわりを再考しようとする動きが活発になってきた。たとえば社会脳の神経基盤を研究しその成果を社会に生かすには、自己と他者、あるいは環境を知る神経認知心理学（ニューロコグニティヴサイコロジー）、良心や道徳、さらに宗教については神経倫理学（ニューロエシックス）、美しさや芸術的共感については神経美学（ニューロエステティクス）、何かをほしがる心、意思決定や報酬期待については神経経済学（ニューロエコノミックス）、社会的存在としての心については神経哲学（ニューロフィロソフィー）、ことばとコミュニケーションについては神経言語学（ニューロリンギスティックス）、小説を愉しむ心については神経文学（ニューロリテラチュア）、乳幼児の発達や創造的な学びについては神経発達学（ニューロディベロプメンツ）、加齢については神経加齢学（ニューロエージング）、注意のコントロールとワーキングメモリについては神経注意学

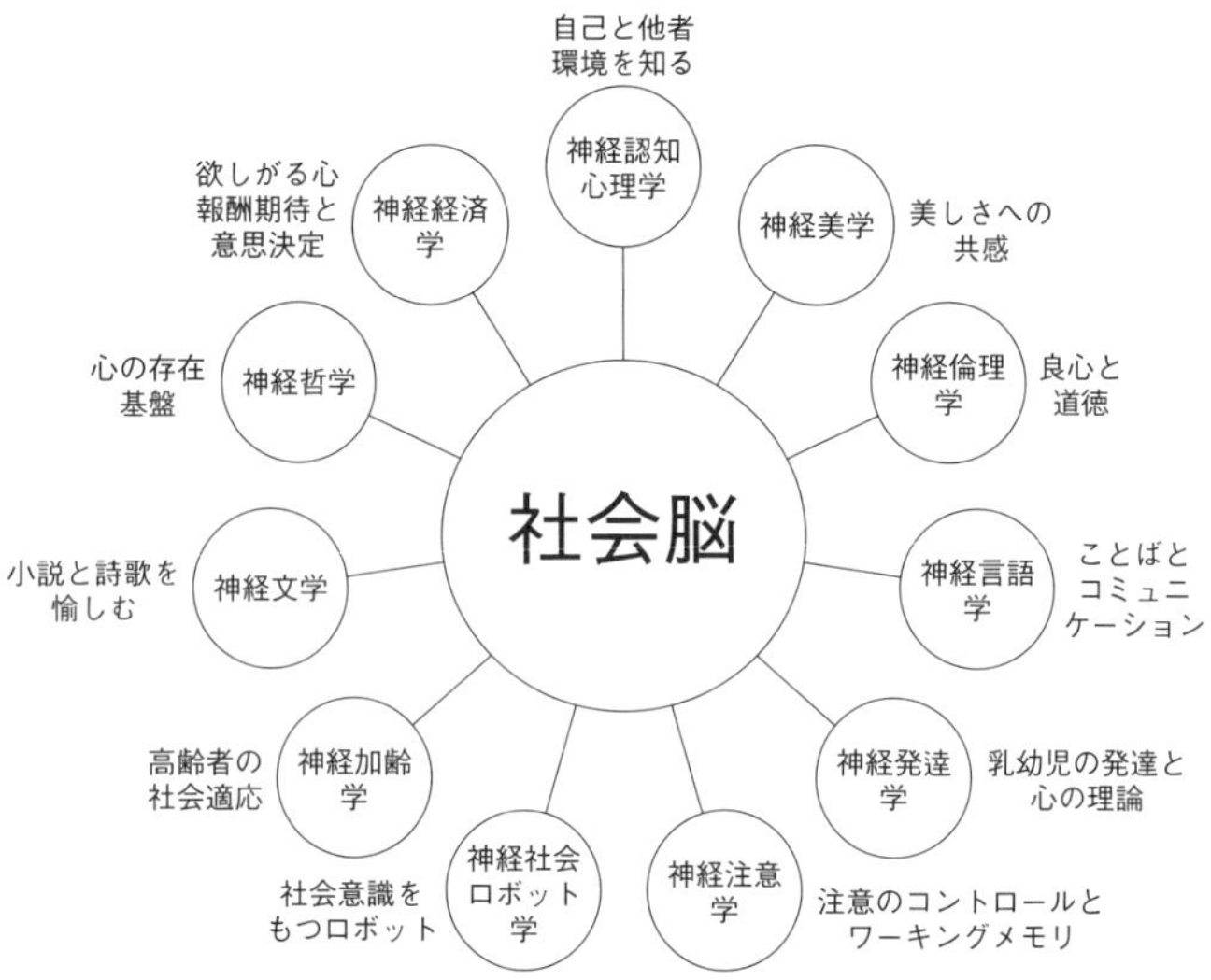

社会脳にかかわるさまざまな学術分野の一例

（ニューロアテンション）、さらにこれらの社会脳の成果を近未来的ブレインマシンインターフェイスで実現する神経社会ロボット学（ニューロソシアルロボティックス）などの新たな学術ルネサンスがその開花をめざして、そのつぼみを膨らませている。驚くべきことに、いずれも「神経」の後に続くのは多くは文系諸学科の名前であり、社会脳研究が理系と文系の学問を橋渡しし、新たな知識の芽生えを準備する役割をもつことを暗示している。筆者は鋭い理系のクワをもって豊かな文系（人文知）の畑を耕すことが社会脳研究という先端科学を育てる手だてであると信じている。これらの新領域の学問は上の図のように多様な側面から社会脳に光を当てることになろう。

さて、科学（サイエンス）という言葉はラテン語の scientia に由来しており、これは知識を意味する。これに、con（集める）という接頭辞をつけると conscientia となり知識を集める意味になり、さらにこれは意識（consciousness）や良心（conscience）の語源ともなり、科学は社会に根差した営為であることが示唆されている（苧阪 2004）。「社会脳」の新分野は21世紀の新たな科学の研究スタイルの革命をもたらし、広大な領域に成長しつつあるのである。社会脳は人文社会科学と自然科学が協調しあって推進していく科学だともいえる。

この「社会脳シリーズ」がめざすのは、脳の中に表現された社会の姿をあらためて人文社会科学の俎上にのせて、これを広く「社会脳」の立場から再検討し、この近未来の新領域で新たな学術ルネサンスが開花する様子をスケッチすることである。社会脳のありようが人間とは何か、自己とは何かという問いに対する答えのヒントになることを願っている。本シリーズが社会脳研究の新たな展開と魅力を予感させ、多くの読者がこの分野に興味を向けてくれることを期待している。

社会脳の最近の動向を知りたい読者のためには、英文書籍ではあるが最近出版されたばかりの Decety & Cacioppo（2011）をはじめ、Cacioppo, Visser & Pickett（2006）、Cacioppo & Berntson（2005）、Decety & Ickes（2009）、Harmon-Jones & Beer（2009）、Harmon-Jones & Winkielman（2007）、Taylor（2002）、Todorov, Fiske & Prentice（2011）や Zelazo, Chandler & Crone（2010）などが参考になろう（巻末文献欄を参照）。一方、本邦ではこの領域での理系と文系の溝が意外に

深いため、本格的な社会脳関連の出版物がほとんどないことが悔やまれる。

なお、Cacioppo et al.（eds.）（2002）*Foundations in Social Neuroscience* では２００２年以前に、また Cacioppo & Berntson（Eds.）（2005）*Social Neuroscience* には２００５年以前に刊行された主要な社会神経科学の論文がまとめて見られるので便利である。

社会神経科学領域の専門誌として、２００６年から *Social Neuroscience*（2006-）や *Social Cognitive and Affective Neuroscience*（2006-）の刊行が始まっている。なお、日本学術会議「脳と意識」分科会や、日本学術振興会の科学研究費基盤研究（S）「社会脳を担う前頭葉ネットワークの解明」（http://www.social-brain.bun.kyoto-u.ac.jp/）でも２００６年から社会脳を研究課題やシンポジウムで取り上げてきた（その研究や講演をもとに書き下ろしていただいた原稿も本シリーズに含まれている）。編者らは、本シリーズで取り上げた社会脳のさまざまなはたらきを、人文社会科学からのアプローチをも取り込んで社会に生かす「融合社会脳研究センター」を提案していることも附記しておきたい。

【社会脳シリーズ】

1　社会脳科学の展望 —— 脳から社会をみる
2　道徳の神経哲学 —— 神経倫理からみた社会意識の形成
3　注意をコントロールする脳 —— 神経注意学からみた情報の選択と統合
4　美しさと共感を生む脳 —— 神経美学からみた芸術
5　報酬を期待する脳 —— ニューロエコノミクスの新展開
6　自己を知る脳・他者を理解する脳 —— 神経認知心理学からみた心の理論の新展開
7　小説を愉しむ脳 —— 神経文学という新たな領域
8　成長し衰退する脳 —— 神経発達学と神経加齢学
　以下続刊
9　ロボットと共生する社会脳 —— 神経社会ロボット学

社会脳シリーズ8『成長し衰退する脳 ── 神経発達学と神経加齢学』への序

社会脳シリーズ第8巻『成長し衰退する脳 ── 神経発達学と神経加齢学』は社会脳からみた認識と行動の発生・発達を扱う神経発達学（neurodevelopments）と加齢による衰退を扱う神経加齢学（neuroaging）をともに取り上げる。発達と加齢は異なる領域として別に扱われる場合が多いが、本巻ではヒトの一生を俯瞰するパースペクティブから社会脳を通して、両者を連続した時間軸の中でとらえる試みをおこなった。国連の統計によると２０２０年までに世界の65歳以上の高齢者人口は５歳以下の幼児人口を上回るという。そして、世界保健機構は２０５０年には世界の認知症患者は1億3千5百万人に達すると予測している。ひるがえってわが国をみると、すでに少子高齢化は急速に進展中であり、30年後には認知症は1千万人近くに達すると予測されている（苧阪 2014）。成長する脳と衰退する脳のバランスが失われると社会がどう変わるのかを予測する必要がある。

xiページの図1に示すように、発達の区分としては生誕後28日以内を新生児（neonate）、29日から12ヶ月未満を乳児（infant）、1～6歳を幼児（preschool children）、6～12歳を児童（school children）、さらに12歳以降を青年（adolescent）と呼んでいる。このうち、新生児の区分としては在胎37～42週の新生児を正期産児、それ未満を早期産児、以上を適期産児と呼び、さらに生誕時の体重による区分では、2・5kgを境としてそれ以上を正期出生体重児、未満を低出生体重児、1・5kg未満を未熟児と呼んでいる。われわれが一般に赤ちゃんと言っているのは、慣例的に胎児から3年未満までの乳幼児である。一方、高齢者については統一された区分はないが、行政的な枠組みから65～75歳未満を前期高齢者、75歳以上を後期高齢者と呼んでいるが、高齢期を3期に分ける場合は前期高齢者に加えて、75～84歳を中期高齢者、85歳以上を後期高齢者とすることもある（世界保健機構では65歳以上を高齢者としている）。また、青年期以降高齢期までは、おおまかに区分して24歳までを青年期、25～44歳までを壮年期、45～64歳までを中年期などと呼んでいる。

さて、時間軸からみれば、発達は加齢の積み重ねともいえる。ヒトの身体的な発達を、たとえば年齢と体重をそれぞれ横と縦の軸で示した曲線を成長曲線というが、この曲線は生誕から成年期までは急激に上昇し、その後安定し、さらに老年期に向けて徐々に下降してゆく。体重の代わりに脳の重さをとってみると、新生児でおよそ400gであった脳は1年でその倍に、そして4～5歳で1200gとおよそ3倍にも増加する。さらに20歳で1300g前後に達し、その後は中年期から高齢期にかけて徐々に減少傾向をたどる。さらに、脳の中でも心のはたらきの中核を担う前頭葉の体積をとってみると別の興味深いデータが現れてくる。大脳皮質の中で前頭葉が占める体積の比率［前頭葉比率――大脳皮質の外套全体と前頭葉の体積比（frontopallium volume ratio：ＦＰＶＲ）］を、新生児から高齢者まで４５７例の健常者について脳画像で調べたところ、誕生後10歳までは増加が著しく、この時期に比率は成人とさして変わらなくなるという。しかし、30歳代から体積比は漸減傾向を示し、60歳代から緩やかな減少に転じ、80歳以降で急激な減少に至るという（大枌ら 1997）。前頭葉でもとくに前頭前野（Prefrontal cortex：ＰＦＣ）はヒトの一生を通して社会脳を育む重要な諸領域を含む。たとえば、ＰＦＣの背外側前頭前野皮質（ＤＬＰＦＣ）、腹内側前頭前野皮質（ＶＭＰＦＣ）、眼窩前頭葉皮質（ＯＦＣ）や前部帯状皮質（ＡＣＣ）などのネットワークは、社会適応に必要な認知と行動を制御する実行系機能（executive function）を担っている。実行系機能にはたとえば、ゴールに向けて計画をたて、結果を予測する能力（本シリーズ第1、3巻）、現在の行動を認知し評価する能力（第4、5、7巻）、自己を知り他者を理解する能力（第6巻）や状況によって社会的な抑制をかける能力（第2、8巻）などが含まれる。実行系機能の障害はさまざまな社会的不適応症状をもたらすことは、これまでの社会脳シリーズの各巻でみてきた通りである。他者の心を読む心の理論（theory of mind）の基盤形成には臨界期ともいえる4、5歳までの社会脳の成熟が必要であり、これはＰＦＣの成熟に伴う実行系機能の発現ともかかわると考えられる。一方、物忘れなど自覚を伴う記憶障害も、60歳以降の加齢に伴う緩やかなＰＦＣの機能低下がもたらす実行系機能の衰退とかかわっていると推定される。このように、ＰＦＣの成長と衰退はヒトの一生における社会適応において重要な役割を果たしてい

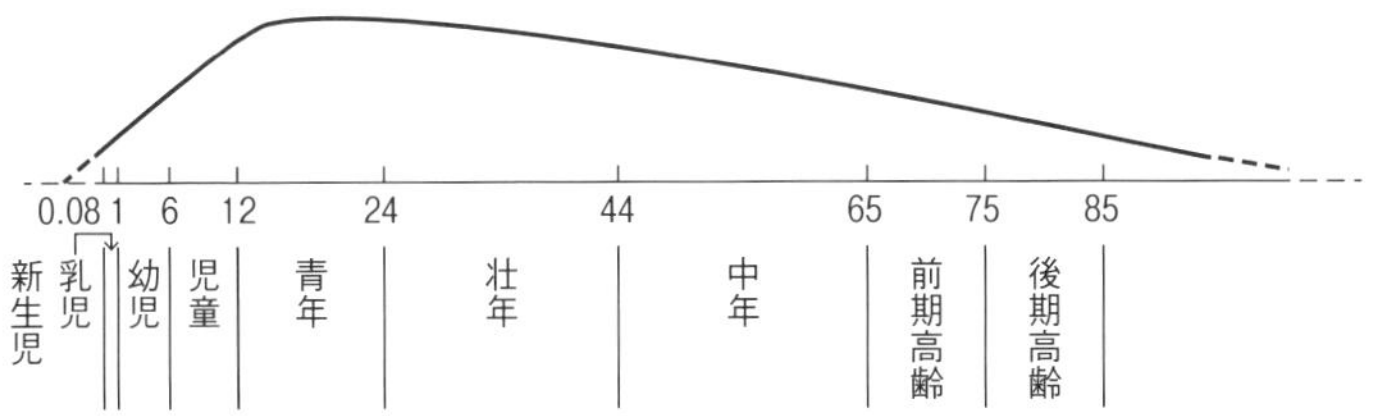

図1　発達（加齢）の年齢区分（下）と前頭葉のはたらきの盛衰を模式的に示す（上）

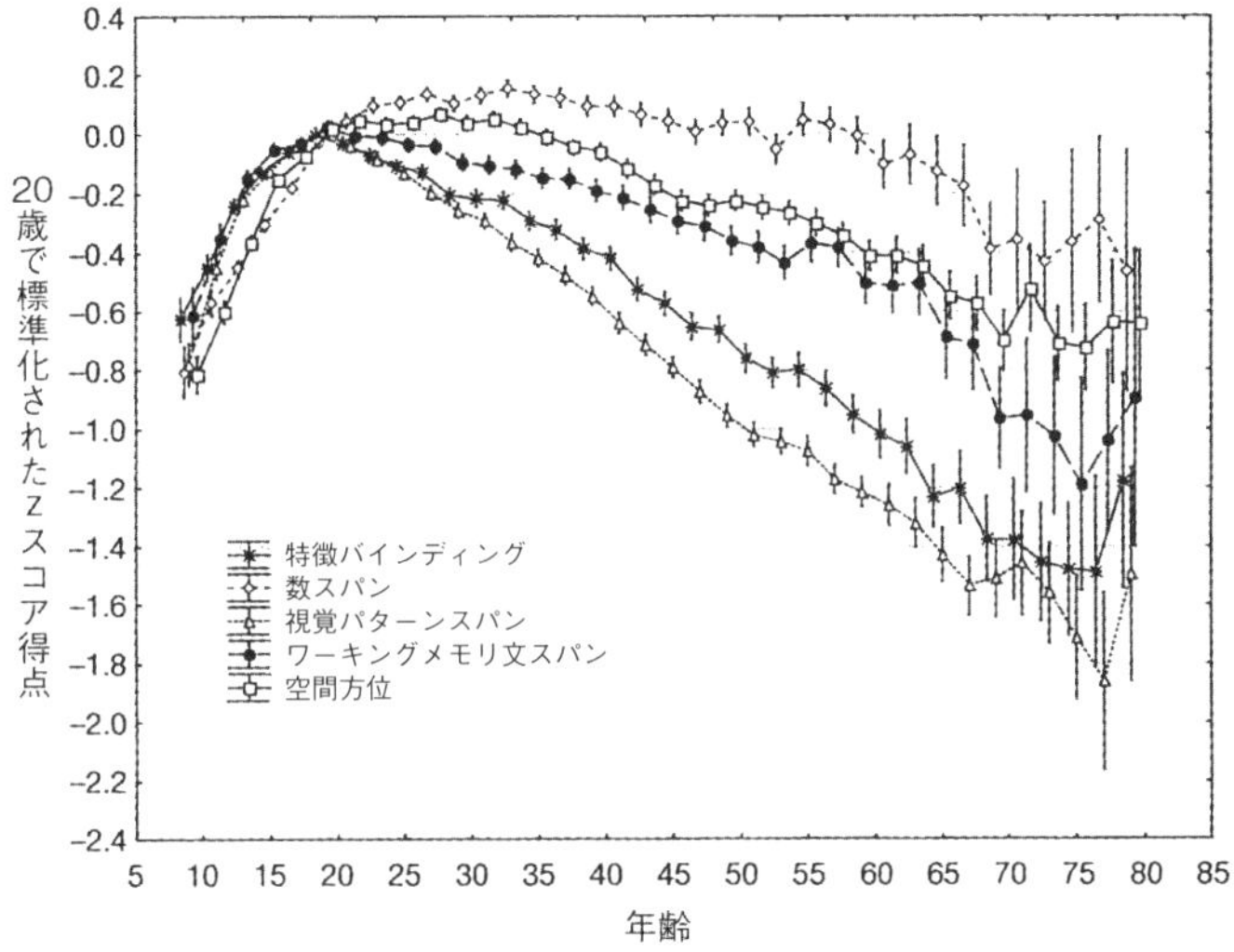

図2　発達と加齢による5つのワーキングメモリ関連課題の得点の変化

（Logie, Horne, & Petit, 2015 より引用）（20 歳の得点を基準として z スコアで表示）

英国放送協会の協力のもとでインターネットで得られた 11 万人の参加者の得点を 8 ～ 80 歳までの年齢別に示す（バーはデータのばらつきを示す）。数スパン（継時的に提示した数字の再生）、ワーキングメモリ文スパン（8 章で示すＲＳＴ得点）、特徴バインディング（色、形と位置の特長の組み合わせの再生）、視覚パターンスパン（マトリックス上の視覚パターンの再生）と空間方位（ボールを持つ手の方位の特定）の各課題の多くは 20 歳初期に得点が高い。しかし数スパンでは 30 歳後半にピークがあり高齢期になっても落ちないが、視覚パターンや特徴バインディングだと 20 歳から低下し続ける。課題によって年齢の影響が違うことに注意。

る。新生児では実行系機能が不全であるために自己は準備状態であるが、青年期におけるPFCの成熟と実行系機能の開花でピークに達した自己認識のはたらきは、やがて高齢期に向かいそのはたらきを徐々に低下させてゆく。また、興味深いことに、幼児期と高齢期には認知処理に必須である選択的な抑制がききにくいという共通した特徴も認められることから、高齢期はある面で新生児期と似た状態に回帰するとも考えられる。もし、そうだとするとヒトの一生の認知機能は直線的というより円環的なものとも考えられる。

内外側のPFCに加えて、頭頂葉・側頭葉・後頭葉の社会脳関連領域の発達は生誕後、5～6歳まで驚くべき進展を見せるとともにその後も加速し、20歳前後でピークに達し、その後中年期で活動を維持しつつ、高齢期に向かい徐々に構造的・機能的な衰退がはじまる（模式図参照）。しかし、PFCがかかわる5つのワーキングメモリ関連課題の成績をみると、課題が異なると年齢の影響が違うことがわかる（図2）。

興味深いのは、第6巻『自己を知る脳・他者を理解する脳』ですでにみたように、他者からなる社会のなかでの「自己への気づき」が脳のPFCの成熟途上にある幼児期にはじまり、一方、「自己の喪失への気づき」の予兆がPFCの機能低下として高齢期にはじまることである。高齢者の物忘れは自己意識の喪失への潜在的おびえとして自覚されるようになる。不幸にもそれが軽度認知障害（MCI）から、さらにPFCや海馬萎縮に進行すると自己の崩壊が訪れることになる。ただし、若年者も高齢者もともに社会脳とかかわる認知機能の発達と衰退の個人差は大変大きいため、若者と違わない社会脳を維持する高齢者も多いこと、さらに高齢者も若年者も訓練による改善や他の脳領域の再構造化や補償作用によってリハビリが可能であることも知っておく必要があるだろう（8章参照）。高齢者については、認知機能の衰退を防ぐ手立ても、福祉ロボットやワーキングメモリロボット、さらに癒しロボットの開発と、PFC障害を選択的に回復させる先端医療（たとえば分子標的治療など）の進展などで可能になろうとしている。本シリーズの最終巻である第9巻『ロボットと共生する社会脳――神経社会ロボット学』ではこのテーマを扱う予定である。ヒトのようなロボット、身体機能（やできればPFCのはたらき）を拡張しエンハンスするエンハンシングロボット、さらに高齢者・障害者向けの福祉ロボットなどブレインマシンインターフェース（BMI）の最新テクノロジーを盛り込んだロボットと共生する社会システムが出現しつつあるし、社会脳の衰えを未然に防ぐさまざまな手立てが開発されることになるだろう。

さて、ここで人生の大半を占める青年期以降の認知機能の変化パターンについてみてみると、図2が示すように、高齢期になっても保持され続ける認知機能と、低下してくる認知機能がある（Hedden & Gabrieli 2004; 大塚・苧阪 2005）。安定して保持され続ける機能としては、心の理論やエピソード記憶がある（Fromholt et al. 2003; Happé et al. 1998）。とくに、他者の心を読む心の理論のはたらきを担う社会脳は、社会に適応して生きて行くヒトにとって、終生を通して必須の存在である（Cabeza & Dennis 2013）。このはたらきはPFCを中心とした社会脳に重大な障害を受けない限り持続すると思われる。その意味で、乳幼児期以降に形成された心の理論は最も安定した社会脳のはたらきを維持し続けるといえる。一方、前期高齢者となる60歳前後から低下する機能にワーキングメモリ（Osaka et al. 2012a,b）がある。ワーキングメモリの機能低下は物忘れや行為のし忘れなどに対して自覚的に現れることが多い。このように、あまり低下しない安定した機能も、徐々に低下してゆく機能も、認知機能の種類によって異なるのである。

各章の概要

1章では新生児から乳幼児期にかけて、社会脳がはたらきはじめる様子を、ニューロイメージングを通してメンタライジング（mentalizing）の視点からみる。メンタライジングとは「心の理論」と同義であり、その発達の姿を誕生後3ヶ月から6ヶ月、1年、1年半、3年、さらに5年の段階を追ってみてゆく。図の区分では新生児から乳幼児期までを扱う。生後数週間の乳児でも、モノよりヒトに対して微笑んだり、声を出したりすることは乳児が社会性の刺激を好むことを示す。他者の顔を凝視したり、他者の視線に素早く反応して、自分の視線をそちらに向けるジョイントアテンション（共同的注意）の能力も3ヶ月の乳児にすでにみられる。生後12ヶ月になると、心の理論の発達の一里塚ともいえる他者の意図や欲求といった心的状態に気づきはじめるようになり、1歳半の幼児の頃から心の理論が潜在的にはたらきはじめ、4歳から6歳の間に顕在的になる。この年齢から幼児は、他者が自己と異なる考えをもつことに気づくようになる。そして、他者の誤信念（false belief）に基づいて他者の行動を予測することができるようになり（Dennett 1978）、誤信念をもたらす理由についても説明できるようになる。

本章の著者は心の理論の認知脳科学研究を世界的にリードしてきた英国のフリス夫妻であり、乳幼児を対象に、彼らが他者の心をどのように想像できるようになるかを、具体的な社会脳の領域（内側前頭前野（medial prefrontal cortex：ＭＰＦＣ））、側頭極（temporal pole：ＴＰ）と後部上側頭溝（posterior superior temporal sulcus：ｐＳＴＳ）を中心にレビューしている。夫妻は同時に心の理論研究の出発点でもある自閉症研究の権威でもあり、本シリーズ第６巻『自己を知る脳・他者を理解する脳――神経認知心理学からみた心の理論の新展開』の諸章でもその研究が紹介されている。

行動的観察と違い、心の理論のニューロイメージング研究は、方法的および倫理的な理由から、乳幼児には難しかった。一方、成人の研究からは上にあげた３つの脳領域を中心としたネットワークが心の理論とかかわることがわかってきた。３領域のうち、ＭＰＦＣ領域は、心的および物理的な状態を区別する分離メカニズムと、ｐＳＴＳ領域は行為者の検出と、そしてＴＰは社会的な知識とかかわると想定される。これらの諸領域が協調して活動することが、心の理論にとって重要なのである。１歳半の幼児は、多くの点で発達の分岐点にあり、この頃にことばの発達の準備が進み、ことばによって次第に話者の意図を察することができるようになる。３歳児では、まだ知識と推測の違いがわかりはじめたばかりであり、たとえば、裏と表に違った絵が描かれたカードを見せた場合、反対側に座った人には違う絵が見えることが理解できるようになる。さらに、5～6歳以上の幼児・児童になると、他者の信念についてその帰属を必要とするような難しい課題でもできるようになる。「メアリーはジョンが何かを信じているということを信じている」といった2次課題であり、再帰的な入れ子構造をもつワーキングメモリの情報処理が必要とされる（Sullivan et al. 1994; Osaka et al. 2012c）。

2章では、最近の乳児の脳活動の観察に貢献してきた手法の一つである近赤外分光法（Near Infrared Spectroscopy：ＮＩＲＳ）を用いた、社会脳の発達の仕組みについて最新のデータが示される。誕生後の6ヶ月間で脳のニューロンのシナプスの過剰形成とその直後の刈込み（prunning）（Huttenlocher 1990）が、結果として適応的かつ安定的な社会脳のネットワークの形成に寄与していると考えられる。その意味で、誕生後2ヶ月頃の新生児期は、知覚や運動が急激に変わる「革命的な」時期であるという。同時に、最近のＮＩＲＳ研究により、この時期には、言語、多感覚知覚や学習などの認知機能に応じた脳の活動がかかわることがわかってきた。音声のような社会的な意味を担う刺激の処理が、きわめて早い段階からはたらきはじめることも明らかになっている。また、新生児や乳児はよく眠ることが知られており、睡眠中の脳の自発活動は脳の発達にとって重要であることもわかってきた。ＮＩＲＳを用いた睡眠時の新生児（3～6ヶ月の乳児）の脳の機能的ネットワークを領域間の活動の時間相関をとって調べたところ、生後半年間で4つの脳葉にわたって脳領域間の機能的ネットワークが形成されることが明らかになった。

とくに、交連線維を介した左右の脳の相同部位の機能的結合は生後3ヶ月までの乳児期に急激に高まる一方、前頭葉領域内での機能的結合はむしろ減少することもわかった。以上から、少なくとも、3ヶ月児の知覚世界は、成人のものとそれほど変わらないと想像されるようになった。一昔前に、乳児の見る世界はぼんやりと焦点の定まらない知覚世界であると考えられてきたことを思うと格段の進歩があったといえる。

3章では、最新のデータをもとに新生児と乳児の顔認知の発達を取り上げる。従来、顔の認知は経験によって生じる学習の効果として発現すると考えられてきたが、最新のデータは成人と似た顔認知の特長が早くも乳児期にも観察されることを示している。本シリーズの第1巻3章「顔認知の発達と情動・社会性」でもみたように、顔は生まれてはじめて目にする社会性刺激の一つであり、社会脳の発生を促す刺激である。成人を対象とした脳イメージング研究から、上側頭回や紡錘状回といった顔認知に関連する社会脳領域が特定されてきたが、乳児についてはどうであろうか？　古典的なファンツの新生児についての実験では乳児が好むのは、模様のない画像よりも模様のある画像であること、そして顔のような画像をより長く選好注視することが報告されている（Fantz 1961）。生後3ヶ月の乳児でも倒立顔より正立顔で空間周波数の高い（輪郭線が明瞭な）画像を好むという。また、顔は2つの目の下に鼻と口があるという上下で非対称な刺激布置をもつが、生後数日の新生児の顔認知の実験では、画像の上下を比べるといわゆる「頭でっかち」の好みがあり、とくに明暗の対比が目立つ目が乳児の顔選好を引き起こすことが指摘されている（Simion et al. 2001）。脳波の事象関連電位（event related potential：ＥＲＰ）や2章でもみたＮＩＲＳを用いた研究では、乳児の側頭領域が異なる表情に反応を示すという。そして、表情については恐怖表情よりも幸福表情の顔を好むことが観察されている。このようなデータから、新生児は顔を見分ける十分な能力をもつことと考えられ、社会脳の発生は顔の認知からスタートするといってよいだろう。

4章では自閉症スペクトラム障害（Autism spectrum disorders：ＡＳＤ）をもつ乳幼児を通して、自他の識別の脆弱性がコミュニケーションの障害とかかわることについて考える。3章でもみた顔認知の次の段階は、他者に意図や感情を伝えるコミュニケーション行動の開始であり、その準備段階として自己と他者を区別する社会脳の成熟が求められる。本章では、本シリーズ第6巻『自己を知る脳・他者を理解する脳』の1章でも詳しくみたＡＳＤの乳幼児を通して、非言語的（視線を合わせるなど）および言語的（会話するなど）コミュニケーション行動の障害と発達を脳機能の視点から検討した。ＡＳＤは対人関係の障害であり、社会性の発達の基礎となる他者と自己の識別に問題がある可能性がある。たとえば、鏡に映る像が自己と認知できるかを調べる自己鏡像の実験がある。眠っている間に乳児の額に口紅で印をつけ、目覚めた後に鏡を見せると1歳半の定型発達幼児は自分の額を触ってみることから、自己鏡像認知ができると思われるが、1歳の乳児ではまだ、そのような行動がみられない。つまり、定型発達幼児では1歳半で自己鏡像認知が可能となり、2歳頃までに自他識別ができ、この能力を基礎としてはじめて他者の感情や意図の理解ができるようになる。心の理論も鏡像認知ができた3～5歳で獲得されることが、誤信念課題によって検証されている。一方、ＡＳＤ児は他者が自己とは異なる意図や感情をもっていることを理解しにくいため、コミュニケーション場面で困難が生じると考えられてきた（Baron-Cohen et al. 1985）。本章では、ＡＳＤの乳幼児が鏡像の自己を見たとき、とまどいや羞恥心などの自己意識情動が表出されにくいことが指摘される（自己意識情動と鏡像認知については本シリーズ第6巻5章に詳しい）。定型発達を示す幼児の場合、羞恥心、プライドや罪悪感などの自己意識情動の芽生えは3歳頃に見られるという。たとえば、羞恥心を感じる対象は他者ではなく、他者の目に映る自己像なのであり、いわば他者のなかにある自己の再帰的認知なのである。ＡＳＤ児は他者のなかに自己を再帰的に認めることが不得意なため、自己鏡像認知そのものはパスするものの、自己意識情動の生成過程に障害があると考えられるのであり、最近の研究によれば帯状回や右の前部島皮質がこの障害にかかわると推定されている。ＮＩＲＳやＥＲＰを用いた検討では、自己顔を見ている際に、右下前頭回などの脳活動が認められたが、ＡＳＤ児ではこの活動が認めにくいようである（6章でも指摘されている）。この領域は自己認知にかかわるネットワークの一つで、自己の想起や、他者との比較を実行する社会脳領域であると推定されている（Vogeley et al. 1999）。3章や6章でも触れられるように、ＡＳＤ児には自他識別の処理で障害があると考えられる。

5章では、母と新生児の絆が社会脳に及ぼす影響についてみる。出産後の母子間にみられる行動的同調現象（entrainment）は、母子のコミュニケーションの基盤となる。そして、この時期の愛着不全や乳幼児虐待（6章で扱う）は後年の社会脳の発育に大きな影響を与える。本章では、同調現象が母親固有の質感とどうかかわるかについて、NIRSなどを用いて多面的に検討する。たとえば、母子の接触頻度の高い新生児では、母乳の匂いや、新生児に対する独自の話しかけことば（マザーリース）やプロソディが脳活動を活性化させる。新生児の抑揚やリズムなどの言語音に対する反応は想像以上に良好で、母親の発話の音声特性の違いが、新生児の脳血流量、とくに右側の脳領域の変化量の違いにも反映されることから、生後すぐの新生児も母親のプロソディを弁別できることを示している。このプロソディの違いは、語り口調の情動的イントネーションの誇張のされ方に由来するので、マザーリースの音韻特性として、高いピッチと明確な輪郭（高さの大きな変動）による抑揚が、新生児の注意を喚起させる可能性をもつと考えられる（Saito et al. 2007）。一方、母の顔より見知らぬ顔をみた方が脳の活性化が大きいことから、4章でもみたように、3ヶ月の乳児でもすでに顔の弁別は行っているようだ。生後3ヶ月を過ぎると、表情では真顔より笑顔に良く反応するようになる。このようなデータから母子の絆は新生児や乳幼児の社会脳の発達を促す中心的な役割を果たすことが明らかにされた。新生児から1歳未満の乳児の社会脳の兆しは、母性の質感を生む情動脳の活動が前頭領域の機能に反映される過程で認められるといえよう。

6章では、前頭葉が子どもの認知的抑制にどのようにかかわるかをみる。本章でみるのは主に幼児中期から児童期にかけての子どもである。抑制は制御の一面を表すが、この時期の行動や自己の制御は情動制御と認知的制御に分けて考えられる。このうち、ワーキングメモリの実行系がかかわる認知的制御（抑制）がとくに社会脳の発達とかかわる。抑制機能は色と色名の組み合わせがもたらす認知的コンフリクトを、抑制機能をうまく使うことで回避するストループ課題（第8章も参照）や形、色と数の属性をもつカードを継時的に分類することでルールを見出すウィスコンシンカード分類テスト（WCST）などで評価されることが多い。ストループ課題では、認知的抑制は面白いことに、年少の児童（たとえば6歳児）の方が年長（たとえば8歳）より成績が良好であるという。理由は文字の意味と知覚的な色の結びつけが年少児では自動化されていないため抑制をかける必要性が低いためである。白を黒と報告させる別の課題では3歳の幼児は抑制が難しいが、5、6歳児になると抑制ができるようになるという。WCSTの幼児版であるディメンショナルチェンジングカード分類課題（DCCS）では3歳から5歳にかけてルールを見つけて成績を上げて行くことが報告される。ストループ課題ではfMRIの研究などでACCやDLPFCなどのワーキングメモリの実行系が関与することがわかっているが、乳幼児を対象に実験することは困難なため、本章の著者たちはNIRSを用いて、DCCS課題下での抑制機能を検討した。その結果、5歳児では両側の下前頭領域が活性化するが、3歳児を課題の成功群と失敗群に分けてみたところ、成功群では右下前頭領域の活性化により、ルールの認知的抑制ができたと考えられた。また、同じ幼児を3歳半と4歳半で同じ条件で検討すると、1年の経過で右下前頭領域から両側前頭領域に活動に移行することが判明した。NIRSではfMRIのように空間解像度が良くないので脳回や脳溝まで特定することは難しいがPFCを含む前頭領域の抑制機能が、左右のバランスを取りながら発達してゆくようである。また、本章の著者はASD児の抑制機能を実行機能の不全の立場から比較し、ASD児のDCCS課題下での右下前頭領域の活動の弱さがその一因と推定している。本シリーズ第6巻1章や本書の4章や9章でもASDの実行系機能の問題が指摘されていることからも、認知的抑制にはPFCの実行系機能が深くかかわっていそうである。認知的な抑制能力は、社会性の発達はもちろん、学力や社会的抑制にも関与することからその社会脳の研究は重要である。

7章ではこれまでほとんど顧みられてこなかった、乳幼児期から児童期での親の虐待行動が脳や心の発達に及ぼす影響について考える。4章でもみたように、母子の情緒的な絆（アタッチメント）は信頼感を生み、道徳や社会性の発達を促すが、反対に虐待を受けると後年の社会性の発達が遅れるなど、社会脳の成熟に悪い影響が及ぶ。乳幼児の虐待は発見が難しくその後の脳の発達への影響についてはあまり知られていない。虐待行為には身体的虐待、性的虐待、暴言による虐待や家庭内暴力（domestic violence：DV）が含まれる。乳幼児期から児童期に虐待を受けた影響は、思春期以降にうつ、不安や自殺などさまざまな姿で、あるいは攻撃的な対人関係、薬物乱用や反社会的行動になったりして現れることがある。近年の脳の画像解析では、小児期に虐待を受け、心的外傷後ストレス障害（posttraumatic stress disorder：PTSD）をもつ患者では、海馬の体積が小さくなること、扁桃体やＤＬＰＦＣの体積変化もみられることが報告されている。本章の著者らは、小児期に性的虐待を受けた米国の大学生と健常グループの脳を比較し、脳の視覚野の体積減少を認めた。脳の発育途上で心的トラウマを受けたことが、被虐待児の脳に変化をもたらしたと推定される（Tomoda et al. 2009）。また、小児期に暴言虐待を受けた青年では、聴覚野領域（左上側頭回）の体積が変化したという。

一方、幼い時期に親から継続的に体罰を受けた青年では右ＭＰＦＣの体積に減少がみられると同時に、右ＡＣＣや左ＤＬＰＦＣにも体積減少を認め、実行系機能の低下がみられたという。過度の体罰は情動性ストレスを起こし、小児期のＰＦＣの発達にも影響を与え、心に受けた傷は容易には癒やされないと推定される。また、小児期にＤＶを経験して育つと青年期での脳皮質体積は、右の視覚野で顕著に減少していたという。脳は領域固有の感受性期があり、たとえば海馬は幼児期（３～５歳頃）に、脳梁は思春期前の児童期（９～10歳）に、さらに前頭葉は思春期以降（14～16歳頃）というような順で影響を受ける（Andersen et al. 2008）。視覚や聴覚皮質はもっと早く、生後数ヶ月程度で影響を受けると推定される。たとえば、ヒトではないが、マウスの実験では、神経信号のコミュニケーションを担うニューロンのスパイン（樹状突起）の旺盛な活動が、生誕後数ヶ月以内の臨界期で Lynx1 というタンパク質により抑制されないと、視覚や聴覚などの初期感覚皮質のその後の発達が阻害されるという報告があるので（Morishita et al. 2010）、虐待による視覚や聴覚皮質の体積減少は抑制の不首尾によるニューロンの死滅による可能性もあろう。

結局、長期にわたる被虐待ストレスは、乳幼児や学童期の子どもの脳をつくりかえ、さまざまな不適応行動を生みだすのである。今日の少子化社会で、乳幼児の虐待をなくし健全な心身を育む環境を整えることは喫緊の重要課題である。虐待を減少させ、健全な社会脳を育むには、学際的なアプローチで多様な現場の専門家が連携し、健全な社会脳の育成に努める必要がある。

8章からは65歳以上の前期高齢者を中心に加齢によるワーキングメモリの低下についてみる。ワーキングメモリ（working memory）は目標を達成するために、必要な情報を脳内に一時的に保持・処理するフレキシブルな記憶（脳のメモ帳とか心の黒板とも呼ばれる）であり、社会脳には必要不可欠である。ワーキングメモリは現在と近未来を短い時間窓の中で統合し接続するのであるが、これは情報の統合によって認知と行動を束ねる司令塔の役割を果たすことを意味している。統合がうまくゆかないと、物忘れや行為のし忘れなどが生じるが、これは高齢者がよく経験することで、ＰＦＣの実行系機能の低下によるワーキングメモリの機能低下の現れの一つである。症状が進むと次の9章で取り上げる認知症に発展することが多い。さて、この章では、短文を読むことでワーキングメモリの容量を測定するリーディングスパンテスト（ＲＳＴ）を開発し、高齢者の物忘れなどの認知機能の衰退の脳内機構をｆＭＲＩで検討している。そして、若年者との比較において、高齢者はＡＣＣの活動が衰退しているため、実行系のはたらきの一つである、注意の制御が難しくなっていることを見出している。注意の切り替えが困難なため、高齢者は適切な情報の選択的抑制が難しいのである（苧阪 2015）。部分の報告を求められているのに、全文を再生するような認知エラーは幼児のエラーと類似しており、いずれも同じ実行系機能の加齢や未熟のために生じる現象と考えられる。さて、このようなワーキングメモリの低下を防ぐにはどのようにすればよいのか？　本章では、注意を強化する認知訓練をすることで低下を防ぐ手立てなどが紹介される。さらに、注意のフォーカス機能についてもその脳内機構を明らかにしている。

９章では高齢者の認知症についてみる。高齢期になり、社会脳の機能的・構造的衰退が著しくなり認知症に至る場合がある。認知症では中核症状として記憶（強い物忘れや行為のし忘れ）、見当識（年月時刻や場所がわからない）、理解・判断力（思考力や判断力の低下）などの障害が認められ、同時にうつ、不安、妄想やアパシー（無気力）などの心理症状が伴うことが多い。ワーキングメモリや実行系の機能低下が伴う場合は、物事の段取りや計画ができなくなり、また行動障害として徘徊などもみられるようになる。わが国の認知症患者は４６０万人ともいわれ、今後高齢社会が進むにつれて患者数は急速に増加すると見込まれている。高齢者の４人に１人が認知症またはその予備群となるのは時間の問題であるといわれる。

認知症（dementia）[1]には、アルツハイマー症（Alzheimer dementia：ＡＤ）、血管性認知症（vascular dementia：ＶＤ）、レビー小体型認知症（Lewy body dementia：ＬＢＤ）や前頭側頭型認知症（frontotemporal dementia：ＦＴＤ）などがある。本章では、このうち、とくに病変が海馬を含む後方にある後方型認知症（ＡＤを含む）と扁桃体を含む前方領域にある前方型認知症（ＦＴＤを含む）に分けて多様な精神症状を社会性障害を中心にみてゆく。後方型認知症の場合、初期のＡＤでは、序論の冒頭でみたように、他者の行動を予測する心の理論や相手への共感の能力は保持されていることが多いことから、心の理論とかかわるＰＦＣのはたらきはなんとか維持されているようである。情動喚起を伴う記憶についても、右ＯＦＣなどの関与で十分に保持されているようである。たとえば、本章の著者らがおこなった調査によると、阪神大震災を経験したＡＤ患者の多くは、たとえ症状が重く日常的な出来事は想起できなくても恐怖という情動に喚起された震災はトラウマとして想起できるといい、これには海馬より扁桃体の関与が大きいという。これは7章でみた虐待によるその後の社会脳の障害とも類似することから、認知症患者が不適切な介護、拘束や虐待を受けた場合には社会脳の障害も予測される。一方、前方型認知症でもとくに行動障害型ＦＴＤは前頭葉の萎縮が伴い、性格の変化と社会性行動の障害をもたらし、ＡＤ患者と比べて心の理論の保持に障害があることに由来すると考えられる（池田 2014）。誤信念課題でも行動障害型ＦＴＤ患者はＡＤ患者より成績が悪く、共感性も低いという。自己と他者の境界が不明瞭になり、自己と他者の認識が困難になる結果、社会性行動の障害や常同的・強迫的行動が生じるのであろう（第6巻『自己を知る脳・他者を理解する脳』の序と1章参照）。そして、ＦＴＤとＡＳＤ諸症状の類似性についても併せて検討することが社会性認知の障害の解明に重要だとしている。

本巻では、社会脳の発生とその衰退プロセスを行動と認知を通して俯瞰した。ヒトは本来、社会性動物であり、社会環境にうまく適応してその人生を生き抜くことが求められる。しかし、脳自体も新生児から乳児期での増えすぎたニューロンの刈込みによる安定期以降、さまざまな試練を経て高齢期に近づくにつれて、徐々に脳の構造的・機能的低下を迎える。新生児は想像以上の素晴らしい適応能力をもつこと、乳幼児期に自他の境界を区別する心の理論が形成され、他者の心や行動を予測できるようになること、しかし自閉症スペクトラムのような社会性認知障害も、この社会脳の形成期に発現することが明らかになった。さらに、高齢者の社会脳でも、物忘れなどの実行系機能とワーキングメモリの低下がＰＦＣなどの衰退の随伴現象として生じることをみた。社会脳の成長と衰退を乳幼児から高齢者に至るパースペクティブから俯瞰すると、脳の実行系の中核であるＰＦＣの発達と衰退が社会脳の発達と衰退にまさに並行していることが明らかになった。青年期を頂点としたＰＦＣ（と自己と他者を結ぶ脳内ネットワーク）の成長と衰退の分水嶺の２つの斜面に「神経発達学」と「神経加齢学」という新たな領域が拓かれ、社会脳の研究がさらに進展することを願っている。最後に、本巻についても編集上でお世話になった新曜社の塩浦暲氏に感謝を表したい。

苧阪直行

注

［１］２００４年12月から、厚生労働省は従来使われていた「痴呆症（dementia）」を「認知症」へと名称変更

した。英語表記では認知症は、本来、認知障害（cognitive disorders）をあてるべきだが、従前と同様のdementia が用いられることが多い。そのため、認知症を症例で分類する場合はＡＤ、ＶＤ、ＬＢＤやＦＴＤなどと略されることが多い（Ｄは dementia の略）。一方、２０１３年5月に米国精神医学会が刊行した『ＤＳＭ－５ 精神疾患の診断・統計マニュアル・第5版』（日本精神神経学会監修、２０１４年医学書院から刊行）では dementia の基本認識がより広くなり、dementia は major neurocognitive disorders（Major NCD：メジャー神経認知障害）という名称に変わった。ＤＭＳは多大な影響をもつため、この名称変更は大きな混乱をひきおこしつつある。メジャー神経認知障害ではワーキングメモリの主要機能（注意の保持、分割、選択性や実行機能と抑制など）の低下が診断基準に取り入れられ、さらに社会性認知として情動認知や心の理論の低下も診断基準に入れられた。つまり、認知心理学的な意識の神経基盤の研究成果が大幅に採用されたといえる。従来、認知科学や認知心理学などは認知症とは基本的に関係がないことから、２００４年以降、これらの分野の専門家には認知症というネーミングは不人気であった。しかし、今般のＤＭＳ－５での基準の修正と分類名称変更は、概念的には皮肉にも認知心理学の基本概念に認知症が一歩近づいたことを意味する。本邦では、メジャー神経認知障害がこれからも認知症と呼ばれるだろうが、そもそも dementia の最初の訳語に問題があったことが、時代の流れのなかであらわになってきたということであろう。

目次

装幀＝虎尾　隆

1　メンタライジング（心の理論）の発達とその神経基盤

ウタ・フリス／クリストファー・D・フリス
金田みずき／苧阪直行（訳）

はじめに

脳のメンタライジング（心の理論）システムは、おそらくは18ヶ月齢頃からはたらきはじめ、意図や他の心的状態の潜在的な帰属を可能にしていくようだ。4歳から6歳の間に顕在的なメンタライジングが可能になり、この年齢から子どもたちは、誤信念をもたらした誤解を与える理由について説明できるようになる。メンタライジングのニューロイメージング研究は、子どもには困難なことから、今までのところ成人に対してのみ行われてきた。それらの研究によって、潜在的なメンタライジング課題と顕在的なメンタライジング課題の両方で一貫して活性化する、次の三つの脳領域からなる神経ネットワークが明らかにされてきた。内側前頭前野皮質（ＭＰＦＣ）、側頭極、後部上側頭溝（STS）がかかわるネットワークである（脳の略語については章末にまとめてあるので参考にされたい）。これらの領域の機能は、ニューロイメージング研究で用いられる他の課題でもある程度は明らかにされてきた。まずMPFC領域は、心的な状態と物理的な状態それぞれの表象を区別する分離メカニズムのはたらきとかかわると考えられる。STS領域は行為する者の検出の基盤とかかわり、側頭極はスクリプトの形で貯蔵されている社会的な知識へのアクセスに関係していると想定される。これらの諸領域が協調して活動することが、メンタライジングにとって重要であると思われる。

メンタライジングはどう発達するか

プレマックとウドラフの挑戦的な論文「チンパンジーは『心の理論[1]（theory of mind）』をもつか?」が公刊されたのは1978年のことであった（Premack & Woodruff 1978）。もちろん、心の理論ということばは文字通りにとる必要はないし、チンパンジーが心の内容についての明確な哲学的理論をもっているということをほのめかしているわけでもない。心の理論という表現はむしろ、チンパンジーの心が、その仲間の行動や、彼らの欲求や態度、信念によって決まるという暗黙の了解を示す点で、ヒトと同様のはたらきをもつかどうかという疑問を具体的に表したものといえる。心の理論は外部世界についてのものではなく、内部世界、つまり心についてのものだ。過去何年もの間、「心の理論」に代わる表現として、「ToM（Theory of Mind の略）」や「メンタライジング（mentalizing）」、「志向性（intentional stance）」といった表現も使われるようになってきたが、本章では「メンタライジング」という表現を使うことにする。

プレマックとウドラフは、独創性に富んだ論文の中で、チンパンジーは他の仲間が違う考えをもつことに暗に気づいており、その能力を利用して他個体の行動を予測しているという仮説を検証する実験を報告している。このような社会的洞察（social insight）がもたらす驚くべき結果の一つが、他者を欺いたり、うそを理解したりする能力だろう。しかし、この実験の結果は曖昧で、その後もはっきりとした結果は得られないままである（Byrne & Whiten 1988; Heyes 1998; Povinelli & Bering 2002）。いくつかの研究では、チンパンジーや大型類人猿には、強くはないもののの初期の心の理論があることが報告されているが、一方でサルについては別の推定もされている。つまり、サルが他者の心の状態を推測できるという証拠は得られていないのだ（Cheney & Seyfarth 1990）。

他の動物種のメンタライジング能力には疑問が残る一方で、ヒトでは疑いなく、広範な社会的洞察力に影響を及ぼす巧みなメンタライジング能力が発達しているといえる。どのようにしてこの能力は発達し、いつ頃に子どもはメンタライジングの最初の兆候を見せるのだろうか？　メンタライジングの兆候は心的状態を示す明確なことば（たとえば、「私は弟が幽霊の『ふり』をしていると『思う』」などの表現）を通して観察できるが、一方で行動に間接的に現れる兆候もある（たとえば、「驚くといった様子もなく、子どもは布をとってその下にいる弟を見つける」など）。デネットは、プレマックとウドラフの論文に寄せたコメントの中で、心の理論の有無を確かめる厳密なテスト、つまり他者の誤信念（false belief）に基づいて他者の行動を予測するという方法を提案している（Dennett 1978）。正しい信念を対象にした場合は、他者が現実にしたがって行動しているのか、あるいは現実についての自分の信念にしたがって行動しているのかを明白に決めるのは難しいため、心の理論について確かめることができない。すなわち、誰かがカーテンの裏に隠れていて、子どもがカーテンに向かって走り寄ったとき、それはそこに実際に誰かがいることを知っているからかもしれないし、あるいは誰かがそこにいると子どもが信じているからかもしれず、どちらが原因なのかを区別できないのだ。そこで、新しい実験パラダイムが必要になり、ハインツ・ウィマーとジョセフ・パーナーによって新パラダイムが考えだされた（Wimmer & Perner 1983）。この方法は社会的認知（social cognition）の研究の新しい時代を拓いた。それは次のようなものである。登場人物はマキシと呼ばれる子どもと母親だ。マキシはチョコレートを青い戸棚に入れ、部屋を出てゆく。そこに彼の母が入ってきて、チョコレートを緑の戸棚に入れ替える。そして、マキシがチョコレートを取りに部屋に戻ってくるのだが、彼はどこを探すだろうか？答えはむろん、「青の戸棚を探す」だ。というのも、マキシはチョコレートがそこにあると誤って信じているからだ。コントロール条件の質問では、子どもが一連の出来事を理解しているかどうかをチェックする。たとえば、チョコレートは本当はどこにあるの？　とか、マキシが最初にチョコレートを入れたのはどこ？　などの質問だ。

その後の一連の研究によれば、およそ4歳から子どもはこの物語を理解するようになり、質問すればことばで答えられるが、4歳より幼いと難しいことがわかった。5歳になると90％以上が、さらに6歳になるとすべての子どもが課題を理解できるようになるという（Baron-Cohen et al. 1985; Perner et al. 1987）。同じような課題を用いた他の研究でも、基本的には同様の結果が得られている。また、異なる文化圏で行われた同様の研究でも、この発達現象の一般性が示されていることは明らかである（Avis & Harris 1991）。

5歳以上では

パーナーとウィマーは、他者の信念についての信念の帰属を要する、もう少し難しい課題を考案した（Perner & Wimmer 1985）。二次課題（second-order task）と呼ばれる課題だ。たとえば、メアリーはジョンが何かを信じているということを信じているといったものだ。5～6歳以上の子どもは、二次課題を難なく理解できる（Sullivan et al. 1994）。人々が秘密をもっていたり、騙したりし、場合によっては裏の裏をかいたりするような、探偵やスパイが登場するサスペンス小説では、よりいっそう込み入った筋書きが使われている。このようなプロットは幼児期後期以降の子どもに人気があり、特に心的な努力がいるわけではない。もちろん、メンタライジングによって状況を広く知り、その知識を他者の行動予測に利用するには、経験が必要だ。大人の社会的洞察力や社会的能力も似たようなものだ。策略に長けて成功した人物は、おそらくは何年にもわたって経験を積まねばならず、ふさわしい権謀術数を研究することで利益を得てもいるのだろう。ニコロ・マキャベリ（1469-1527）が政治的洞察力について述べた「君主論」に勝るものはないように思われる。

3歳以上では

では、5歳以前には何が起こるのだろうか？　幼児は他者が思考というものをもっており、思考は物理的な状態とは違うということを知っていて、そのように振る舞う。幼児用に工夫された多くの実験がその証拠を示している。3歳児は物理の世界と心の世界を区別できる。たとえばウェルマンとエステスの研究では、ある人物はビスケットをもっており、別の人物はビスケットについて考えていると子どもに教えると、子どもはどちらのビスケットに触ることができるのはどちらの人物なのか難なく答えることができた（Wellman & Estes 1986）。

シャッツらは、3歳やそれ以下の幼児でも、「ぼくはそれはアリゲータ（口先が丸いワニ）だと『思って』いたけど、今はクロコダイル（口先がとがったワニ）だと『知って』いるよ」というような、心的状態を表現することばを使えることを示している（Shatz et al. 1983）。心の状態を表すことばとして多くの2歳児が使えるのは、「欲しい（want）」、「望む（wish）」、「ふりをする（pretend）」などだ。

マキシとチョコレートの誤信念課題は、一見すると込み入っているように思えるので、3歳児でも楽しめるように小さな劇の形に修正された。この方法を用いてクレメンツとパーナーは、マキシがチョコレートを探しに戻ったとき、3歳児はまず、緑の戸棚近くのドアではなく、マキシが最初にチョコレートを置いた青い戸棚の近くにあるドアを見がちであることを示すことができた（Clements & Perner 1994, 2001）。にもかかわらず、質問されると、その子は緑の戸棚を指さし、間違って答えてしまうのだ。

3歳児はまた、知識と思考、推測の違いをようやくわかりはじめている。マサングケイらとフラベルらは、3歳児では、両面にそれぞれ違った絵が描かれたカードをもち上げて、それを見せると、反対側に座った人には違う絵が見えるということを理解できることを示した（Flavell et al. 1981; Masangkay et al. 1974）。ホグリフらは、3歳児が、箱の中をのぞいた人だけがその中に何があるかを知っており、のぞいていない人は知らないということがわかることを示した（Hogrefe et al. 1986）。とはいっても、このような理解は、適切なコミュニケーションの文脈ではもっと早い時期に可能だ。あるモノを要求するという文脈の場合、2歳児は両親の知識状態に敏感なようである。2歳児は、母親が気づかない間にモノが動かされると、積極的に母親の注意をそのモノの方向に向けさせようとした（O'Neill 1996）。４歳児はこのような文脈にはあまり頼らず、見ることは知ることにつながるが、見なければ知らないということを理解している（たとえば、O'Neill & Gopnik 1991; Povinelli & deBlois 1992）。意外なことに、間接的な形でテストすると、18ヶ月の乳児でもこの理屈を実際上理解しているように見える（Poulin-Dubois et al. 2003）。この研究では、他の人がどこにモノを隠したのかを女性が目撃した後で、彼女が違う場所を指さすと、乳児は驚いた様子で長く見つめることが見出されている。反対に、隠した場所を女性が見ることができなかった場合は、乳児は驚くことも長く見つめることもなかった。

18ヶ月以上では

18ヶ月程度の月齢は、多くの点で発達の分岐点であり、乳児期の終わりに近づく。したがって、この頃にことばの発達が急速に進む。これは、この時期以降から、話者がことばを口にしたときにその意図を探知する能力によって、単語の学習が促進されるようになるからであろう（Baldwin &Moses 1996; Bloom 2000）。母親が子どもにモノの名前を言う場合、子どもがそのときにもっているモノを示しているのであり、まったく関係がない単語をいっているのではないということを子どもは知っている。この種の区別ができないと、子どもは偶然生じた音声と対象の連合を学ぶことになるが、実際にはこのようなことはめったに生じない。この月齢は「ごっこ遊び」がはじまるという点でも重要だ。英国の心理学者レスリーがうまく論じているように、ごっこ遊びの理解はメンタライジング能力の表れの明らかな証拠の一つである（Leslie 1987）。レスリーがあげる有名な例は、母親がふざけてバナナをもち上げて電話のふりをするというものだ。子どもは笑いはするが、電話とバナナの特徴を取りちがえることはない。取りちがえないためには、子どもは母親のバナナに対する態度を表象する能力をもたねばならない。これは実際の生活場面でのバナナの使われ方の表象とは違っていなければならない。レスリーが示唆した有力な認知メカニズムは、「分離（decoupling）」と呼ばれるものだ。この表現は、実際の事象から、もはや実際の事象を参照する必要のない思考の表象を分離する必要性を表している。

ごっこ遊びとことばの獲得の例には、二人の人々の共同的注意（joint attention）がかかわっている。母子は命名されるモノやごっこの対象としてのモノに共に注意を向けるのだ。共同的注意が最初に見られるのはいつ頃だろうか？ これは基準の決め方によって異なるが、共同的注意に必要な最低限の条件は、乳児と大人の双方が第三のモノを共に見つめるということだ。しかし、これは偶発的であったり、不自然であったりすることもある。より厳しい条件では、モノへの注意が他の人の視線によって意図的に導かれ、直接的な注視ではじまるというものである。12ヶ月程度の月齢の乳児は、大人が見ているモノを自動的に見る傾向がある（Butterworth & Jarrett 1991）。しかし、この追従行動は見かけほど強い印象を与えるものではない。というのも、見るべきモノが乳児にすでに見えているときにのみ生じるからだ。目標がまだ見えていないときでも、大人が指差したり見つめたりした目標物に乳児が安定して視線を向けることができるのは、およそ18ヶ月を過ぎてからだ（Butterworth 1991; Caron et al. 1997）。したがって、もっとも厳しい基準によれば、共同的注意が生まれるのは18ヶ月の頃からだといえよう。たとえ、共に見つめたり他者の視線に追従したりすることがそれ以前からできているとしてもである。厳密にいえば、共同的注意とは、複数の人々が同時に複数の対象に注意を払うことへの潜在的な気づき（awareness）を意味し、その注意は個々の人々の関心をともなって何かに「向けられている」状態をさす。カーペンターらによれば、14〜24ヶ月の間の共同的注意の発達は規則的に進み、他の重要な社会的能力の発達とも相関しているという（Carpenter et al. 1998）。他者による意図的行為が目標を達成するかどうかにかかわらず、その行為の確実な模倣もおよそ18ヶ月ではじまることが、メルツォフの研究で示されている（Meltzoff 1995）。

この段階で乳児はまた、母親の情動反応を考慮しながら目新しいおもちゃに反応するようになるようだ。つまり、母親がおもちゃを怖がったりすると、乳児はおもちゃに近づかない（Repacholi 1998）。この年齢の子どもは、視線をコミュニケーションの手段として理解しはじめるようになる。障害物があると対象は見えないことを知っているので、母親に絵を見せたいときに、母親が目を手で覆っているとその手をどけようとするのだ（Lempers et al. 1977）。

発達のごく初期には、メンタライジングの例はほとんど報告されていない。これは、ごく幼い時期には、メンタライジングを示す行動がそれほど強いものではないということを示しているのかもしれない。オオニシとベイラージョンによるとても興味深い研究では、注視時間の長さを利用した適切な手法であれば、15ヶ月半の子どもでも、間接的な形で誤信念の理解ができることが示されている（Onishi & Baillargeon 2002）。

12ヶ月以上では

およそ12ヶ月になると、メンタライジングの発達の重要な一里塚ともいえる行動が見られるようになり、意図や欲求といった心的状態に気づきはじめることが示されるようになる。おそらくもっとも特徴的な行動は1歳以降に見られ、乳児は意図的な行為者（agent）として対象を捉えることができるようになる。これは対象と他者との相互作用的な行動をもとにしている（Johnson 2003）。

言語以外のもっとも重要なコミュニケーションの道具のいくつかは、注視や指さしといった身振りである。これらの情報により、乳児でも行為者の行動を予測することができるようになる。ウッドワードらは、12ヶ月頃になるとはじめて、注視には人とその人が見つめている対象との間の関係性が含まれることを、しだいに理解するようになることを示している（Woodward et al. 2001）。

乳児は12ヶ月頃から、大人の視線の方向とポジティブな情動表出を手がかりにして、大人が見ている対象に手を伸ばすだろうということを予測できるようになる（Phillips et al. 2002）。このことは、人は違った目標をもち、それらの目標はそれぞれ違った意味をもっているということを理解しはじめるという、初期の能力を示している。ゾディアンとソーマーは、行為者はそこにあるけれど関心をもって見ていないモノよりも、関心をもって見ている対象をつかむということを乳児が予測できはじめることを示している（Sodian & Thoermer 2003）。しかし、つかもうとする手がかりとして、注視の代わりに指さしを用いた場合は、行為者が指さしていない他のモノをつかんでも、乳児は別段驚かない様子であった。

9ヶ月以上では

ゲルゲイらは、目標を推測する乳児の能力について、工夫をこらした実験からおもしろいデータを見つけている（Gergely et al. 1995; Csibra 2003 も参照）。彼らはそれを合理性（rationality）の原則と呼んでいる。つまり、9～12ヶ月の乳児は、行為者はもっとも合理的なやり方で目標にアプローチすることを予期しているということだ。たとえば、行為者が見えない障害物を思いがけず飛び越えたりするなど、合理的な方法をとらないと、乳児は驚きを示す。このことは、乳児が行為者の目標と目標を達成するための手段を別々に表象していることを示している。目標を表象する能力と、手段の「合理性」を判断する能力は、意図を表象できる能力の重要な前提条件となるようだ。

6ヶ月以上では

この月齢の頃の乳児は、物体が自分で動き出すのを見ると驚くが、ヒトが動いても驚かない（Spelke et al. 1995）。これは、乳児は生物を、自力で動くという事実によって認識しているということを示している。このような定義によると、自力で動く行為者は生物である必要はなく、機械のおもちゃとか自動車であってもよいということになる。行為者の重要性は、それが生物であるということではなく、「自分の意思で」思いがけなく動くこともあるということなのだ。行為者の行動の表象は、行為者の意図の表象にとって重要な必須要件になるようだ。

ウッドワードは、乳児は目標物の位置が遠くに変えられた場合でも、ヒトは手が届きやすい別のモノではなく、目標物に手を伸ばすことを予測するということを示した（Woodward 1998）。一方で、ヒトの手の代わりに棒のような道具が使われた場合は、乳児はヒトの手に対して見せたような予測を見せないようだ。生物の動きと道具の動きの区別は、おそらく意図の理解の別の前提条件となっているようだ。後述するように（30ページ、「後部ＳＴＳ」）、大人では脳の上側頭溝（superior temporal sulcus: ＳＴＳ）という特別な領域が、このような異なったタイプの運動に反応して活性化する。幼い時期からこのような違いを認識できるということは、この脳領域がごく初期に成熟し、学習が非常に速く形成されることを示している。

3ヶ月以上では

誕生から数ヶ月の間に観察される行動の範囲は非常に限られており、この制約がデータの収集を難しくしている。とはいっても、わずか生後数週間の乳児でも、モノよりヒトに対して微笑んだり、声を出したりすることが明らかになっている（Legerstee 1992）。このことは、社会性刺激（social stimuli）が先天的に好まれることをよく示している。

視線の移動のみならず、他のバイオロジカルモーション（biological motion）も、ごく初期の乳児の注意を強く引く特別な性質をもっているようだ。乳児は自分で運動する対象を目で追う（Crichton & Lange-Küttner 1999）。乳児はまた、ランダムな光点の運動よりも、ヒトが歩いているときの光点の運動学的パターンの方に注目する（Bertenthal et al. 1984）。

ヒトの視線の動きに反射的に反応して、自分の視線をそちらに向けるのも、3ヶ月の乳児にすでに見られる生得的な能力のようだ（Hood et al. 1998）。これは大人の視線の大まかな方向に自発的に目を向けるという能力とは異なっており、この能力はおよそ12〜18ヶ月経たないと完成しない。同様に観察可能な視線の追従という行動は、異なったメカニズムによって行われると思われ、したがって異なった意味をもつと考えられる。3ヶ月で見られる初期の注視反射（gaze reflex）

は、18ヶ月で見られる、メンタライジング能力を反映した洗練された視線追従とは神経メカニズムが違うようである。

結　論

メンタライジングの証拠が豊富に得られるようになるのは18ヶ月以降である。にもかかわらず、12ヶ月かそれより少し前から、驚くべき兆候を見せはじめる。乳児は行為者と目標、そして目標を達成する手段のそれぞれを、別々に表象できるということが示されている。しかしながら、行為者の見えている目標を表象することと、行為者の見えない意図を表象することは同じではない。このような初期の能力が、その後の意図の理解に結びつくのかどうか、また結びつくのであればどのようにしてそうなるのかということは、はっきりしていない。結局のところ、意図は、それが達成されることもある代わりに、妨げられたり、満たされることがなかったりすることもあるのである。これまでのところ、意図の理解についての明確な証拠が得られるのは18ヶ月頃からであり、この時期に他者の心の状態を理解できるようになると考えられる。

ここまでレビューした研究について明らかにいえることは、子どもの発達速度には個人差があるにもかかわらず、多くの子どもに当てはまる一般的な発達段階があるということだ。この理由から、メンタライジングのメカニズムに障害があると思われる子どもの、一般的な発達からの逸脱を考えることが可能になるのである。たとえばその例として自閉症がある（Baron-Cohen et al. 1985）。

生後1年で志向性の証拠を見出すのはおそらく難しいだろう。というのも、この年齢の乳児は経験が限られているうえに、脳も未成熟だからである。メンタライジングに影響を及ぼす脳機能の発達障害をこの時期に見つけるのは容易ではない。この時期に多くの経験をすることは有効だろうか？　おそらくは有効であろうが、たとえ経験が増えても、脳が未成熟なために、それを十分に生かすことは難しいだろう。認知メカニズムは多くの発達段階を経て進展していくが、メンタライジングにもそれが当てはまるのである。

とりあえずは、欲望や目標、意図にかかわる潜在的な形での志向性がごく初期に生じると考えておこう。この芽生えの時期はおよそ18ヶ月だと考えられる。18～24ヶ月になると、発達上の重要な一里塚となるいくつかの機能の収束が見られる。共同的注意の理解や、随意的な模倣や、単語を学習しながら話者の意図を読み取る能力などである。また、まだ潜在的なレベルではあるが、知ることと見ることを理解する能力や、おそらくは誤信念についての潜在的な理解でさえ認められるようになる。

さて、2歳に達する頃には、多くの心的状態（欲する、意図する、知る、ふりをする、信じるなど）の潜在的な理解が徐々に可能になり、自分の行動を調整したり、他者の行動を理解したりできるようになる。したがって、もし2歳児に（たとえば、あるヒトが目標に達しない行動を行っているのに対して、ロボットが機械的な目標志向的行動を行っているところを観察させながら）機能的脳イメージング（functional brain imaging）の実験を行えば、脳のメンタライジングシステム（22ページ、「メンタライジングの神経メカニズム」参照）がすでにはたらきはじめているかどうかを予測できる。逆にいえば、自閉症の子どもの場合、このメンタライジングシステムに予測されている障害が、この年齢で生じているかどうかがわかると考えられる。

また、メンタライジングのもう一つの飛躍的な発達は、4歳から6歳にかけて起こるということができる。健常な発達を示す子どもは、他者の行動を説明したり予測したりする際に、心的状態とその役割について完全かつ明確に気づいているといって支障がないのは、6歳以降になってからである。この重要な変化はどう説明できるのであろうか？ 現在、さまざまな理論が論じられている。ある理論では、この変化はメンタライジングにとって本質的ではないが、誤信念課題とかかわる実行系の側面と関係があるとしている（たとえば、Russell 1996）。別の理論では、視点を自己のものから他者のものへと自由に変えながら、他者の心的状態をシミュレートできる十分な能力は、もっと成長した年齢にのみ見られるとしている（Harris 1991）。さらに第三の理論では、子どもは時に、事実によって物理的世界と社会的世界についての概念を変化せざるを得ない理論家のように振る舞うと述べている（Gopnik & Wellman 1994）。これらすべての理論は課題遂行の変化を説明するのに役立つだろうが、さらにもっと単純な理論は、メンタライジングのメカニズム自体が、およそ4歳で生じるもう一つの発達の飛躍を生み出すというものだ。顕在的な課題の遂行に変化が観察される前後での、誤信念シナリオを潜在的に観察しているときの脳のメンタライジングシステムを見ることができれば、この疑問への答えのヒントが得られるだろう。

初期の社会的認知はメンタライジングにどのような役割を果たすか?

他の基本的な神経メカニズムも社会的学習を促すかもしれないが、これらが志向性によって促進される社会的洞察に直接寄与するのかどうかはわからない。このような神経メカニズムを担う脳領域間の強いネットワークが、学習を通して強化され、メンタライジングの能力を生み出すようになると考えることは理にかなっている。また、メンタライジング能力の発達には付加的な神経メカニズムが必要であり、それは結局のところ、進化の結果として生まれたと考えることもできる。

われわれにできることは、初期に現れる社会的認知の構成要素がメンタライジングにどのような役割をもつのかを推測することだけである。特に関連したものとして、三つの機能があげられる。第一は社会性刺激への選好である。行動的、および電気生理学的な研究によって、新生児でさえヒトの顔に敏感に反応し、顔と似た刺激にも選択的に注意を向けるということが示されている。成人では、紡錘状回(fusiform gyrus)やSTSが顔認識にかかわると考えられている

（Allison et al. 2000; Chao et al. 1999）。しかし、新生児ではこれらの皮質領域は未成熟であり、おそらくは皮質下領域（subcortical regions）がかかわっていると思われる（Johnson & Morton 1991）。第二は、行為者検出メカニズムは、3ヶ月児のバイオロジカルモーションや眼球運動への感受性の基盤となるであろうということである。成人では、このメカニズムはSTSが担うと考えられている。第三は、行動の意味を理解したり、行動の目標と達成のための手段を区別したりすることを可能にするメカニズムがあるだろうということである。外側前運動皮質（lateral premotor cortex）の腹側領域にあるミラーニューロン（mirror neurons）が、このメカニズムを担っているのかもしれない（Rizzolatti et al. 2002）。

このようなおそらくは先天的な認知（同種への選好、行為者検出や行動理解の傾向）が、メンタライジングの発達に寄与しているのだろうか？　おそらくは必要な前提条件であろう。しかし、このような認知だけではメンタライジングの発達に十分であるとはいえない。というのも、このような認知はヒト以外の多くの種も共通してもっており、それらの多くはメンタライジング能力の痕跡をもたないと想定されているからである。後述するニューロイメージング研究のレビューに見られるように（「メンタライジングの神経メカニズム」）、メンタライジングシステムの神経ネットワークも、発達研究が示してきたようないくつかの想定された前提条件からなっている。とはいっても、メンタライジングシステムは付加的な要素も含んでおり、発達におけるその機能はまだよくわかっていない。脳内でこれらの要素のすべてが互いに結合することが、メンタライジングがはたらく必要にして十分な条件であると推測される。乳幼児を対象にした詳細で巧妙な行動研究と、成人を対象にしたニューロイメージング研究をうまく結びつけることができない一つの理由は、構造か機能のどちらかに関して、ヒトの脳の発達についての知識がわれわれにはまだ不足しているからである。

メンタライジングの発達に学習や経験がどう影響するのかについては、さらなる研究が必要である。人はそれぞれに異なる経験をもち、それがメンタライジング能力にも反映されるだろう。これまでのところ、メンタライジング研究は個人差にほとんど注意を払ってこなかったし、現時点でのわれわれの知識はかなり限定されている。ウェルマンらは、誤信念がはじめて明確に理解できる年齢は2歳半から6歳までの幅があると報告しているが（Wellman et al. 2000）、年上の兄弟がいることで、（4歳以降で）誤信念の理解が促進されることを示唆する証拠もある（Ruffman et al. 1998）。さらに、女児は男児よりいくぶん早くメンタライジングの発達が現れると広く考えられている。異文化研究では、発達初期にはそれほどの差はないことが示されているが、一方で、成人の心の理論の発達には、文化差が支配的ではないものの大きく影響することは明らかである（Lillard 1998）。

メンタライジングのニューロイメージング研究

ニューロイメージングは、メンタライジング能力の本質と要素を検討するもう一つの方法である。現在までに行われた多くのニューロイメージング研究は、子どもではなく大人を対象としてきた。多くの研究は、マキシとチョコレートの課題をモデルにして組み立てられている。たとえば、主人公の行動が状況についての誤信念によって方向づけられるような、一連の非常に短い物語を参加者が読んでいる間の脳活動をスキャンするのである。メンタライジング能力を検査する一連の物語の例としては、たとえば「強盗物語」がある（Happé 1994）。

これは次のような内容である。「店に押し入った強盗が逃げようとしている。家に向かって逃げていたとき、強盗が手袋を落とすのを巡回中の警官が目撃する。警官はその男が強盗だと知らない。手袋を落としたことを教えたかっただけである。けれども、警官が強盗に『そこの男、止まれ！』と叫んだとき、強盗は振り返り、警官に気づき、降参してしまう。強盗は両手をあげて、近くの店に押し入ったことを認める」。

参加者は後で強盗の行動を説明するように求められる。適切な回答は、店に押し入ったことを警官が知っているという誤信念を強盗がもっていた、というものであろう。このような物語を読んで理解するには、メンタライジングに加えて多くのプロセスがかかわっているため、難しさを等しくしたコントロール文（control stories）との比較が必要である。コントロール文にも登場人物はいるが、重要な出来事は物理的な因果性によって説明される。

コントロール文の例は次のようなものである。「強盗が宝石店に押し入ろうとしている。店の鍵をうまくはずし、用心深く電子監視ビームの下をくぐる。ビームに引っかかれば警報が鳴るのだ。倉庫のドアを静かに開けて、輝く宝石を見つける。しかし、宝石を取ろうとしたとき、何かやわらかいモノを踏んでしまう。強盗はかん高い鳴き声を耳にし、毛皮に包まれた小さな何かが彼のそばを通り過ぎて店のドアに向けて走る。その直後に警報が鳴る」。

この例では、「警報はどうして作動したのか？」という質問への適切な回答は、何か動物が鳴らしたから、というものとなる。

メンタライジングの神経メカニズム

このようなタイプの物語を最初に用いた研究では（Fletcher et al. 1995）、メンタライジング文と物理文を比較すると、メンタライジング文で内側前頭前野皮質（medial prefrontal cortex: MPFC）や後部帯状回皮質（posterior cingulate cortex）、右の後部STSが活動した。つながりのない文章を用いた低次のベースライン文と比べると、脳活動は左右両半球の側頭極でも見られた。MPFCはメンタライジングと特にかかわりがあるようである。というのも、この領域のみが物理的因果性を示す文によっては活性化されなかったからである。同様の物語を用いたその後の二つのfMRI研究でも、極めてよく似た結果が得られている（Gallagher et al. 2000; Vogeley et al. 2001）。ヴォグレーらの結果では、参加者がメンタライジング文の主人公に自分をなぞらえて想像するという新奇な条件で、STSの活動がもっとも顕著に見られたとはいえ、物理的因果性を示す文と比較すると、メンタライジング文ではMPFCと側頭極、STSで脳活動が認められた。

文字ではなく漫画を使ってメンタライジングのシナリオを提示した実験も二つある。ブルネーらは、主人公の目標や意図に基づいてのみ流れを理解できるようなコマ割り漫画を提示した（Brunet et al. 2000）。またギャラガーらは、ジョークに誤信念が含まれる漫画を、説明をつけないで提示した（Gallagher et al. 2000）。これら二つの実験でもまた、MPFCと側頭極、STSで活動が認められた。

ゴエルらは、メンタライジングとかかわるかなり異なった課題を使っている（Goel et al. 1995）。参加者はモノを見せられ、それらが何に使われるのかをクリストファー・コロンブスが知っていたかどうかを問われた。このような場合の判断には、500年前に生きていた人物の知識と信念について推定することが必要である。さまざまな統制課題と比較すると、このような課題でもやはりMPFCや側頭極、STSが活動を示した。

ベルソツらも、メンタライジングがかかわる、社会的規範（social norm）からの逸脱についての研究を報告している（Berthoz et al. 2002）。参加者は社会的規範からの逸脱を含む短い文を読んだ。逸脱には、偶然かもしれないものと、故意かもしれないものがあった。偶然的な逸脱の例としては、「ジョアンナは友人の家での日本食のディナーに招待される。彼女は最初に出てきたモノを一口食べると、むせて吐き出す。」といったものがある。参加者は、物語の登場人物がどのように感じたかを想像するよう求められた。逸脱が起こらないコントロール文と比較すると、逸脱が故意でも偶然でも、ＭＰＦＣと側頭極、ＳＴＳで活動が生じた。怒りなどの嫌悪的な情動表出への反応としても、これらの脳領域で活動が見られた。

これら三つの脳領域のすべてを活動させた潜在的なメンタライジング課題は、人々は幾何学的図形が動くのを見たときに、その動きが十分に複雑なものであれば、意図や要求を帰属するだろうという、ハイダーとジンメルの観察に基づいたものである（Heider & Simmel 1944）（訳注・本シリーズ第６巻７章に詳しい）。カステリらは、ポジトロン断層撮像法（positron emission tomography）を用いて、二つの三角形が相互作用する動画を提示した（Castelli et al. 2000）。参加者が三角形に心的状態を帰属すればするほど、ＭＰＦＣや側頭極、ＳＴＳの活動が大きくなった。シュルツらはｆＭＲＩで同様の課題を用い、同じ脳領域に活動が見られることを示した（Schultz et al. 2003）。どちらの研究でも、抽象的な図形の運動によってメンタライジングが引き起こされており、側頭極の活動は扁桃体（amygdala）にも及び、紡錘状回でも活動が見られた。

おそらく動画の受動的な観察を用いたものを除くと、これらすべての研究には、顕在的なメンタライジングがかかわっていたと考えられる。というのも、参加者は他者の心的状態について言及したり、他者の心的状態に基づいて判断したりすることを求められたからである。さらに、多くの研究では、提示された刺激によってメンタライジングが引き起こされていた。このような手法は、色がついた刺激による脳活動と、色の無い刺激による脳活動とを比較することで、視覚システムにおける色領域を同定した研究と似ている（Zeki et al. 1991）。他の手法としては、刺激の状態は一定に保っておいて、参加者の態度を変化させるというものがある。たとえば、提示される視覚刺激は同じであるが、参加者はある条件では色に注意を向けるように要求され、また別の条件では動きに注目するように要求されるといったものである（Corbetta 1993）。この手法を用いた二つの実験で、メンタライジングに関係した脳領域が同定されている。マッケイブらは、参加者がもう一人の人と経済ゲームをしているときの脳活動をスキャンした（McCabe et al. 2001）。このゲームでは、プレーヤー同士の相互協力によって獲得金額が増える。比較課題では、参加者は固定されたルールを用いるコンピュータとゲームをしていると信じていた。ギャラガーらは参加者が「じゃんけん」を行っているときの脳活動をスキャンした（Gallagher et al. 2002）。これは競争ゲームであり、成功は他のプレーヤーが次に何を出すのかを予測することにかかっている。この研究の比較条件も、対戦相手はコンピュータであると参加者に教えるというものであった。実際は、どちらの条件でも相手の動きの流れは同じであった。

これらの実験で、参加者は課題遂行中にメンタライズするように明示的に教示されていたわけではなかった。しかしながら、「じゃんけん」実験における参加者からの詳細な報告により、対戦相手が人間のときは、ゲーム中にメンタライジングを行っていたということがわかった。彼らは、対戦相手の反応を推測したり出し抜いたりしたと述べ、相手が行っていることを理解し、相手と「足並みを合わせる」ことができていたと感じていた。しかし、対戦相手がコンピュータのときは、まったく異なることを感じていた。参加者は、コンピュータは原則としてとても予測しやすいが、用いているルールを理解することは難しいかもしれないと考えていた。また、コンピュータの反応はとても速いので、ついていけないとも感じていた。

どちらの実験でも、対戦相手を人間だと信じていたときには、おもしろいことにMPFCで活動が生じた。とはいっても、コンピュータと対戦していると思っていた条件と比較した場合により大きな活動が見られたのは、この領域のみであった。このようなMPFCと他の領域の違いから、後部領域はメンタライジングを生じさせる感覚信号の性質により関連している一方で、MPFCの活動はそれらの信号に対する態度を反映していると考えられる。メンタライジングネットワークにおけるさまざまな脳領域の正確な役割を検証するためには、メンタライジングにかかわると明示的には実験で計画されていないものの、これらの脳領域のいくつか、もしくはすべてを活動させている研究について検討すべきであろう。

このレビューでは、メンタライジングを実験変数として表し、適切なコントロール条件と統計手法を用いたイメージング研究のみに限定した。さらに、実験結果をタライラッハの脳座標に基づいて報告しているものを対象にした。重要な条件で活動変化を示す脳部位についてのこのような標準化された指標がなければ、他の研究との比較は難しいと考えられる。

側頭極

10の研究で用いられた5つの異なるメンタライジング課題によって、両側の側頭極の活動が引き起こされたが、左半球の効果の方がいくぶん大きかった（図1－1）。前部側頭葉のこの領域は、すべての感覚モダリティと辺縁系（limbic）の入力が収束する領域だろう（Morán et al. 1987）。図1－2に示したように、この領域は言語と意味の検索にかかわる課題で活性化が見られるが、このような場合の活動は左の側頭極に限られている。特に、文章と無関連な単語列の比較や（Mazoyer et al. 1993）、物語と無意味な文章列の比較（Bottini et al. 1994; Vandenberghe et al. 2002）、物語と無関連な文章列の比較（Fletcher et al. 1995）、そして一貫性の高い物語と低い物語の比較（Maguire et al. 1999）において、この領域の活動が示されている。同様の領域はまた、参加者が意味判断（semantic decisions）を行っているときにも活動している（たとえば、「牛により似ているのはどちら？　馬？　それとも熊？」（Vandenberghe et al. 1996; Noppeney & Price 2002a,b も参照）。さらに、記憶検索でも活動が示されている。この活動は特に、自伝的記憶からの検索

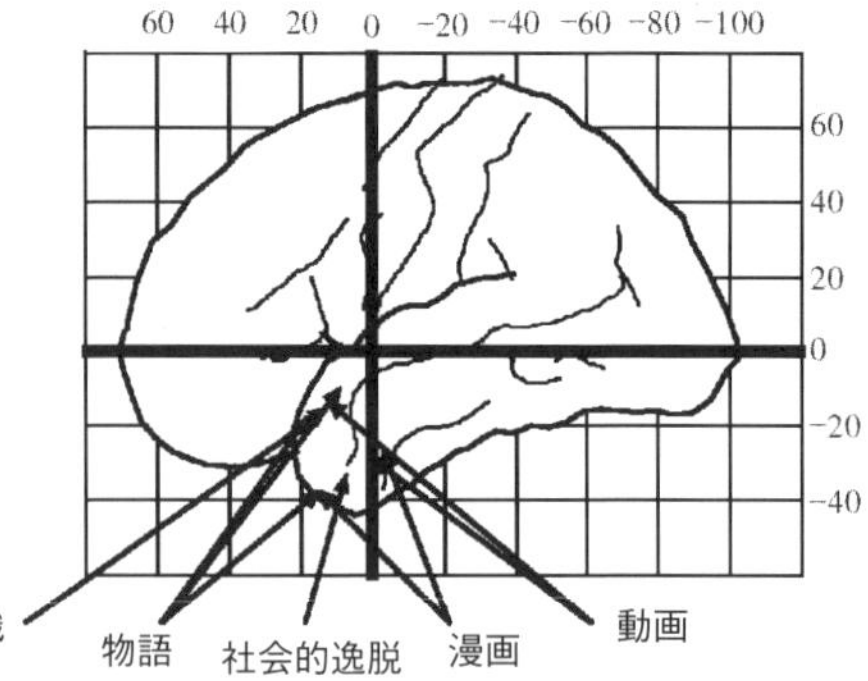

図１−１　タラライラッハの脳座標で示された脳の外側面

側頭極の活動のピークは、メンタライジングに関する10の研究で用いられた５つの異なる課題で示されたものである。活動が左右両半球に見られた場合は、両側を結合させた。推測された知識（inferred knowledge：Goel et al. 1995）；物語（stories：Fletcher et al. 1995; Gallagher et al. 2000; Ferstl & von Cramon 2002; Vogeley et al. 2001）；社会的逸脱（social transgressions：Berthoz et al. 2002）；漫画（cartoons：Brunet et al. 2000: Gallagher et al. 2000）；動画（animations：Castelli et al. 2000; Schultz et al. 2003）。

時や（Fink et al. 1996; Maguire & Mummery 1999; Maguire et al. 2000）、単一単語の再認における情動的文脈の偶発的な検索時（Maratos et al. 2001）、そして見なれた顔や光景、声の検索時（Nakamura et al. 2000, 2001）に生じる。

今のところ、この領域は現在処理中の刺激について、過去の経験をもとに幅広い意味的あるいは情動的文脈を加える作業を行っているといっておこう。この機能は、メンタライジングを含むかどうかとはかかわりなく、物語や画像の理解を助けるのである。幅広い意味的文脈の一つの要素は、時として「スクリプト（script）」と呼ばれる（Schank & Abelson 1977）。スクリプトは経験によってつくられ、特定の時間と場所で生じる、特定

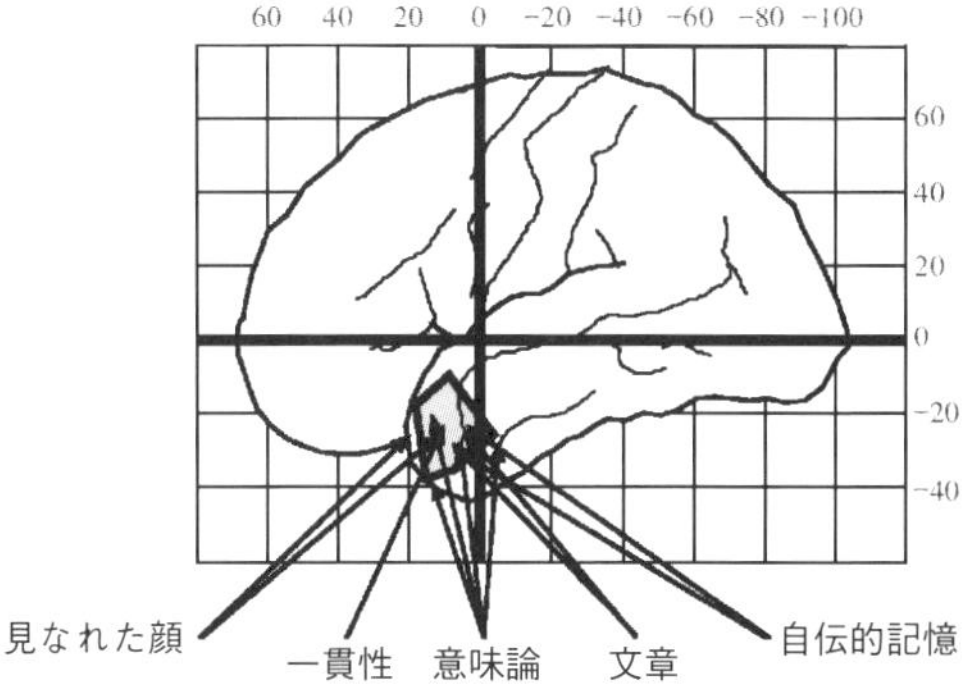

図1－2　タライラッハの脳座標で示された脳の外側面

囲みで示した部分が、図1－1で詳細を述べたメンタライジング研究で活動した脳領域である。活動のピークは、側頭極の近接部位で活動を示した他の認知過程に関する11の研究によるものである。見なれた顔と声（familiar faces and voices：Nakamura et al. 2000, 2001）；一貫性（coherence：Maguire et al. 1999）；意味論（semantics：Noppeney & Price 2002a,b; Vandenberghe et al. 1996）；文章（sentences：Bottini et al. 1994; Vandenberghe et al. 2002）；自伝的記憶（autobiographical memory：Fink et al. 1996; Maguire & Mummery 1999; Maguire et al. 2000）。

の目標と活動を記録する。よく用いられる例は「レストラン・スクリプト」である。それによってわれわれは、レストランに入るとまずはメニューを見て、注文し、ワインを味わう･･･などと予測できる。どのスクリプトがその状況に一番適しているかを特定することは、人々が何をするつもりなのかを予測するのに大変役立つ。特に左の側頭極は、スクリプトの検索とかかわっているようである。意味性認知症（semantic dementia）患者は、特に左の前部側頭葉に萎縮を示す（Chan et al. 2001）。萎縮が進行すると、患者は単純でもっとも具体的なスクリプト以外のあらゆる知識を失う（Funnell 2001）。

スクリプトはメンタライジングが用い

られる有用なフレームワークを提供する。確立されたスクリプトに十分合致するデータはめったになく、メンタライジングは逸脱を理解するのに必要になる。

後部ＳＴＳ

メンタライジング課題は両側の後部ＳＴＳ（側頭－頭頂接合部（temporo-parietal junction）で角回（angular gyrus）まで伸びる領域）の活動を生み出すが、右半球の活動の方が少し大きい（図１－３参照）。図１－３には図１－１と同様の10の研究をまとめて示した。図１－４に示したのは、その他の19の研究で見られたこの領域の活性化であり、多くは生物の行為者とバイオロジカルモーションにかかわるものである。後部ＳＴＳもまた、辺縁系につながる多感覚の収束領域である（Barnes & Pandya 1992）。この領域は参加者がバイオロジカルモーションを観察したときに活性化が認められることはよく知られている（Allison et al. 2000; Puce & Perrett 2003 を参照）。身体や身体の一部が動くのを見ているときや（Campbell et al. 2001; Grèzes et al. 1998; Puce et al. 1998）、スピーチを聞いたり発話している口を見ているとき（Calvert et al. 2000）、そして行動を動く光点として提示したときに活性化が生じる（Bonda et al. 1996; Grèzes et al. 2001; Grossman et al. 2000）。バイオロジカルモーションに反応して最大の活性化を見せるのは、一般的に視覚的運動に反応する、Ｖ５（Visual area 5, ＭＴ領域とも呼ばれる脳領域）から10ミリほど上・前方向にある領域である（Zeki et al. 1991）。しかし、ＳＴＳのこの領域はまた、顔や動物の静止画で（たとえば、Chao et al. 1999）、特に視線に注意を向けている場合や（Hoffman & Haxby 2000; Wicker et al. 1998）、動物の名前（たとえば、Chao et al. 1999）、そして生物についての意味判断（たとえば、Price et al. 1997）などによっても活性化する。このようなデータは、この領域が生物の行動を観察しているときや、生物の行動についての情報を検索しているときに活性化することを示している。角回のすぐそばの領域もまた、意味的記憶や（たとえば、Lee et al. 2002; Maratos et al. 2001; Vandenberghe et al. 1996）、自伝的記憶の検索（たとえば、Maguire & Mummery 1999; Maguire et al. 2000）で活性化することがわかっている。この活動が生物についての知識の検索に特異的なのかどうかはまだよくわかっていない。

動画を用いてメタライジングを生じさせた二つの実験で、紡錘状回の活性化に関する類似した興味深い一連の観察が報告されている（Castelli et al. 2000; Schultz et al. 2003）。この領域もまた、顔や動物といった生物の知識とかかわっているようである（Chao et al. 1999）。おそらく、腹側経路のこの領域にある知識は、生物の行動パターンではなく、主に形や色といった外観にかかわっているのだろう。たとえばこの領域は、顔の同定についての判断を行う場合に、ＳＴＳより活発に活動する（Hoffman & Haxby 2000）。

一方で、ＳＴＳの活動を促すが、生物とは特にかかわらない別のケースもある。どのようなモダリティであれ、刺激の予期せぬ変化が、バイオロジカルモーションと同様の領域を活性化させ

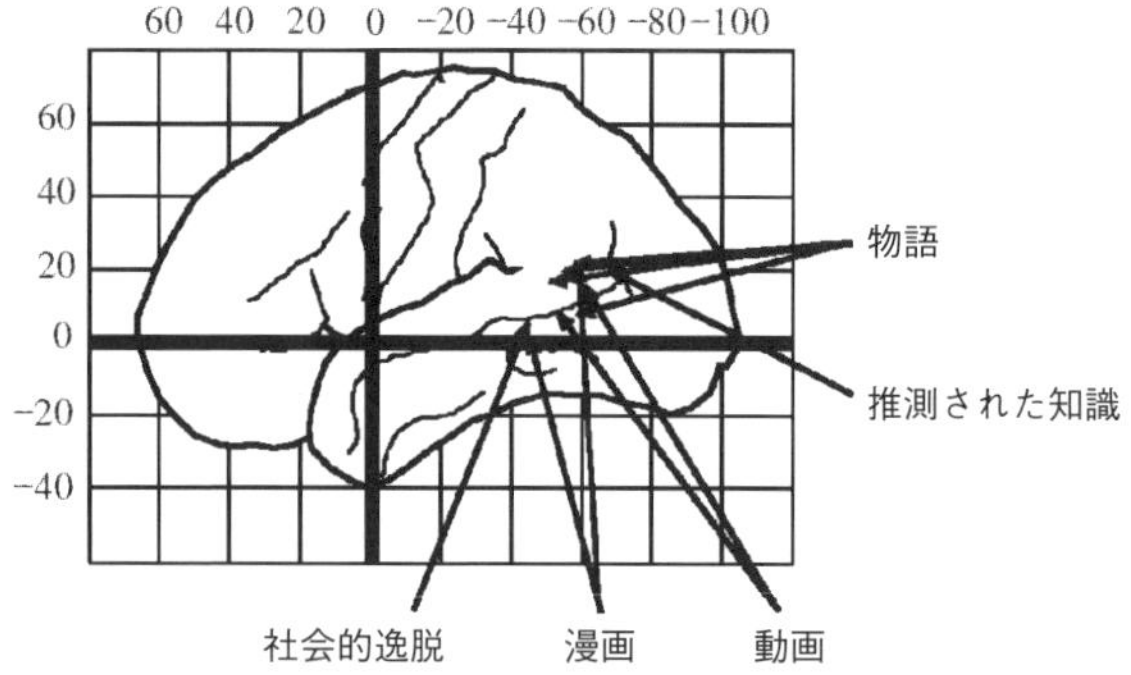

図1－3　タライラッハの脳座標で示された脳の外側面

後部 STS の活動ピークが、メンタライジングに関する 10 の研究によって示されている。活動が左右両半球に見られた場合は、両側を結合させた。 物 語（stories：Ferstl & von Cramon 2002; Fletcher et al. 1995; Gallagher et al. 2000; Vogeley et al. 2001）；推測された知識（inferred knowledge：Goel et al. 1995）；動画（animations：Castelli et al. 2000；Schultz et al. 2003）；漫画（cartoons：Brunet et al. 2000; Gallagher et al. 2000）；社会的逸脱（social transgressions：Berthoz et al. 2002）

る（Corbetta et al. 2000; Downar et al. 2000）。さらに、複雑だが予測できる運動パターンを追従する学習もこの領域を活性化する（Maquet et al. 2003）。このようなデータは、STSは特別に生物の行動にかかわるのではなく、動くモノが何であれ、複雑な行動に反応することを示している。とはいうものの、突然の刺激の変化や複雑な運動パターンは、機械的あるいは物理的なシステムよりも、生物とより強くかかわるように思われる。

　複雑な行動についての知識や、特に行動系列の中での次の動きを予測する能力は、どのような社会的なかかわりにおいても非常に重要であり、視線の追従や共同的注意などの、メンタライジングのいくつかの前兆の基盤になりうる。事実、

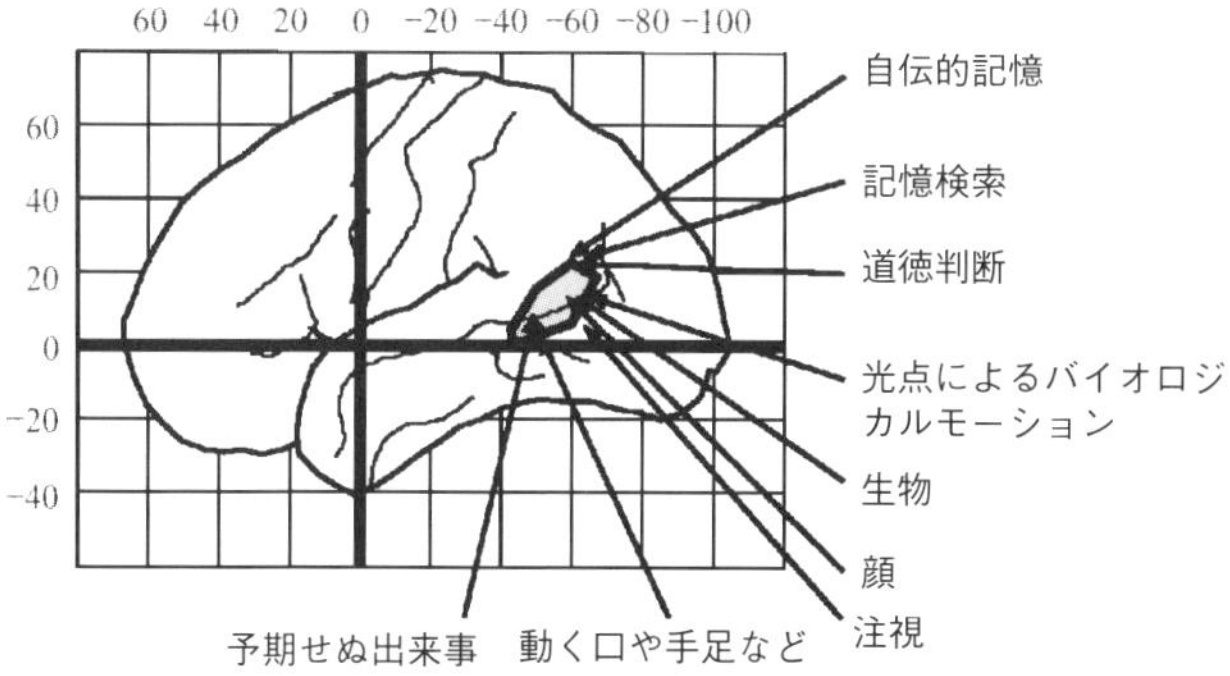

図１－４　タライラッハの脳座標で示された脳の外側面

囲みで示した部分が､図１－３で詳細を述べたメンタライジング研究によって活性化した領域である。活動のピークは、ＳＴＳの近接領域を活性化させた他の認知過程に関する 19 の研究によって示されたものである。自伝的記憶（autobiographical memory：Maguire & Mummery 1999; Maguire et al. 2000; Vandenberghe et al. 1996）；記憶検索（memory retrieval：Lee et al. 2002; Maratos et al. 2001）；道徳判断（moral judgement：Greene et al. 2001）；光点によるバイオロジカルモーション（biological motion, point light displays：Bonda et al. 1996; Grèzes et al. 2001; Grossman et al. 2000）；生物（living things：Chao et al. 1999; Price et al. 1997）；顔の静止画（static faces：Chao et al. 1999）；視線（eye gaze：Hoffman & Haxby 2000; Wicker et al. 1998）；バイオロジカルモーション、口、目、手（biological motion, mouths, eyes, hands：Calvert et al. 2000; Campbell et al. 2001; Grèzes et al. 1998; Puce et al. 1998）；予期せぬ出来事（unexpected events：Corbetta et al. 2000; Downar et al. 2000）

ＳＴＳの活動は、参加者が視線の方向に注意を向けるよう求められたときに増加することが知られている（Hoffman & Haxby 2000）。メンタライジングのシステムはさらに一歩先を行き、観察した行動のパターンを利用して、その行動の背後にある心的状態を理解する。

ＭＰＦＣ

この章でレビューした12のすべてのメンタライジング課題でＭＰＦＣの活動が見られ、双方向型のゲーム課題（McCabe et al. 2001; Gallagher et al. 2002）ではこの領域のみが活性化した（図１－５参照）。これらの研究で活性化した内側前頭前野の領域は、傍帯状皮質（paracingulate cortex）の先端部であり、脳梁膝（genu of the corpus callosum）とＡＣＣの前部にある。ＭＰＦＣは側頭極やＳＴＳと直接の神経結合をもつ（Bachevalier et al. 1997）。傍帯状皮質（ＢＡ32）は、細胞構築学的に定義されたブロードマンの24野や25野、33野を包含するＡＣＣの一部と見なされることがよくある。ＡＣＣは古い組織であり、ブローカによって広義には辺縁系に属するとされている（Bush et al. 2000）。

しかし、ヒトやその他のいくつかの高等霊長類（類人猿（pongids）やヒト科の動物（hominids））では、ＡＣＣの24ａや24ｂ、24ｃのサブ領域に通常では見られない投射ニューロン（紡錘細胞 spindle cell）の存在が確認されており、サルにはないことから、ＡＣＣが近年の進化の

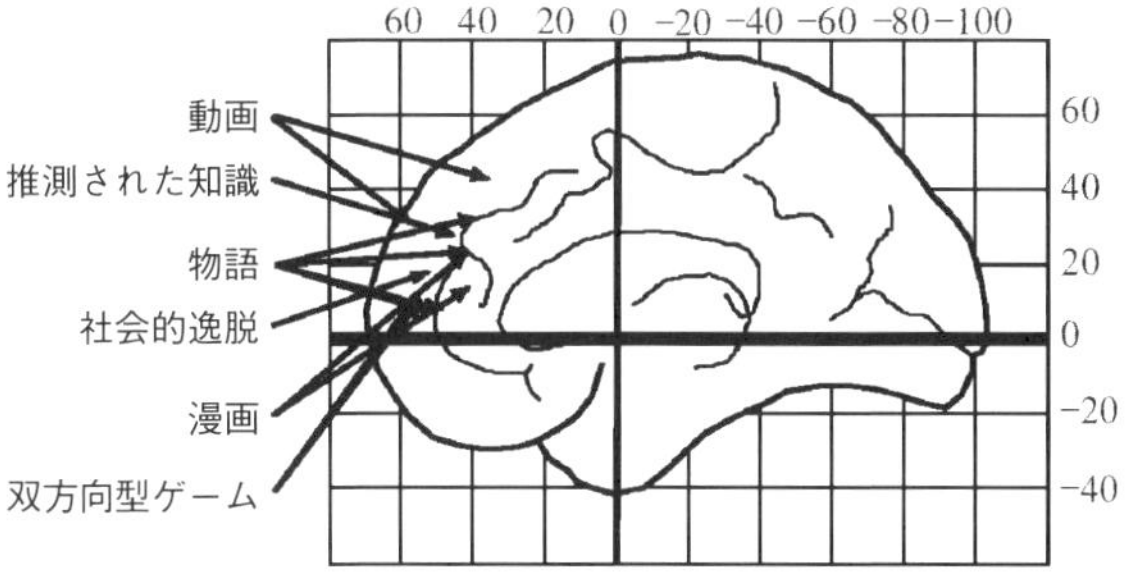

図１－５　タラライラッハの脳座標で示された脳の内側面

活動のピークは、図１－１と図１－３で示した10のメンタライジング研究で生じたものである。さらに、ＭＰＦＣのみを活動させた６つのメンタライジング課題（双方向型ゲーム）を用いた二つの研究も含めた。動画（animations：Castelli et al. 2000; Schultz et al. 2003）；推測された知識（inferred knowledge：Goel et al. 1995）；物語（stories：Ferstl & von Cramon 2002; Fletcher et al. 1995; Gallagher et al. 2000; Vogeley et al. 2001）；社会的逸脱（social transgressions：Berthoz et al. 2002）；漫画（cartoons：Brunet et al. 2000; Gallagher et al. 2000）；双方向型ゲーム（interactive games：Gallagher et al. 2002; McCabe et al. 2001）

影響を受けていると考えられている（Nimchinsky et al. 1999）。さらにヒトでは、紡錘細胞は誕生時にはないが、およそ４ヶ月の月齢で最初に現れる（Allman et al. 2001）。しかし、ブロードマンの32野は細胞構築学的には帯状－前頭移行野（cingulo-frontal transition area）と考えられており（Devinsky et al. 1995）、それ故に解剖学的（そしておそらくは機能的）にはＡＣＣとは異なるのである。ＡＣＣで観察される近年の進化的な変化が、メンタライジングに関連した活動が見られる内側前頭葉のより前部にかかわるのかどうかについては、まだわかっていない。近年のこの領域での解剖学的な変化は、メンタライジングはサルでは生じず（Cheney & Seyfarth 1990）、もっとも原始的な大型類人猿にのみに見出され

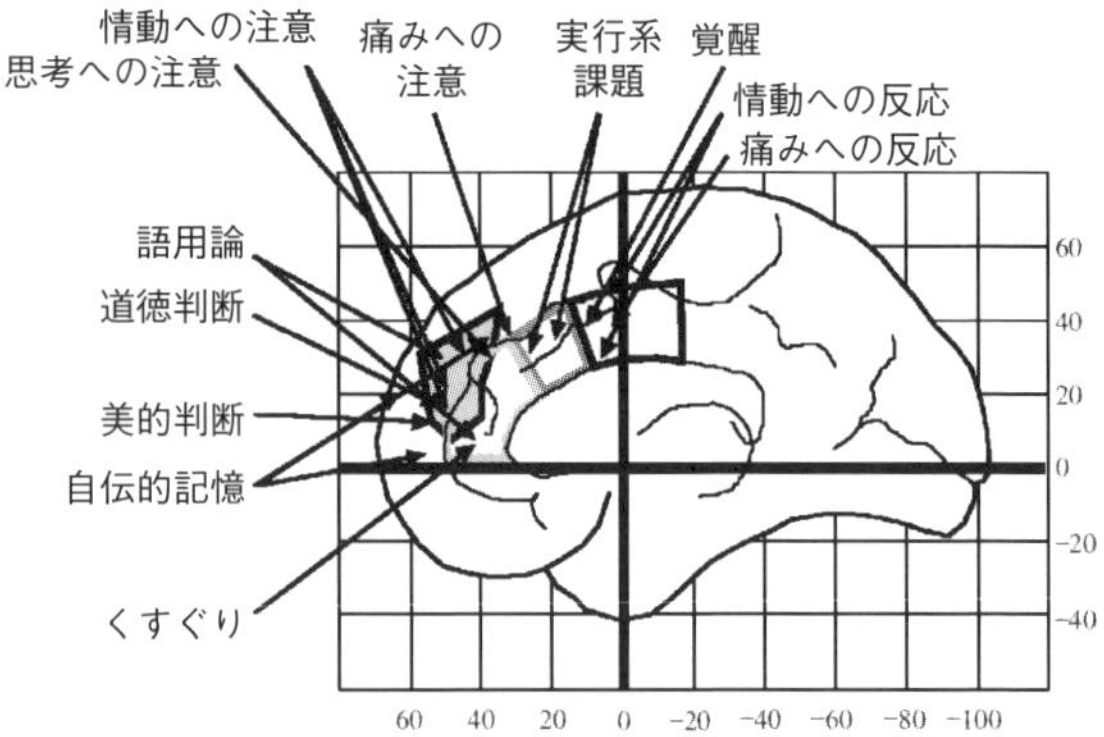

図１－６　タライラッハの脳座標で示された脳の内側面

陰で示した部分が、図１－５で詳細を述べたメンタライジング研究で活性化した領域である。活動のピークは、ＡＣＣとＭＦＰＣ近傍を活性化させた他の認知過程に関する19の研究で示されたものである。ＡＣＣのおおよその区分を示した。右から左の順でcCZ（尾側帯状帯）、rCZp（吻側帯状帯、後部領域）、rCZa（吻側帯状帯、前部領域）である。覚醒（arousal：Critchley et al. 2000, 2001）；情動への反応（response to emotion：Gusnard et al. 2001; Lane et al. 1998）；痛みへの反応（response to pain：Petrovic & Ingvar 2002; Rainville et al. 1999）；実行系課題（executive tasks：Barch et al. 2001; Duncan & Owen 2000）；情動への注意（attention to emotion：Gusnard et al. 2001; Lane et al. 1997）；痛みへの注意（attention to pain：Petrovic & Ingvar 2002; Rainville et al. 1999）；思考への注意（attention to thoughts：McGuire et al. 1996）；語用論（pragmatics：Bottini et al. 1994; Ferstl & von Cramon 2002）；道徳判断（moral judgement：Greene et al. 2001）；美的判断（aesthetic judgement：Zysset et al. 2002）；自伝的記憶（autobiographical memory：Maguire & Mummery 1999; Maguire et al. 2000）；くすぐり（tickling：Blakemore et al. 1998）

る（Byrne & Whiten 1988; Heyes 1998; Povinelli & Preuss 1995）という観察と符合する。

解剖学的および機能的な研究によれば、ACCは機能的に異なる領域に分けられる（図1-6）。ピカードとストリックによれば、メンタライジング領域はrCZa（吻側帯状帯、前部領域）と重なってはいるが、大部分はその前方にある（Picard & Strick 1996）。機能に関しては、ブッシュらによれば、メンタライジング領域はACCの情動領域と重なることになる（Bush et al. 2000）。

実行系機能

メンタライジング課題についての妥当な特徴づけの一つは、それが実行系課題で求められるタイプの複雑な問題解決を含むということであるが、この考えはイメージング研究では支持されていない。多くの実行系課題はACCを活性化させることが知られている。ダンカンとオーウェンは、この種の課題についての注意深いメタ分析を行い、課題の性質にかかわらず幅広い課題で、困難度が増せばACCの同じ領域で活性化が見られることを示した（Duncan & Owen 2000）。とはいっても、彼らがあげた26の活動のピークのうち、1つの例外を除くすべてが、メンタライジング領域の後部にあり、むしろrCZp（吻側帯状帯後部領域）の中心に位置している。バーチらのストループ様の課題に関するメタ分析で得られた平均座標も、このACCの領域内にある（Barch et al. 2001. 図1-6参照）。実行系課題と心の理論課題の区別に関する独自の裏づけは、損傷患者の研究から得られる。実行系課題の成績は大変悪いのに、メンタライジング課題はうまく行える患者もいれば（Varley et al. 2001）、その逆のケースもあるのだ（Fine et al. 2001）。ローらは、前頭葉損傷患者はメンタライジング課題と実行系課題の双方で成績が悪いことを報告している（Rowe et al. 2001）。しかしこのグループ内では、一方の課題の成績が悪いことと他方の課題の成績が悪いこととは関連していなかった。

情動の表象

ファンらによる最近のメタ分析では、情動がかかわる課題は、メンタライジング領域を含むほとんどのＡＣＣ領域を活性化させることが示されている（Phan et al. 2002）。ＡＣＣの異なる領域を活性化させる情動課題間の違いはどこにあるのであろうか？　レインは情動経験をもつことと情動経験に注意を向けることの間にある重要な違いに注目している（Lane 2000）。レインらは、ある情動経験（幸福や悲しみ、嫌悪）への反応と、ニュートラルな経験への反応を比較して、情動的な経験がもつ影響について調べた（Lane et al. 1998）。両者を対比させるとＡＣＣの活動が示されたが、それは吻側帯状帯領域（rostal cingulate zone）とｃＣＺ（尾側帯状帯）の境界にあたる後部領域であった。別の論文では、レインらは情動への注意の効果を検討している（Lane et al. 1997）。参加者は情動を喚起する場面を見せられた。ある条件では、参加者は場面が室内か室外かを答え、別の条件では画像によって喚起された情動を答えた。参加者が彼らの情動経験に注目した場合は、ｒＣＺａのちょうど手前にあるメンタライジング領域に活性化が見られた。同様の違いはレインら（Lane et al. 1997）を追試したガスナードら（Gusnard et al. 2001）によっても認められている。参加者は快適か不快、あるいは中性的な場面を見せられ、彼らの情動的反応か、場面が室内か室外かを答えるよう求められた。どのような課題であれ、情動をともなった場面では後部ＡＣＣ（補足運動野（supplementary motor area）との境界に近いｃＣＺ）が活動した。一方、情動への注意はメンタライジング領域の活動を増した。

ペトロビックとイングバルは、非常に類似した違いが痛みの研究でも見出されることを指摘している（Petrovic & Ingvar 2002）。刺激が有害性を増すと共に、ｃＣＺの活動が増加するのである。しかし、痛みの「知覚」は刺激の性質とは直接的にはかかわらず、たとえば催眠暗示や注意の妨害（distraction）、鎮痛剤の偽薬などによる認知的操作によって変化しうる。痛みの知覚の変化は、メンタライジング領域と重なるｒＣＺａの活動と関連するようである。情動や痛みに関するこれらの研究は、このような心的状態の一次的な表象が、覚醒やストレスとのかかわりも観察されているｃＣＺにあることを示している（Critchley et al. 2000）。注意や言語的報告に用いられるこのような状態の二次的表象は、ｒＣＺａにあるようだ。われわれがこれらを二次的表象と呼ぶ理由は、刺激の物理的性質は反映しておらず、刺激に対する心的な態度とかかわるからである。レスリーのことばによると、このような表象は物理世界から「分離」され、通常の入力－出力関係にしたがわないのである（Leslie 1994）。

この定式化は、自分の心的状態や他者の心的状態に注意を向けたときに、ＭＰＦＣのメンタライジング領域がかかわるという、われわれの初期の示唆にも通じるものである（Frith & Frith 1999）。自己の心的状態に注意を向けることでこの領域が活性化する他の状況には、スキャン中に生じる無関連な思考に注意を向けることや（McGuire et al. 1996）、くすぐりに注意を向けることが含まれる（Blakemore et al. 1998）。自己の情動状態に注意を向けている例として、さらにもう二つの課題をあげようと思うが、これは著者たちの解釈と必ずしも合致するわけではない。ジゼットらは、参加者があることを判断するとき（たとえば、「ライプチッヒはお好き？」などの質問に答えるとき）、メンタライジング領域が活性化することを観察している（Zysset et al. 2002）。グリーンらも同様の領域に活性化を見出したが、それは参加者が道徳的なジレンマについて考えた場合であった（Greene et al. 2001）。このような質問に答える場合のポイントの一つは、その話題によって喚起される情動に注意を向けるということだと思われる（ライプチッヒを思い浮かべると幸福になるか悲しくなるか？　この特別な一連の行動をとらねばならないときに、どれくらい悩むか？）。注目すべきは、グリーンらの道徳的ジレンマの研究もメンタライジングシステムの構成要素であるＳＴＳを活動させるということであり、この課題もまたメンタライジング課題であるといえるだろう。

自伝的記憶

自己の表象を必要とするまったく別の課題に、自伝的記憶がある。タルヴィングによると、自伝的あるいはエピソード的形式の記憶があり、それによりわれわれは「心のタイムトラベル」をしたり、過去の経験を追体験したりする（自己認識的記憶 autonoetic memory. Tulving 1985）。これは、過去の心的状態を現実から切り離して明確に表象するということである。一連の研究でエレノア・マガイアらは、自伝的記憶からの検索はＭＰＦＣ（に加えて内側側頭葉の組織とＳＴＳ）のメンタライジング領域を確実に活性化することを示している（Maguire & Mummery 1999; Maguire et al. 2000, 2001）。自伝的記憶課題はしばしば、出来事の追体験ではなく、単に親密性の感情をもとに解決でき、これらの異なった過程を特定の脳領域に関連づけることは大抵は難しい。しかしマガイアらは、早期から海馬（hippocampi）に重篤な損傷があることで、かなりの記憶障害をもつジョンという患者について報告している（Maguire et al. 2001）。ジョンはそれが起こったということを明確に思い出せる過去の出来事と、詳しく知ってはいるけれどそれが起きたということは思い出せない他のことを自然に区別できる。確実に起こったと思い出すことができる出来事の記憶は、ＭＰＦＣの強い活動とかかわっていた。この効果は、情動の強さの評定や、出来事の価値の評定とは独立したものであった。

語用論（プラグマチックス）

これまで論議してきた研究は、メンタライジング課題で活性化したＭＰＦＣの領域は、現実から分離された自己と他者の心的状態の表象とかかわっているというわれわれの主張と一致している。しかし、最後に取り上げる一連の研究は、一見するとこのスキーマに容易には組み入れることができないように思われるものである。フェルストルとフォン・クラモンは、ある種の言語課題が、単純なメンタライジング課題と同様のＭＰＦＣ領域を活性化させることを示している（Ferstl & von Cramon 2002）。どちらの場合でも、参加者は一対の文章を聞いた。これらの文章の例は次のようなものである。（ｉ）「メアリーの試験がはじまろうとしていた。彼女は手のひらに汗をかいていた」、（ⅱ）「電気は昨晩からずっとついている。車はまだ動かない」。メンタライジング課題では、参加者は（ｉ）のようなタイプの文章に出てくる人々のモチベーションと感情について考えなければいけなかった。言語条件では、（ⅱ）のような二つの文章に論理的なつながりがあるかどうかを判断しなくてはいけなかった。コントロール課題と比較すると、どちらの条件でもＭＰＦＣのメンタライジング領域が活性化した。

これらの例において、つながっていない二つの文章を解釈するためには、しばしば語用論（pragmatics）と呼ばれる言語処理の一側面が必要になる。多くの現実的な状況での発話の理解は、個々の単語の意味（意味論 semantics）や、単語同士を結合する文法（統語論 syntax）のみに基づいてできるわけではない。発話をうまく理解するためには、話者の意図を理解することが必要であるといわれている（Grice 1957）。聞き手にとって、発話の目的は話者の意図を認識することであるという考えは、スペルバーとウィルソンの関連性理論（relevance theory）の中で洗練されてきた（Sperber & Wilson 1995）。この分析が正しければ、課題の教示でメンタライジングを要求されたかどうかにかかわらず、発話の理解を担う語用論にはメンタライジングが必要である。このことは、フェルストルとフォン・クラモンが用いた、（ii）のような論理的な関連性を探さなくてはならない文章にも適用されるだろう（Ferstl & von Cramon 2002）。たとえば上記の例は、「誰かが（ぼんやりしていたにしろ、故意にしろ）電気をつけっぱなしにした」という推測を生じさせうるのだ。

メンタライジングは、特に隠喩（metaphor）や皮肉（irony）などの、字義通りでない比喩的表現の理解において必要である。スペルバーとウィルソンは、母親が娘に「あなたの部屋は豚小屋ね」という例について分析している。娘はこのことばをどのようにして理解するのだろうか？　彼女の部屋は文字通り豚小屋であるわけではないが、豚小屋のようにとても乱雑に散らかっている。しかし、どうして母親はシンプルに「あなたの部屋はひどく散らかっているわね」と言わないのだろうか？　このことばは部屋の状態をうまく説明している。この例のような隠喩の価値は、部屋の状態を伝えているだけでなく、母親が意図して部屋の状態に不満であることを伝えようとしているところにある。したがって、文字通りの文章と比較すると、隠喩はメンタライジング領域を活性化させるだろうと予測できるし、この予測はボッチーニらによって裏づけられている

(Bottini et al. 1994)。皮肉（たとえば、「ピーターはとても博識だ。シェイクスピアについても知っているほどだ」）は隠喩よりもさらに極端な例である。というのも、ことばの内容とは反対の意味（すなわち、「ピーターはまったく無知だ」）を伝えようとする話者の意図を理解しなくてはいけないからだ。このような状況では、意味は単語から分離される。こういった問題を扱ったイメージング研究があるのかどうかは知らないが、嫌味や皮肉の理解はメンタライジングネットワークを活性化させると予測できる。

今までほとんど注目されてこなかった語用論の一つの側面は、誰かの名前を呼んだり、誰かを意図的に見つめることによって、コミュニケーションがはじまるということだ。これらは時として「直示的」信号（ostensive signals）と呼ばれる。このような刺激は、通常はコミュニケーション意図の合図となるのであり、スペルバーとウィルソンは「関連性の保証（guarantee relevance）」と呼んでいる。このような直示的信号の効果が、最近のニューロイメージング研究によって確かめられている（Kampe et al. 2003）。参加者は稀に現れる刺激に反応しながら、自分に視線を向けた、もしくは視線を逸らした一連の顔（かスクランブルされた顔）を見るか、自分の名前、もしくは他人の名前を呼ぶ声（かスクランブルされた音声）を聞くことを求められた。その結果、刺激のモダリティにかかわらず、コミュニケーションの開始がMPFCと側頭極という二つのメンタライジングシステムを活性化させた。この研究は、コミュニケーション機能とメンタライジング機能はとても近い関係性をもつことを示す、語用論に関する他のニューロイメージング研究と一貫していると思われる。

結論

われわれは実験データから得られた事実をもとに、メンタライジング課題に関連したMPFCの領域は、自己や他者のある状態に注意を向けたときにはいつでも活性化すると考えている（本シリーズ第6巻「自己を知る脳・他者を理解する脳――神経認知心理学から見た心の理論の新展開」参照）。通常は心的状態と呼ばれるこれらの状態は、現実とは分離されなければならない。痛みへの反応を理解するためには、それが自分の痛みであれ他の誰かの痛みであれ、その刺激の有害性ではなく、自分や他者がその痛みをどのように感じるのかということを表象しなくてはいけない。同様に、絵に対する情動反応を決定するのは、その絵がもつ不快さではなく、われわれが感じる不快さである。そのように分離された表象が、メンタライジングに必要である。われわれの行動を決めるのは物理的世界の状態ではなく、世界の状態に対するわれわれの信念なのだ。MPFCの活動は、世界に対する信念についてのこのような分離された表象を作り出すことに関係している。誤信念の場合は、信念と実際の世界の状態との間に食いちがいがある。しかしながらわれわれは、MPFCの活動がこれらの不一致を表しているとは考えていない。これはエラー検出と同じようなことだろう。われわれが主張しているのは、ＭＰＦＣは正しい信念が含まれているときにも同様に活動するということだ。なぜなら、信念は現実世界の状態を反映しているかもしれないし、反映していないかもしれないからだ。このことは、願望や意図、うそ偽りといった他の心的状態にも当てはまるだろう。ＭＰＦＣの活動は、これらの表象が現実世界と対応するかどうかにかかわらず、現実から分離されることを示している。したがって、このＭＰＦＣの特別な領域の役割は、神経活動がエラーではなく反応の葛藤や複数の反応の可能性が存在することを表す、もっと後部の領域（ｒＣＺｐ）と似ているように思われる（Botvinick et al. 1999; Petit et al. 1998）。

メンタライジングはわれわれ自身の思考や感情、信念を現実とは区別して表象するだけでなく、他者の心的状態も表象するものである。メンタライジングシステムの他の要素が、これらの思考や感情、信念の内容と、それらと人々の行動との対応を与える必要があることは明らかである。この知識は、現在の状況に適用された過去経験に基づく世界についての知識によってもたらされる部分もあれば、人々の現在の行動を観察したり予測したりすることによってもたらされる部分もある（ＳＴＳ）。どちらのタイプの知識も、心的状態の内容と、それらと行動との関連性を理解するのに役立ち、側頭極とＳＴＳを経由してアクセスすることができるだろう。このようにして脳領域の役割を特定することで、生後４年間で生じるメンタライジングの前兆と、脳の成長したメンタライジングシステムの特定の要素とを結びつけることが可能になると考えられる。このためには、乳児や幼児を対象としてｆＭＲＩを用いる適切な手法が発展されるのを待たねばならない。

訳者追記

本章はFrith, U. & Frith, C.D. (2003). Development and neurophysiology of mentalizing. *Philosophical Transactions of the Royal Society of London B, 358*, 459-473をロンドン王立協会から翻訳権を得て訳出したものである。ウタとクリス・フリスの両博士はメンタライジング（心の理論）研究を先導してきたこの分野（脳イメージング）の世界的権威であり、この論文の出版時はユニバーシティー・カレッジ・ロンドンのウェルカム・イメージング神経科学研究所・認知神経科学研究室に所属していた。両博士は訳者の一人、苧阪が２０１１年9月15日に横浜の日本神経科学学会で行った特別講演「Self and others in the social brain」を聴きに来られ、その際に幸運にも両博士とメンタライジングについてディスカッションしたことが契機となっている。この章の翻訳は、そのときに両氏から同意をいただいたものである。ウタ・フリス博士は会場でその当時Annual Review of Psychologyに書きあげたばかりの最新のレビュー論文（Frith, C. D., & Frith, U. (2012). Mechanisms of social cognition. *Annual Review of Psychology, 63*, 8.1-8.27）の草稿をその夜に筆者にメールで送ってくれて、こちらも参考にするように言われた。２０１２年の論文は社会認知とかかわる広範な論考で新たな視点が盛り込まれており魅力的な内容であったが、やや古い２００３年の本章訳出論文ほどには乳幼児のメンタライジングの発達についてはレビューされていなかった。そのため、その訳出は将来に先送りすることにさせていただいた。興味ある読者は、本章とあわせてぜひ2012年の論文をお読みいただきたいと思う。両博士には心から御礼申し上げたい。また、脳イメージングには独自の脳の領域の専門語が出てくるので、本章に出てくる術語については下記の用語解説を、さらに脳イメージングの考え方や方法について知りたい読者は苧阪直行編（2010）.『脳イメージング』（培風館）などを参照いただきたいと思う（苧阪直行）。

注

［1］他者の心の状態を認識し、その状態を推論すること。

用語解説

ACC : anterior cingulate cortex（前部帯状皮質）
cCZ : caudal cingulate zone（尾側帯状帯）
fMRI : functional magnetic resonance imaging（機能的磁気共鳴画像法）
rCZp : rostral cingulate zone, posterior part（吻側帯状帯、後部領域）
rCZa : rostral cingulate zone, anterior part（吻側帯状帯、前部領域）
MPFC : medial prefrontal cortex（内側前頭前野皮質）
STS : superior temporal sulcus（上側頭溝）

2　乳児における脳の機能的活動とネットワークの発達

多賀厳太郎

はじめに

私たちの脳は、出生前には胎内環境のもとで、そして、出生後には個体を取り巻く物理環境や社会環境のもとで発達する。そして、それぞれの個体に独自の履歴が、生涯を通じて、脳内に形成される。このことは、新生児の脳はタブラサの状態であり、生後の経験こそが、脳を脳たらしめているという経験論的な発達の原理があることを示唆する。一方、脳は行動の発現を制御する一器官として捉えることもできる。この観点から、二足歩行や言語のような人間に特有な行動を可能にする器官は、巧妙な発生機構によって構築され、生得的に機能するようにできていると言える。

ヒトの脳の構造の原型は、胚子－胎児期に形成され、出生時にはおおむね確立している。新生児の脳の容積は成人の3分の1にすぎないが、前頭葉－側頭葉－頭頂葉－後頭葉の四つの脳葉や、主要な脳回や脳溝は形成されており、マクロな構造はすでに成人と似た形態を有している（Hill et al. 2010）。また、大脳の領域間をつなぐ白質線維の投射線維・連合線維・交連線維といった基本的な構造的ネットワークも出生時にはすでに形成されている（Huang et al. 2009）。

しかし、出生時にすでに形成されている基本的な構造のもとで、さまざまな機能の発現にかかわる脳活動は、どのように生じ、発達するのだろうか。また、それらは、乳児期に次々と獲得される行動の発達の過程とどのように関連しているのだろうか。出生後、脳全体にわたって顕著に見られる現象は、シナプス形成と刈込みである（Huttenlocher & Dabholkar 1997）。特に、生後半年間の急激なシナプス形成と刈込みは、環境からの影響を受けつつ、活動依存的に機能的ネットワークが形成されることを可能にしていると考えられる。

発達期のヒトの脳は、長い間ブラックボックスとして扱われてきたが、この15年間に、非侵襲脳機能イメージングの技術の進歩により、脳の構造と機能が徐々に可視化されるようになってきた。ここでは、乳児の脳の機能的活動の研究に貢献してきた手法の一つであるＮＩＲＳ（Near Infrared Spectroscopy: 近赤外分光法）に焦点を当て、明らかにされてきた脳の機能的発達の仕組みの一部について述べる。

乳児における脳の機能的発達

大脳皮質は、感覚野－高次感覚野－連合野のような階層的な情報処理を担う領域に分かれていると考えられている。たとえば、視覚であれば、網膜入力における輝度－方向性－色－動きのような低次の情報から、形や奥行き、さらには、顔やもの知覚のような高次の処理に至る階層性があり、それぞれの処理を特定の脳領域が担っている（Zeki 1993）。そこで興味深いのは、こうした脳領域の階層的組織化がどのように発達するのかという問題である。階層的な機能分化は、新生児のような早い時期から見られるのだろうか。それとも、まず感覚野が機能を開始し、高次感覚野や連合野のような高次のはたらきを担う領域が段階的に発達するといった変化が見られるのだろうか。

もう一つの重要な問題は、視覚－聴覚－触覚のような異なる感覚は独立に発達するのか、それとも強く相互作用しつつ発達するのかということである。初期の感覚はばらばらであるが、発達にともなってしだいに統合されていくという仮説がある一方、乳児期の感覚は、「共感覚」のような分化していない状態にあり、発達が進んでむしろ分化した状態になるという仮説もある（Spector & Maurer 2009）。

また、言語発達と感覚運動発達との関係性についても、古くから議論があり、感覚運動が十分に発達した後に言語が発達するのか、両者の発達は独立に生じるのかという問いがある。これは、発達が領域普遍的に進行するのか、領域固有に進行するのかという問いとも関連している（Karmiloff-Smith 1995）。言語にかかわる複数の脳領域が、いつどのように機能するようになるかを明らかにすることは、人間に特有な言語能力の発達の機構の解明だけでなく、言語による社会的なコミュニケーションを可能にする人間の脳の進化の機構の理解にとっても重要な手がかりとなる。

これらの問題を明らかにするには、乳児に適用可能な非侵襲脳活動計測の手法が必要となる。

脳機能イメージングの基盤

脳波（ＥＥＧ）、視覚誘発電位、聴覚誘発電位、事象関連電位等は、神経活動の非侵襲計測のもっとも古典的な手法であり、乳児を対象とした多くの研究がなされてきた（Dehaene-Lambertz & Dehaene 1994; Csibra et al. 2000）。近年では、脳磁図（ＭＥＧ）も乳児や胎児の脳活動の計測に用いられている（Imada et al. 2006; Sheridan et al. 2010）。これらの手法では、微弱な電磁場の変化を捉えることで、脳活動の時間変動を検出することが可能である。しかし、脳活動の領域による違いを検出するには、活動の発生源を限られた数の観測信号から逆問題を解いて推定しなければならないため、これらの手法で脳活動の空間的局在性を明らかにするのには限界がある。

脳活動の局在性を脳全体にわたって調べることで、個々の機能に関連して脳が実際にどのようにはたらいているのかを視覚化する手法は、脳機能イメージングと呼ばれている。その手法としては、ｆＭＲＩやＮＩＲＳがある。これらの手法において、神経活動の画像化を可能にしている生理学的な基盤は、神経血管カップリング（neuro-vascular coupling）である。脳内で神経細胞が電気活動を行うと、それに連動して局所的な血流の変動が生じる。その詳細な機構については、現時点でも完全には解明されていないが、神経活動にともない、その近傍で血管拡張因子がはたらき、代謝の増加を上回る動脈血流の増加が生じ、十分な酸素とエネルギーが供給されると考えられている。動脈により多く含まれる酸素化ヘモグロビンは、毛細血管で脳組織に酸素を供給し、脱酸素化ヘモグロビンとなって静脈に送られる（Harris et al. 2011）。

ｆＭＲＩにおいては、このような脳血液動態による変化は、脱酸素化ヘモグロビン濃度の局所的な変化として捉えられ、ＢＯＬＤ（Blood Oxygen Level Dependent）信号と呼ばれている。多くの脳機能イメージング研究では、全脳をミリメートル単位のボクセルに細分化したときに、刺激に応答する神経活動にともなって、ＢＯＬＤ信号の変化がどこのボクセルに見られるかを同定する作業が行われる。たとえば、1秒間の視覚刺激に対して、5秒程度でピークに達し、15秒程度かけてベースラインに戻るような事象関連応答パターンが得られることがわかっている。そこで、このような標準的な刺激応答を仮定し、刺激に対するボクセルの信号変化が、事象関連応答の線形和として表される場合には、そのボクセルでの神経活動が増加したと解釈される。発達期の脳でｆＭＲＩを用いた脳機能イメージングを行うには、神経血管カップリングの時間および空間的特性が、成人のものと同等であることが前提となる（Harris et al. 2011）。これまでの状況証拠から、少なくとも生後３ヶ月以降では、定性的には成人と同等の特性を有していると考えられる。また、乳児を対象とした計測の現実的な制約としては、覚醒時には体動を制御することが困難である点があげられる。

脳機能イメージング手法としてのＮＩＲＳ

ＮＩＲＳは、近赤外光を頭表から照射し、脳表組織中での吸光度の変化から、脳血液中の酸素化ヘモグロビンや脱酸素化ヘモグロビンの濃度変化を検出する手法である。ＮＩＲＳによって脳活動を反映した信号の変化を捉えることができることが報告されたのは１９９３年である。その後、ＮＩＲＳの多チャンネル化の技術が開発され、頭表に多数の近赤外光の照射部と検出部とを数センチ間隔で配置することで、脳表での酸素化および脱酸素化ヘモグロビンの変化の空間パターンを得ることができるようになり、脳機能イメージング手法として用いられるようになった。

こうした手法は、近年ｆＮＩＲＳと呼ばれ、多くの研究が報告されるようになった（Boas et al. 2014）。

ＮＩＲＳでは、ｆＭＲＩと同様に神経血管カップリングを前提として、特定の機能にかかわる脳部位をマッピングすることが可能である。ｆＭＲＩと比較して、ＮＩＲＳには利点と欠点がある。酸素化および脱酸素化へモグロビンの変化を検出しているため、ＢＯＬＤ信号には直接反映されない動脈の動態に鋭敏である。また、計測の時間分解能を高くすることが容易で、数百ミリ秒の時間変化の違いを検出することができる。さらに、ＮＩＲＳでは光ファイバーのプローブを頭部に装着して計測が行われるので、姿勢の拘束が少なく、多少の頭部の動きを許容することができる。一方、ＮＩＲＳの空間分解能は、センチメートル単位であり、計測可能な脳領域は脳表面に限定される。また、計測された信号には、頭皮の血液動態や体動によるアーチファクトが含まれていることから、脳活動に起因しない信号の変化の影響を取り除くことが必要となる。

脳の活動部位のマッピングだけでなく、脳領域間のネットワークを調べるのにもＮＩＲＳは有用である。脳は安静時にも活発に活動しており、その活動に応じて脳血液動態が変動している。近年、成人のｆＭＲＩによる研究では、刺激や課題に関連する活動を示す領域を同定する方法に加えて、安静時の脳に見られる数秒から数分にわたる長周期の自発活動のゆらぎの解析から、脳の機能領域とそれらの間のネットワークの情報が得られることが明らかになってきた（Fox & Raichle 2007）。たとえば、左右半球の運動野－聴覚野－視覚野等の相同部位では、同期した活動

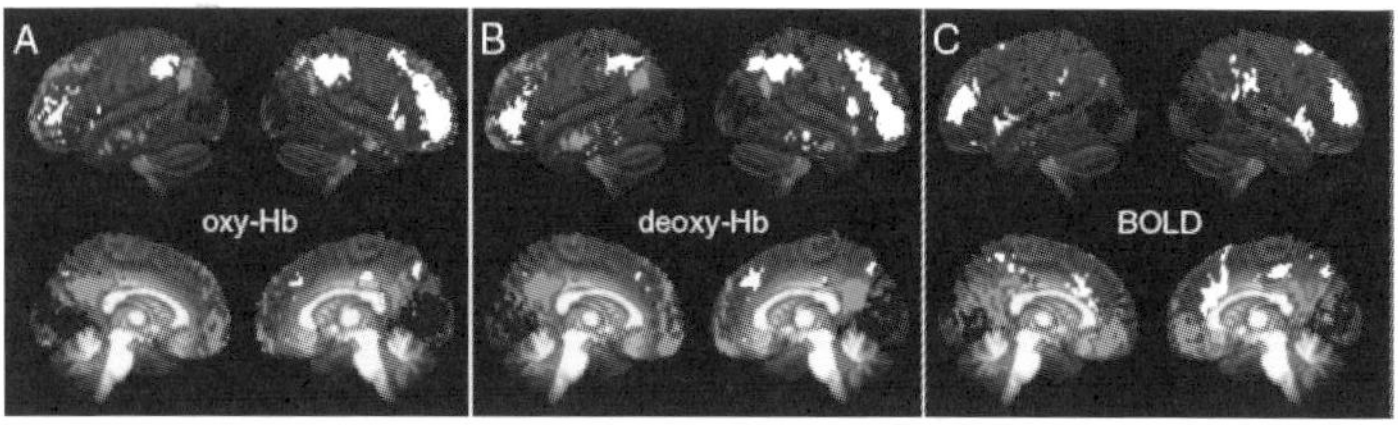

図２－１　安静時自発活動のfMRIとNIRSの同時計測

（Sasai et al. 2012より引用）（カラー口絵参照）

NIRSで計測したチャンネルから得られた酸素化ヘモグロビン、脱酸素化ヘモグロビン、NIRSチャンネルの位置に相当するボクセルのBOLD信号を、それぞれseedとして得られた機能的ネットワーク。デフォルトモードネットワーク（赤）、背側注意ネットワーク（青）、前頭頭頂ネットワーク（緑）。

を示すことが知られている。また、安静時に活動を増すことで知られるデフォルトモードネットワーク（default mode network）は、内側前頭前野や後部帯状皮質等、脳の離れた領域の同期した活動として捉えられる（本シリーズ第1巻『社会脳科学の展望』7、8章およびコラム参照）。このような自発活動のゆらぎに見られる脳のマクロな機能的ネットワークは、主要な白質線維による構造的ネットワークを反映している。また、グラフ理論を用いた分析から、機能的ネットワークのモジュール性やハブとしての性質をもつ領域等の特徴も明らかにされている（Bullmore & Sporns 2009）。ＮＩＲＳでは、脳の外側部のみの計測が可能であるが、異なる脳領域から測定された脳血液動態の自発的変動の相関を調べることで、機能的ネットワークを抽出することが可能である（Sasai et al. 2011）。図２－１に示すように、ＮＩＲＳとｆＭＲＩの同時計測により、両手法で得られる安静時の機能的ネットワークの相同性も確認されている（Sasai et al. 2012）。

乳児におけるＮＩＲＳイメージング

覚醒した乳児において、多チャンネルのＮＩＲＳを用いた脳機能イメージングは、２００３年に初めて報告された（Taga et al. 2003）。この研究では、３ヶ月児がチェッカーボード刺激を注視しているとき、前頭葉および後頭葉をそれぞれ12チャンネルでカバーするプローブを用いた計測を行い、後頭葉の視覚野に相当する領域において、視覚刺激に対する事象関連応答、すなわち、酸素化ヘモグロビンの増加と脱酸素化ヘモグロビンの減少が捉えられた。同時期に行われた研究では、睡眠中の乳児に言語刺激を与えたときの左右側頭葉の応答が計測され、左側頭葉に言語刺激に特異的な応答が見られることが報告された（Peña et al. 2003）。これらの研究は、乳児期初期の知覚の発達にかかわる脳内機構の研究に、新たな展開をもたらした。それまでブラックボックスと見なされてきた乳児の脳において、空間的機能マッピングが可能になったのである。

乳児を対象とした多くの行動研究によれば、生後２ヶ月頃は、運動や知覚等の基本的な行動が著しく変化する「革命的な」時期である。したがって、この時期に、脳の機能的活動に急激な変化が生じて、生後３ヶ月には、成熟した機能的活動パターンが見られる可能性がある。実際、近年のＮＩＲＳを用いた研究により、生後３ヶ月頃には、視覚・聴覚言語・クロスモーダル知覚・

馴化・学習等の多くの機能に、特定の脳領域の活動がかかわっていることを示す証拠が蓄積されてきた。

たとえば、生後2ヶ月から3ヶ月にかけて、視覚刺激に対する脳活動パターンが劇的に変化する（Watanabe et al. 2010）。2ヶ月児と3ヶ月児に、色とりどりのモビールのおもちゃが動いている動画と、チェッカーボードの反転画像の2種類の刺激が呈示された。その結果、後頭葉の一次視覚領域とその周辺では、両刺激に対して同様の反応が見られた。ところが、後頭葉外側部において、2ヶ月児では、両刺激に対する応答が見られたのに対して、3ヶ月児では、モビール刺激に対してのみ応答が見られた。後頭葉外側部は、視覚連合野としての機能をもつことが知られている。この研究の結果は、この領域の機能分化が生後2ヶ月から3ヶ月の間に生じていることを示唆している。また、活動パターンの変化は、感覚野の局所的な活動がまず生じて、発達が進んでから連合野を含む大域的な活動へと変化するというものではなかった。すなわち、階層的により高次の領野が段階的に発達するのではなく、大域的な活動から局所的な活動へという変化にともなって、一般的な情報処理から特異的な処理へと機能分化が起きると考えられる。

視覚および聴覚のような異なる感覚の相互作用に関する研究も、3ヶ月児を対象として行われている（Watanabe et al. 2013）。動画に同期した音の有無を操作した刺激を呈示したときに、脳のそれぞれの領域の活動において、音の有無が異なる効果をもたらす。側頭葉聴覚領域では、音の有無に応じて活動の増加と減少が生じる。一方、後頭葉一次視覚領域の視覚刺激への応答は、音が加わると増強されるが、後頭葉外側部の応答は音の有無には影響されない。このように、覚醒した3ヶ月児では、視聴覚刺激が、それぞれの脳領域において機能分化した処理を引き起こす。異なる感覚の統合の発達に関して、未分化な感覚が分化するのか、独立の感覚が統合されるのかという問いについては、より早い時期の発達を調べる必要がある。

乳児期における言語の知覚にかかわる脳機能の知見も集積されてきている。生後早い時期から、左半球の側頭および前頭領域が音韻の処理に（Minagawa-Kawai et al. 2010; Sato et al. 2012）、右半球の側頭頭頂領域が韻律（プロソディ）の処理に（Homae et al. 2006）かかわっていることを示す研究が報告されている。これらは、成人における言語処理時の脳活動に類似した活動が、発達の初期からすでに見られることを示している。このことは、発話の発達には1年を要するものの、言語の知覚に関しては、乳児が初期から高い能力をもつことを示している。最近、30週齢の早産児における、音韻の弁別に関連する応答の計測が報告され、胎児期に相当する時期にすでに言語の処理にかかわる脳のネットワークが機能しはじめていることを示唆している（Mahmoudzadeh et al. 2013）。このように、音声のような社会的な意味をもつ刺激の処理が、いわば生得的な脳の発達の機構を基盤として、発達の極めて早い段階から行われていることが明らかになってきた。このようなヒトの音声の知覚に特異的な機構が、音声を含む音の一般的な知覚の機構から分化することで獲得されるのかどうかは、今後より詳細に明らかにされる必要がある。

NIRSによる乳児の脳機能イメージングに関しては、近年、方法論上の検討も進展している。

これまで、ＮＩＲＳ計測では、頭皮上から光を照射し検出するため、信号に皮膚血流の影響が含まれることが懸念されてきた。そこで、距離の異なる複数のプローブ対で計測したデータを用い、計測部位の深部と浅部の寄与を分離する信号処理を行った結果、乳児の場合には、浅部の皮膚血流の影響が成人よりは少ないことが明らかにされた（Funane et al. 2014）。また、従来、頭表に配置されたＮＩＲＳのチャンネルが、脳のどの領域に対応するかを推定するために、頭表の特徴点を基準にした脳波の10／20座標にしたがってチャンネルを配置し、ＭＲＩの構造画像を利用して、頭表座標から脳表座標への投影を行うことで、個々のチャンネルに対応する脳領域の推定が行われてきた。同様なことを乳児で行うために、乳児の脳のＭＲＩ構造画像を用いて、チャンネルと脳領域との対応を推定するためのテンプレートが作成された（Matsui et al. 2014）。

多様な時間スケールでの脳活動

ある刺激や事象に関連する脳血液動態は、神経活動が生じた後、15秒程度の時間をかけて変化するが、神経活動が脳領域間を伝播して、数百ミリ秒の時間差をもつときに、その応答の時間差は脳血液動態でも維持される。したがって、ＮＩＲＳは神経活動から遅延した脳血液動態を計測しているにもかかわらず、神経活動の空間的伝播を捉えることが可能である。実際、睡眠時の乳

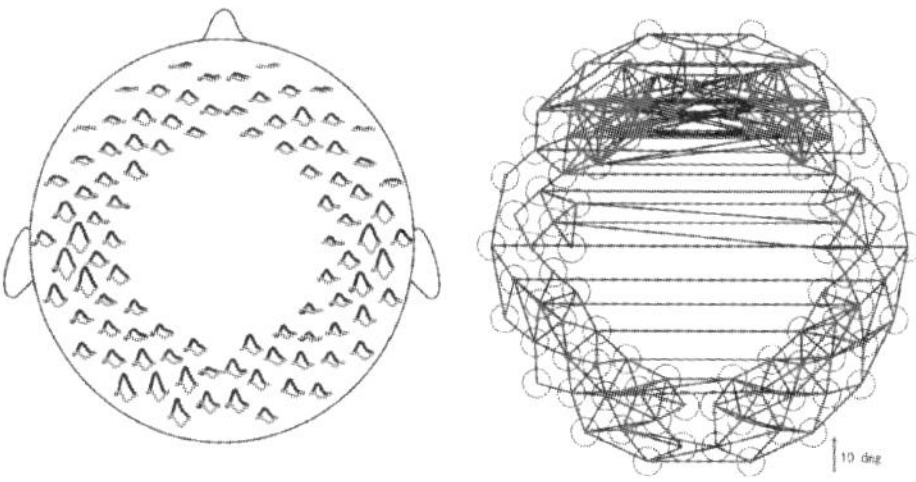

図２－２　睡眠中の音声応答と位相同期（Taga et al. 2011 より改変）
（カラー口絵参照）
左　酸素化ヘモグロビン（赤）と脱酸素化ヘモグロビン（緑）の応答
右　位相同期度（赤線）、位相勾配（青矢印）

児の音声応答を調べると、側頭葉聴覚領域の変動が最初に生じ、その後、一定の時間差で前頭葉や後頭葉に活動が伝わっていることがわかる（Taga et al. 2011）（図２－２参照）。これは脳での情報処理の流れを示すものと考えられる。

ＮＩＲＳでは、分単位で変化する神経活動を反映した信号を捉えることもできる。乳児の行動においてよく知られている現象として、馴化脱馴化というものがある。同じ刺激を与え続けると、刺激に対する定位反応が減少するが、新奇な刺激に対して定位反応が復活するというものである。馴化脱馴化が生じることは、乳児が刺激間の違いを弁別していたことを示すものであり、これまでの乳児を対象とした行動研究の多くは、この反応を利用してさまざまな能力を測定してきた。ＮＩＲＳを用いた脳活動の計測では、馴化脱馴化に対応して、反応の振幅の減少と増加が見られることが明らかにされた（Nakano et al. 2009）。乳児に同一の音声を繰り返し呈示した後に、新奇な音声を呈示したとき、前頭前野の一部が、馴化に対応した反応の振幅の減少と、脱馴化に対応した反応の振幅の増加を示した。これは、呈示された刺激を記憶するとともに、環境からの新奇な情報を検出するという基本的な情報処理の機構を示すものであると考えられる。

機能的ネットワークの発達

脳は刺激に応答して活動するだけでなく、睡眠時などの安静時にも活動している。乳児期の睡眠脳波が、月齢に応じた特徴的な発達のパターンを示すことはよく知られている。また、脳の自発活動にともなって、脳血液動態も自発的な変動を示す。睡眠中の乳児において、NIRSを用いて計測された後頭葉の脳血液動態に、長周期（0.01－0.1Hz）の明瞭なゆらぎがあることは、早くから報告されている（Taga et al. 2000）。この研究では、酸素化ヘモグロビンと脱酸素化ヘモグロビンの変動の位相差に焦点が当てられ、自発的な脳血液の酸素化動態が神経系の自発活動によってもたらされている可能性が指摘された。

その後、脳血液動態の自発変動を脳の広い領域にわたって計測し、領域間の変動の時間相関から同期性の強い領域を調べると、脳の機能的ネットワークが見事に捉えられることが明らかになった（Homae et al. 2010）。そして、前頭葉－側頭葉－頭頂葉－後頭葉をカバーする94チャンネルのNIRSを用いて、この手法を睡眠時の新生児－3ヶ月児－6ヶ月児に適用することで、生

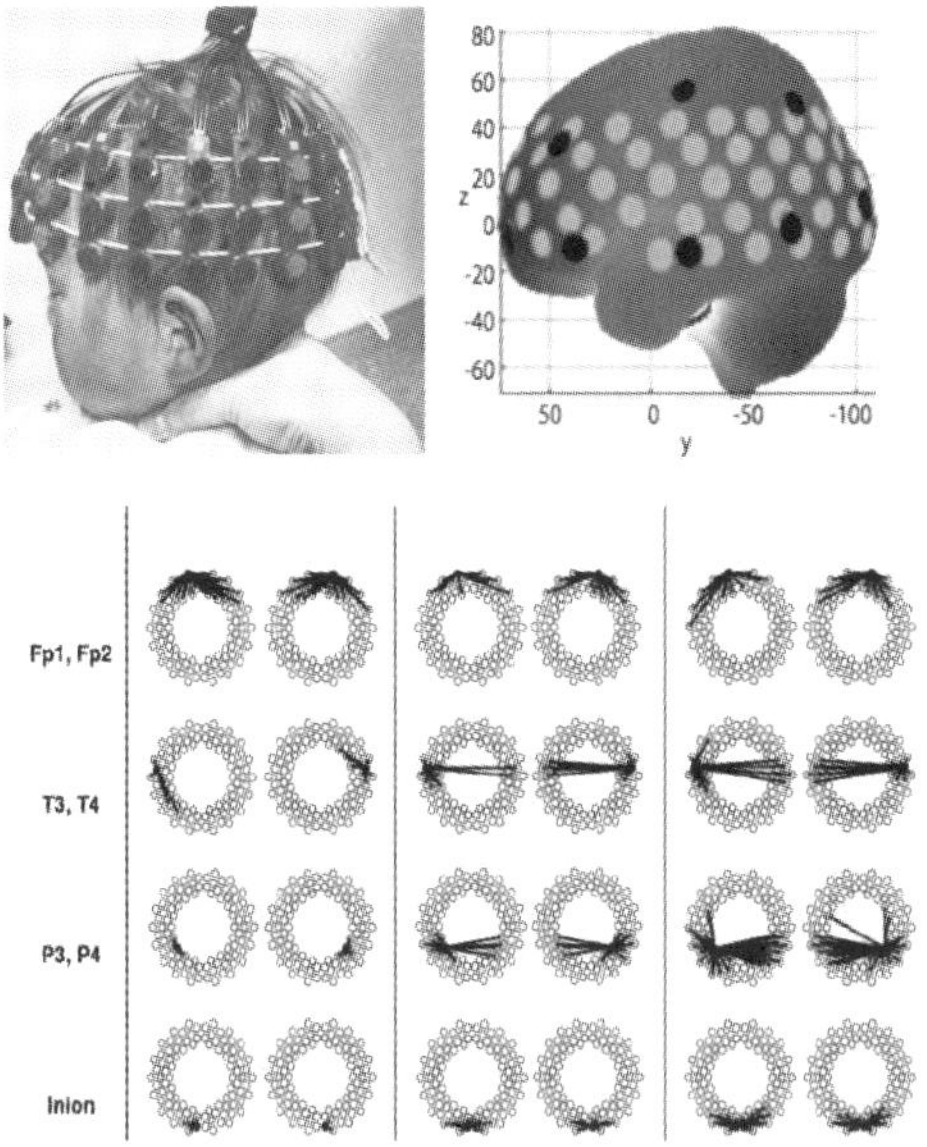

図２－３　NIRS 計測による乳児脳の機能的ネットワークの発達
（Watanabe et al. 2013; Homae et al. 2010 より引用）（カラー口絵参照）

後半年間に脳領域間の機能的ネットワークが形成される過程が明らかになっている（図２－３参照）。特に、交連線維を介した左右の脳の相同部位の機能的結合は生後３ヶ月までに急激に増加する。また、前頭葉領域内での機能的結合は生後むしろ減少する。一方、前頭葉と後頭・頭頂葉の間の半球内の長距離の機能的結合は、３ヶ月にかけて、一度減少してから増加するU字型の変化を生じる。すでに述べたように、新生児の段階で、主要な神経線維はすでに配置されていることが知られている。一方、シナプス形成は、生後３ヶ月間に極めて急激に増加することも知られている。したがって、機能的ネットワークの急激な発達は、シナプス形成を基盤として生じていると考えられる。

新生児や乳児の脳の機能的ネットワークの発達に関しては、ｆＭＲＩを用いた研究も行われている。早産児の満期における鎮静状態での計測により、機能的ネットワークが存在していることが報告された（Fransson 2007）。満期産児の生後２週齢において、自然睡眠時の計測によれば、デフォルトモードネットワークの一部がすでに見られる（Gao et al. 2009）。また、生後４ヶ月と９ヶ月の睡眠時の機能的ネットワークを比較して、局所的な結合は減少するが、デフォルトモードネットワーク内の短距離および長距離結合は増加する（Damaraju et al. 2014）。

ＮＩＲＳやｆＭＲＩによる脳の機能的ネットワークの研究は、脳障害や発達障害等の理解に貢献する可能性がある。たとえば、自閉症の機構を理解するのに、乳児期の脳の機能的ネットワークの発達を典型的な発達と比較することで、早期の診断等にも有効である可能性が指摘されている（Keehn et al. 2013）。特に、ＮＩＲＳは、新生児や早産児等の計測をベッドサイドで行うことができる。ダウン症の満期における機能的ネットワークの強度が、典型発達児に比べて、弱いことも報告されている（Imai et al. 2014）。

機能的なネットワークの変化に記憶や学習の効果を見出す試みもされている。睡眠中の３ヶ月児に対して、３分間安静時で機能的ネットワークを調べた後、３分間音声を呈示した後、３分間安静時で再び、機能的ネットワークを調べた。刺激呈示後の機能的ネットワークにおいて、前頭と側頭−頭頂とをつなぐ長距離の機能的ネットワークが増強されていた（Homae et al. 2011）。このことは、言語知覚に関連する機能的ネットワークが変化したことを示唆している。

おわりに

生後間もないヒトの脳は、どのような状態にあり、それがさまざまな知覚や行動の発現とどのように関連しているかについて、多くのことが明らかになってきた。特に、生後3ヶ月頃には、特定の機能にかかわる局所的な領域のはたらきが見られ、大域的なネットワークも形成されている。このことから、3ヶ月児の知覚世界、あるいは意識状態は、成人のものとそれほど変わらないと想像される。新生児期やそれ以前の脳の機能的活動についての研究も多数報告されるようになり、脳の仕組みはどこまで生得的に準備されているのかについて、データに基づいて議論することが可能になってきた。しかし、この期間における脳の発達の過程を捉えた研究はまだ限られている。その中でも、刺激に対する大域的な応答が見られることは、新生児の知覚が共感覚的な特徴をもつかもしれないことを示している。また、睡眠中に呈示された聴覚刺激の処理や学習の能力は成人にはないものである。したがって、乳児期初期の知覚世界や意識は、成人のものとはかなり異なるかもしれない。

自発活動による機能的ネットワークの形成は、脳の発達の機構を明らかにするうえで重要であると考えられる。胎児期には大半の時間は睡眠に費やされており、生後も乳児は睡眠に多くの時間を費やす。したがって、睡眠中の脳の自発活動は、脳の発達にとって重要な要因となっていることは間違いないであろう。興味深いことに、神経細胞の自発活動は、胚子期から存在し、大脳の発生過程においては、視床からの感覚入力が形成される以前から、自発活動を通じて脳の機能的ネットワークの形成が進んでいる。したがって、乳児が生後に出会う環境から受ける物理的および社会的な刺激に対して、その複雑さを担えるだけの複雑さを、自発的な機構を通して脳の内部にあらかじめ準備しているのかもしれない。胚子－胎児期、そして乳児期に、自発活動を介して、脳の構造形成および機能形成が進展する機構を明らかにする必要があろう。

ＮＩＲＳは、脳の発達の機構を調べるための脳機能イメージング手法として、重要な役割を果たしてきた。この手法を用いて、乳児のさまざまな状態において、脳活動にともなう脳血液動態の時空間変化が捉えられるようになってきた。ただし、乳児が自由に行動しているような条件での脳活動の計測は大変難しいのが現状である。また、これまでの研究では、神経活動に対する一定の反応を仮定した統計解析による空間的マッピングや、脳領域間での線形相関に基づくネットワークの解析等が主であり、脳血液動態に内在するダイナミクスの全貌を捉えるには至っていない。今後、複雑なダイナミクスを抽出することで、もっと多くの情報が得られると期待される。ただし、ＮＩＲＳが捉えられる時間空間スケールは、神経細胞やその活動電位のようなミクロなレベルに比べれば、マクロなレベルでの現象を捉えているにすぎない。特定の機能領域が活動している様子が捉えられたとしても、それが個別にどのような計算をしているかを知るには、ギャップがある。それを解決するには、根本的に新しい計測技術が将来必要とされるであろう。

3 乳児の顔認知の発達

大塚由美子

はじめに

われわれは顔から人物を同定するとともに、他者の年齢・性別・感情の状態や他者の注意を向けている方向などさまざまな情報を読み取ることができる。このような顔認識の能力は、ヒトが社会的な生活を営むうえで重要な役割をもつ。顔認知能力の発達は、乳児を対象とした知覚・認知発達研究が開始された当初より重要な位置を占めてきた問題でもある。近年では乳児の行動を指標とした心理学的な研究とともに、脳波や近赤外分光法などの非侵襲的な脳活動計測技術を用いた研究も行われつつある。また、顔認知を含む社会的認知に困難を示す発達障害への注目の高まりにともない、このような障害の早期発見・早期療育への期待から乳児期の顔認知機能への注目も増している。本章では、乳児期の顔認知能力の発達について得られた近年までの知見を概観する。

新生児の顔図形への選好

乳児を対象とした知覚・認知の発達研究は、乳児が特定の画像を他の画像よりも長く注視することを報告したファンツによる研究から始まった。一連の研究の中で、ファンツは乳児が模様のない均質な画像よりも模様のある画像に注目し、模様のある画像の中でもより複雑な画像に注目することを示すとともに、顔のような画像を他の画像よりも長く注視（選好注視）することを報告した（Fantz 1961）。ファンツの報告と一致する知見はより最近の研究でも報告されている。これまでに新生児が顔らしい要素配置をもつ図形（顔模式図形：図３－１）や顔写真を、顔らしくないパターンよりも選好注視することが報告されている（Farroni et al. 2005; Macchi Cassia et al. 2004 など）。しかしながら、この乳児の反応が顔に選択的に生じる反応であるかどうかは現在も議論が続いている。

近年の多くのデジタルカメラには顔検出の機能が備わっている。このような顔検出の機能は、まず画像の中から顔である可能性の高い領域を探すために図３－２に示されたような非常に単純

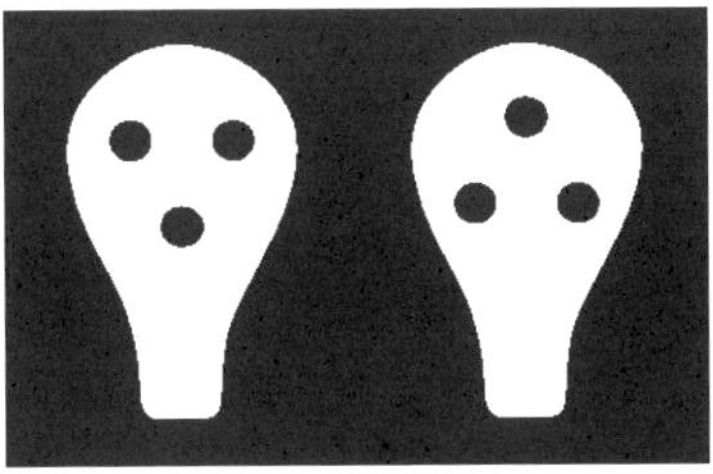

図３－１　顔らしいパターンの配置をもつ顔模式図形（左）と
顔らしくないパターン（右）

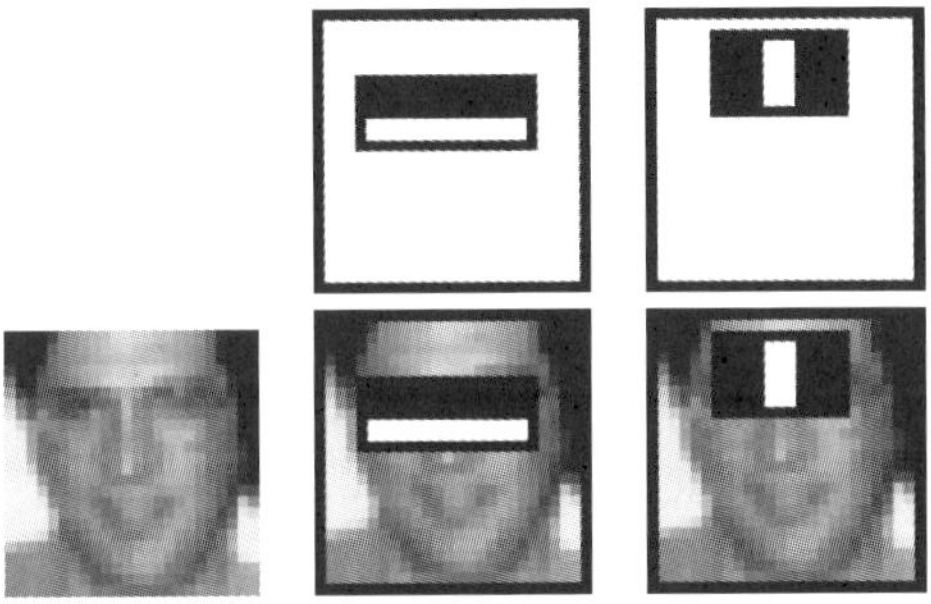

図３－２　顔検出機能を実現するために用いられている画像照合のための
特徴パターン（Viola & Jones 2001）

上段：画像照合のための特徴パターン。下段：顔画像上に重ねられた特徴パターン。特徴パターンを単独で見た場合、顔とは似ても似つかないようなパターンであるが、顔画像に一般的に生じる目の領域と頬の明暗関係（中央）や鼻筋と目の領域との明暗関係（右）と合致するものである。

な明暗特徴パターンと画像中のパターンの照合を行い、顔が存在する可能性のある画像領域の候補を絞ることで、高速度・高精度の顔検出を実現している（Viola & Jones 2001）。著者所有のデジタルカメラは、本章の図のうち図３－１（左）、図３－２（左下）、図３－４（上・下段の左）、図３－６（左下）、図３－７（右）、図３－10（左）、図３－11（中央）の画像に対して顔検出を示す。顔検出機能付きカメラをお持ちの読者には、本章に含まれる画像のうちどの画像からカメラが顔を検出するか試してもらいたい。必ずしもカメラが検出する「顔」と顔らしく感じられる画像は一致しないことがわかるだろう。

これと類似して、新生児の顔図形への選好は成人における顔の知覚とは異なり、画像の特定の明暗や要素の単純な配置関係に対する反応として生じている可能性を示唆する研究もある。たとえば、シミョンらは、顔は一般に画像の上部に要素が多く配置されるという幾何学的特性（「頭でっかち（Top-heavy）」特性）をもつと議論し、この「頭でっかち」特性が乳児の顔選好を引き起こしている可能性を指摘した。ヒトの顔は二つの目の下に鼻と口があるという共通の配置から成り立っている。シミョンら（Simion et al. 2001, 2002）は、これら顔要素の中でも明暗の対比が特に顕著な目が、顔の中心より上方に存在すると議論した。シミョンらは、図３－３のように大人にとっては顔のように見えないが「頭でっかち」特性をもつ幾何学図形と、それを逆さまにした図形を作成し、新生児が「頭でっかち」パターンを選好する可能性を検討した。実験の結果、顔写真や顔模式図形を用いた研究で正しい向きの顔を選好するのと同じように、新生児は「頭

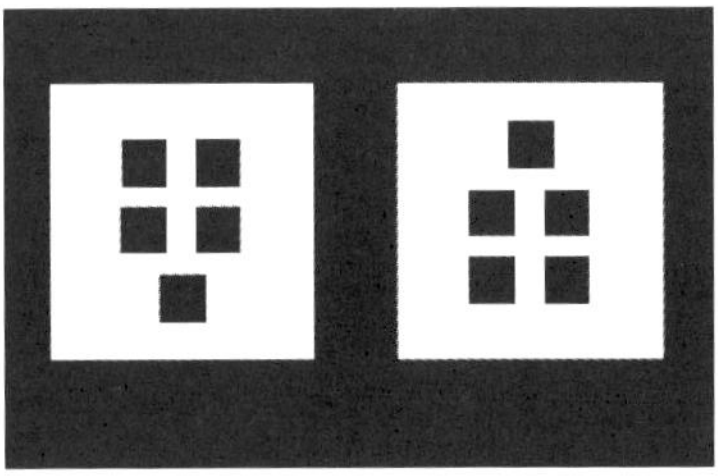

図3－3　「頭でっかち」図形（左）とそれを逆さまにした図形（右）
（Simion, et al. 2001, 2002 に基づいて作成）

でっかちパターン」を選好することが示された。

顔の中での目の相対的な位置は、顔を観察する角度によっても異なってくると考えられ、顔が常に「頭でっかち」特性をもつのかという点には疑問も生じる。下方から顔を見上げた場合には目はより上方に位置するが、観察者から見てうつむき加減の顔の場合には目は顔の中でやや下方に位置することもあるだろう。しかし、新生児や乳児は、高く抱き上げられた場合を除いて、顔を見上げることが多いだろう。このように考えると、新生児や乳児が目にする顔の中で、目は顔の中でやや上方に位置すると想定するのは妥当かもしれない。

マッチカッシアら（Macchi Cassia, et al. 2004）は顔写真の他に、顔写真に加工を加えて目・鼻・口のおおよその高さを保ちつつ、これらの配置や向きを変えることで作成した、成人には顔らしく見えない「頭でっかち」なスクランブル顔を用いて、「頭でっかち」パターンへの選好をさらに検討した（図3－4参照）。実験の結果、新生児は正立顔を逆さまの顔よりも選好するとともに、「頭でっかち」なスクランブル顔を上下反転した画像よりも選好した。さらに、「頭でっかち」なスクランブル顔と元の顔写真が対で提示されると、新生児は両画像に同じくらい注目して選好注視反応を示さなかったのである。後者の結果は、新生児がこれら2種類の画像を識別していない可能性を示す。これらの結果は、新生児の正立顔への選好は顔らしい図形に対する反応ではなく、図形のもつ「頭でっかち」特性一般に対する反応であるというシミョンらの指摘した可能性と一致するものである。

一方で、「頭でっかち」特性への選好だけでは説明できない新生児の行動も報告されている。表情や視線方向の違いでは目の相対的位置は変化しないため、画像の「頭でっかち」特性に変化は生じない。しかし、カメラを直視した状態で撮影された顔写真の方を、視線を逸らした顔写真よりも新生児が選好注視すること（Farroni et al. 2002）や、恐怖表情の顔と中立表情の顔にはどちらにも同じくらい注目して表情間に選好を示さないが、恐怖表情の顔よりも幸福表情の顔に選好注視することがファローニら（Farroni et al. 2007）により報告されている。また、ファローニらは画像の明暗の関係性が新生児の顔選好を引き起こすのに重要な役割を果たすことを示す結果を報告している（Farroni et al. 2005）。ファローニらの研究では、顔模式図形のほかに顔模式図形の明暗を反転した図形を用いて、正立図形への選好が検討された。実験の結果、新生児はオリジナルの顔模式図形では正立図形を選好したものの、明暗が反転した図形ではそのような選好を示さなかったのである。さらに、明暗が反転した顔模式図形の明るい要素の中により小さな暗い要素を加え、白目に囲まれた黒目と同じような明暗関係をなす要素をもった図に変化させると、新

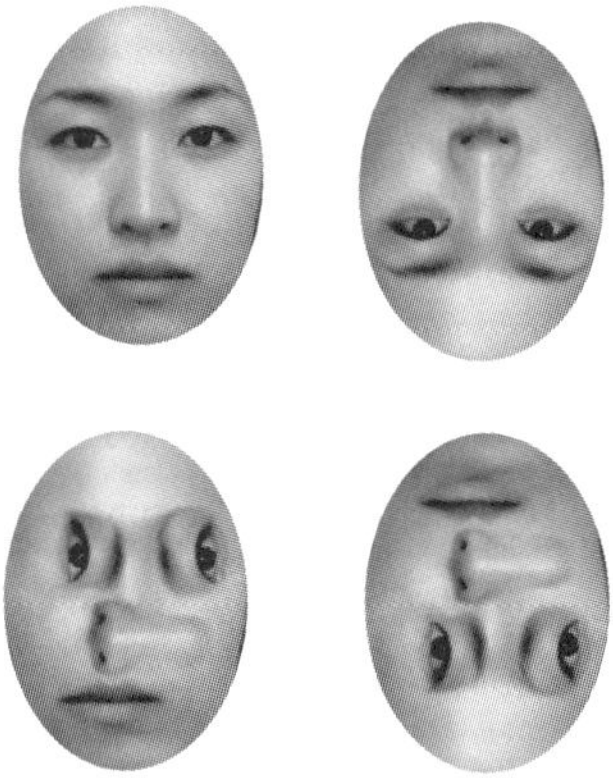

図3－4　上段：正立（左）**と倒立**（右）**の顔写真**
（Macchi Cassia et al. 2004 に基づいて作成）
下段:「頭でっかち」なスクランブル顔（左）とそれを上下反転した画像（右）。

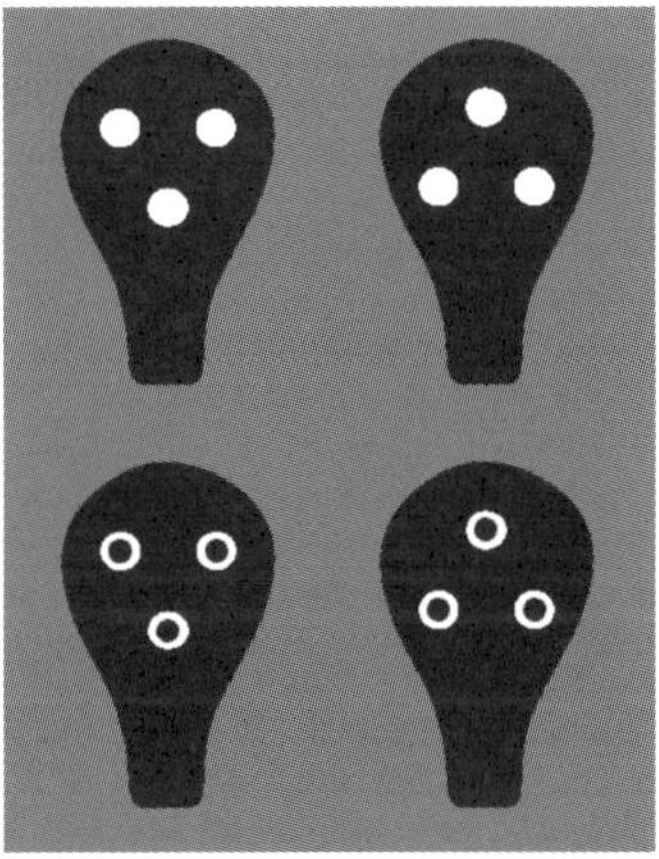

図3－5　明暗を反転させた顔模式図形（上段左）**と顔らしくないパターン**（上段右）**、およびそれらの白い要素の中に暗い要素を加えた画像**（**下段**）（Farroni et al. 2005 に基づいて作成）

生児は再び正立図形への選好を示した（図３－５参照）。

生後３ヶ月以降の乳児の顔選好

上述のように、生後数日の新生児が顔や顔と似た特性をもった図形を選好注視する傾向をもつことが報告されている。しかし、新生児や非常に幼い乳児に接してみて、顔に特に反応するという実感をもつことは少ないかもしれない。上述の研究で報告されているような行動は乳児の視界にある対象が実験で比較される画像に限られた場合に観察されたものである。日常場面では乳児の視界にはさまざまな物が存在する。また、生後３ヶ月未満の乳児は注意を切り替える能力が未熟であることが知られており、一度視線を向けた対象から目を逸らすことが困難である（Hood & Atkinson 1993; Matsuzawa & Shimojo 1997）。何か顔よりも明暗のはっきりしたものがあれば、乳児はそちらの方に視線を向けることも多いだろう。さらに、視界の中の目立つ物体に一旦視線を向けた幼い乳児はなかなか顔の方に視線を向けないかもしれない。このようなことから、乳児が顔に注目するようになったと周囲の人々が実感をもって感じ取れるのは、乳児が物や顔を見て微笑み表情を浮かべるようになる生後３ヶ月を過ぎた頃かもしれない。

生後３ヶ月以降の乳児を対象とした研究では、新生児が反応を示す顔模式図形のような単純な画像での反応は乏しくなり、より現実的・写実的な顔写真などの画像を用いた場合に顔への選好注視反応が限定されてくることが報告されている。トゥラティら（Turati et al. 2005）は図形の「頭でっかち」特性への選好のその後の発達的変化を検討した。その結果、新生児が幾何学図形（図3－3参照）において「頭でっかち」選好を一貫して示すのに対し、このような図形では3ヶ月児はあまり一貫した選好を示さないと報告した。マッチカッシアらは生後3ヶ月になると乳児は「頭でっかち」なスクランブル顔（図3－4参照）をその上下反転画像よりも選好注視しなくなるとともに、「頭でっかち」なスクランブル顔よりも元の正しい顔を選好注視すると報告した。これらの結果から、生後3ヶ月になると「顔」がどのようなものであるかについてのより詳細な認識が発達すると考えられる。

上述の見解と一致する結果が空間周波数フィルター操作を用いて画像の細かさを操作した研究や、ムーニー顔画像を用いた研究から得られている。ドブキンスとハームズ（Dobkins & Harms 2014）は、空間周波数フィルター操作した画像を用いて、生後4ヶ月以降の乳児の正立顔選好は画像の中の大まかな明暗の分布（画像の低空間周波数成分）と、画像の中の詳細な輪郭についての情報（画像の高空間周波数成分）のどちらに基づいて生じる行動なのか検討した。ドブキンスらは、生後3ヶ月と8ヶ月の乳児を対象として、顔画像の中の比較的細かい輪郭情報のみを取り出した高空間周波数画像（図3－6上段）と、顔画像の中の大まかな明暗の分布だけを取り出した低空間周波数画像（図3－6下段）を用いた実験を行った。実験では、乳児に対して各周波数の画像

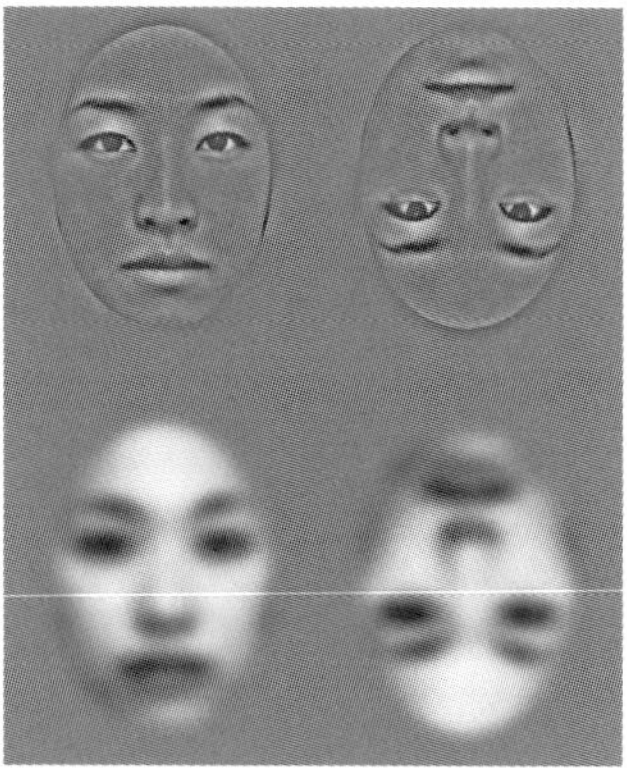

図３−６　空間周波数フィルター画像（Dobkins & Harms, 2014 に基づいて作成）
ドブキンスらの研究では、生後４ヶ月と８ヶ月の乳児は下段の低空間周波数顔画のペアよりも上段の高空間周波数画像のペアにおいて、より強い正立顔選好を示したと報告されている。

が正立と倒立の向きで対提示された。実験の結果、両月齢の乳児とも高空間周波数画像では正立顔への選好を示した。一方、低空間周波数画像においては、8ヶ月児はこの選好注視を示さなかった。また、4ヶ月児は低空間周波数画像においても正立顔選好を示したものの、選好の強度は高空間周波数画像で観察された選好よりも弱いものであった。さらに、両月齢において、正立顔選好の強度は高空間周波数画像条件とオリジナル顔画像条件でほぼ同程度であった。これらの結果から、生後3ヶ月から8ヶ月の乳児の正立顔選好は、顔画像の中の大まかな明暗についての情報ではなく、目・鼻・口といった比較的細かな輪郭の情報に基づいて生じていると考えられる。

空間周波数フィルター画像を用いた研究と類似する結果が、ムーニー顔図形（Mooney face）

図３－７　ムーニー顔画像（左）**と白黒顔画像**（右）（Otsuka et al. 2012）

生後３～４ヶ月の乳児は目や眉などのいくつか個別的な顔特徴の描かれた白黒画像（右）では、倒立画像よりも正立画像を選好注視するが、独立した顔特徴のないムーニー顔画像（左）ではこのような反応を示さない。

を用いた研究からも得られている。ムーニー顔画像はムーニー（Mooney 1957）によって作成された図３－７（左）のような白黒２色の陰影情報だけで描かれた顔画像であり、目・鼻・口といった個別的な顔の要素や細部の情報を含まない。イタリアの研究者、レオとシミョン（Leo & Simion 2009b）の研究では、新生児に対して正立のムーニー顔画像と倒立のムーニー顔画像が提示された。その結果、新生児は正立の顔を倒立の顔よりも選好するのと同様に、正立のムーニー顔画像を選好注視したのである。一方で、わが国で行われたより高月齢の乳児を対象とした二つの研究から、生後３ヶ月以降の乳児では、新生児で見られたような反応は生じないと報告されている（Doi et al. 2009; Otsuka et al. 2012）。土居ら（Doi et al. 2009）の研究では、生後６ヶ月・12ヶ月・18ヶ月の乳児を対象として実験を行い、生後６ヶ月児と12ヶ月児は正立のムーニー顔を倒立のムーニー顔と区別しないが、生後18ヶ月児は正立のムーニー顔を選好したと報告している。一方で、生後12ヶ月児を対象として顔写真を用いた実験では、正立顔への選好注視が観察されたのである。これに関連して、著者ら（Otsuka et al. 2012）は生後3〜4ヶ月の乳児は、ムーニー顔と同様に白黒2色のみで顔が描かれた画像であっても、画像中に目・鼻・口などの要素が含まれている場合（図3－7右）は正立画像の選好を示すものの、ムーニー顔画像のように目・鼻・口などの顔の要素を含まない画像（図3－7左）では正立画像への選好注視を示さないことを発見した。

誕生時の視力は非常に未熟であり、生後3ヶ月までに急速な発達が生じることが知られている。レオとシミョンらによる新生児を対象とした研究とより年長児を対象とした土居らや著者らの結果の違いは、生後3ヶ月以降とそれ以前での顔の見え方の違いと関係しているかもしれない。視力の非常に未熟な新生児が普段目にする顔は大まかな明暗の分布で顔が描かれたムーニー顔と大差ないものかもしれない。実際に、新生児の顔識別は顔画像の大まかな明暗の分布（図3－6下段参照）に基づいており、顔画像の中の比較的詳細な輪郭の情報（図3－6上段参照）については新生児が視覚感度を示す範囲であっても顔識別に利用されていないことを示唆した研究もある（de Heering et al. 2008）。しかし、視力の発達にともなって目・鼻・口といった顔のより詳細な輪郭がよく見えるようになってくるにしたがい、乳児が普段目にする顔とムーニー顔との見た目の相違は増大してくるものと考えられる。土居らは（Doi et al. 2009）、生後18ヶ月頃になると、乳児は画像の表面的な相違を無視し、より抽象的な構造の類似性に基づく反応を示すようになると議論している。

これまで述べた研究では顔と、顔らしくない画像（逆さまの顔など）だけが乳児の視界にある状態で乳児がどちらの側により注目するかを調べていた。日常乳児が目にする視界の中には、顔だけでなくさまざまな物体が混在している。そのような状況であっても乳児は顔に注目するのであろうか？　グリガら（Gliga et al. 2009）は、眼球運動計測技術を用いて複数の物体の写真とともに顔写真を乳児に提示した際に、乳児が他の物体よりも先に顔の方に目を向ける可能性を検討した。実験の結果、生後6ヶ月の乳児は偶然より高い確率で、複数の物体の中から顔に対して最初に視線を向けた。同様の反応は倒立の顔に対しても示されたが、顔画像と類似した明暗強度や色成分を含むノイズ画像に対してはこのような反応は生じなかった。さらに、乳児が顔や物体に視線を向けた回数を数えると、乳児は偶然より高い確率で物体や倒立の顔よりも正立した顔に対して視線を頻繁に向けていたことが明らかにされた。これらの結果は、乳児がさまざまな物体の中でも特に顔に注目することを示す。

より複雑なアニメーション画像を用いた研究では、顔に対する反応は生後3ヶ月頃では乏しく月齢が高くなるにつれて反応が増大すると報告されている。フランクら（Frank et al. 2009）は4分間のチャーリーブラウンのアニメーション（Charlie Brown Christmas）を生後3ヶ月・6ヶ月・9ヶ月の乳児に提示した。眼球運動計測技術を用いて、アニメーションを観察している間、乳児が画像中のどの領域を見つめているのかを分析した。その結果、フランクらは月齢が高い乳児ほど、アニメーション画像の中の顔の領域を注視する時間の割合が長くなることを発見した。

3ヶ月児が顔に注目している期間は、他の領域との明暗・色の対比や顔の動きなどによって顔の領域が画像中で顕著に目立つ領域であった場合に限られており、顔以外の領域が動的な変化をともなっていたり、明暗・色の対比によって目立つ場合には、顔よりもそちらに注視していることが示された。フランクらの結果は、新生児でも顔に注目することを示した顔の静止画像や顔写真を用いて行われてきた研究とは異なり、複雑な映像の中で顔に注目する性質は生後9ヶ月にかけて徐々に発達することを示した点で興味深いものである。ただし、上記に述べたムーニー顔画像を用いた研究からの結果を考えると、フランクらの研究では抽象的なアニメーションキャラクターが顔画像として用いられていたことで、生後3ヶ月児の顔への反応が得にくかった可能性もある。

乳児の顔同士を見分ける能力

ここまでは乳児が顔に注目するのかという問題について検討した研究を紹介し、乳児の月齢や画像の特性による影響はあるものの、乳児は顔や顔のような画像に注目する傾向をもつことを議論してきた。では、乳児は注目した対象である顔同士を見分けることができるのであろうか？

数十年前まで膨大な数の顔を識別・認識することのできる成人並みの顔認知能力は、長年の間繰り返される顔の視覚経験によって顔を識別する能力が熟達化することで達成されるという考えが優勢であった（Carey & Diamond 1977 など）。しかし、近年までに成人の顔知覚・認知特性と類似する多くの特性が乳児においても報告されてきた。

複数の研究から、生後数日の新生児でさえ顔を見分ける能力をもつ可能性が報告されている。ブッシュネルら（Bushnell, 2001; Bushnell, et al. 1989）による研究は、新生児に母親の顔と別の女性の顔を対で提示すると、新生児は母親の顔を選好注視したと報告している。一方で、パスカリス（Pascalis 1994）は、母親と母親以外の女性の両方がスカーフをかぶり、髪型が隠されると新生児の母親顔への選好は消失したと報告している。別の研究では、新生児が見知らぬ女性同士の顔を見分ける可能性を調べるために、馴化法という方法が用いられた。この方法では、乳児にまず同じ画像を繰り返し提示する。すると、乳児が画像を記憶するにつれて画像への飽きが生じ、乳児はだんだん画像に注視しなくなってくる。乳児が十分に画像に飽きたところで、乳児がすでに飽きた画像（馴化画像）と新しい画像（新奇画像）を提示し、2種類の画像への注視時間を比較するのである。乳児が新奇な画像に対し注視時間の増加（脱馴化）を示したり、馴化画像よりも新奇画像を選好注視するなどの注視時間の差異が生じれば、乳児が画像間を識別したと解釈することができる。トゥラティらは（Turati et al. 2006）、馴化法を用いて新生児が見知らぬ女性の顔を識別する可能性を検討した。その結果、顔に対する記憶が形成される馴化期間と顔の識別が検討されるテスト期間で同一の顔画像が用いられた場合には、新生児も髪型の手がかりが見える顔画像と髪型が隠された顔画像の両方の条件で顔を識別することが確認された。しかし、馴化期間とテスト期間で髪型手がかりの有無が変化すると、新生児は顔を識別しなかったのである。まだ視力の非常に未熟な新生児にとっては、髪型などの顔の周辺部の情報も顔を見分けるための重要な手がかりであり、髪型の変化により同一人物も別人のように見えるのかもしれない。

さらに、新生児や乳児でさえ成人と類似した顔認知の特性をもつことを示した研究もある。顔が正立で提示されたときと比べ、顔が倒立で提示されると顔の識別は困難になる（Yin 1969）。この現象は倒立効果と呼ばれる。日常生活の中で逆さまの顔を目にすることは稀であることから、正立の向きに偏った視覚経験を受け、顔認知能力が正立顔の処理に特化して向上するために倒立効果が生じるという見方が90年代頃までは優勢であった（Diamond & Carey 1986 など）。しかし、近年の研究では同様の効果が顔を見る経験が非常に限られている新生児においても報告されている。スレーター（Slater 2000）は、成人によって魅力的であると判断された女性の顔と、魅力的でないと判断された女性の顔を新生児に対して対提示した。その結果、顔が正立提示された条件では、新生児は魅力的な顔を選好注視したが、顔が倒立提示された条件では選好を示さなかったのである。馴化手続きを用いて顔識別を検討した実験においても、倒立効果を示す結果が報告されている。トゥラティら（Turati et al. 2006）は、新生児が顔を識別する際の、髪型や輪郭などの周辺手がかりと目・鼻・口などの内部特徴の手がかりの役割について検討した。実験の結果、髪型や輪郭などの周辺手がかりに基づいて顔を識別できる条件では、新生児は提示方向にかかわら

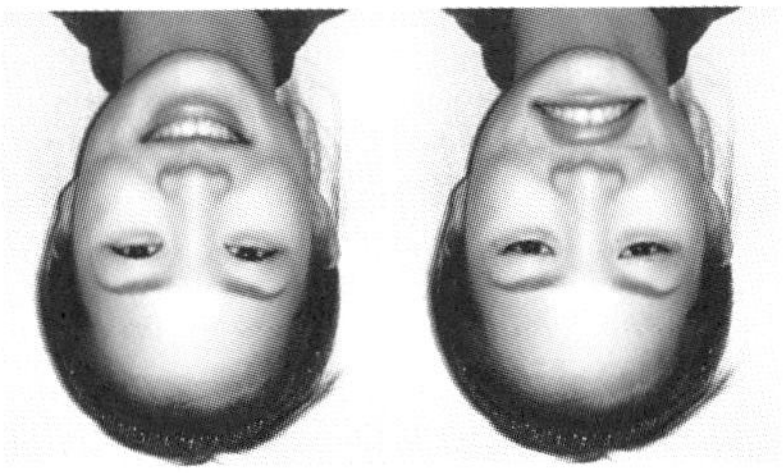

図３－８　サッチャー錯視の例（Thompson 1980 に基づいて作成）

顔が倒立している状態では左右の顔の違いはそれほど明確には認識されない。しかし、本を逆さまにしてこれらの顔を正立方向から観察すると、右側の顔は非常にグロテスクに感じられる。

ず顔を識別したが、内部特徴のみが識別手がかりであった条件においては顔が正立提示された場合のみ顔を識別した。また、新生児でさえサッチャー錯視（図３－８）を知覚する可能性を示した研究もある。レオとシミョン（Leo & Simion 2009a）は、新生児は顔が正立した条件では目と口の上下が反転した顔と正常な顔を識別するが、顔が倒立の場合は識別しないと報告した。類似した結果は６ヶ月児を対象とした研究でも報告されている（Bertin, & Bhatt 2004）。これらの研究の結果は一貫して、成人と同様に新生児や乳児にとっても、倒立提示された顔の識別は正立した顔の識別と比較して困難であることを示す。

その後、生後３ヶ月以降になると、記憶した顔と新奇な顔の個別的な識別だけでなく、類似性カテゴリーに基づいて新奇な顔同士を区別する能力が発達することが示唆されている。クインら（Quinn et al. 2002）は、主に母親に養育されている３～４ヶ月の乳児は、男性の顔よりも女性の顔を選好注視すると報告した。一方これとは反対に、主に父親によって養育されている少数の乳児は、男性の顔を女性の顔よりも選好注視したのである。これらの結果から、生後3～4ヶ月頃までに、頻繁に目にする養育者の顔との類似性から、顔を男性・女性という性別カテゴリーに基づいて識別するようになることが示唆される。性別に対する選好と同様に、乳児が普段目にする人種の顔への選好も生後3ヶ月頃に発達することが、複数の研究から示されている（Kelly et al. 2005; Kelly et al. 2007a; Bar-Haim et al. 2006）。ケリーら（Kelly et al. 2005）は生後3ヶ月のイギリスの白人乳児は白人の顔をアジア人や中東、アフリカ人の顔よりも選好注視すると報告した。一方で、新生児においてはこのような自分の人種の顔への選好は示されなかった。ケリーら（Kelly et al. 2007a）はさらに中国に住む中国人乳児を対象とした実験を行い、中国人乳児は他の人種の顔よりもアジア人の顔を選好注視すると報告した。

さらに視覚経験に基づいて顔の識別能力も自人種の顔に特化して発達してゆくことを示唆する研究もある。成人を対象とした研究では、成人は自人種の顔に比べて異人種の顔の認識に困難を示すことが知られている。たくさんの登場人物が出てくる外国の映画を鑑賞した際に、登場人物の顔を見分けるのに困難を覚えた経験をもつ人もいるだろう。日本語ではLとRの音の区別がないため、英語に触れずに育った日本人が大人になって英語を学習しようとすると、LとRの識別に困難を示すのと類似して、成長する間に見分ける経験が乏しかった異人種の顔は区別が困難になってしまうのである。このように、発達するにしたがって識別できる刺激の範囲が限局化してゆく現象は知覚の狭化（perceptual narrowing）と呼ばれる。サングリゴーリとデショーネン

(Sangrigoli & de Schonen 2004）は人種効果が乳児にも生じる可能性を、白人の3ヶ月児を対象として検討した。馴化法を用いて、白人顔およびアジア人顔の識別を調べた結果、生後3ヶ月の白人乳児は白人顔を識別するが、アジア人顔を識別しないことが示された。彼女らの研究結果は生後3ヶ月児がすでに自人種の顔に特化した識別能力をもつことを示す。顔認識能力は乳児期を通して徐々に自人種の顔の識別に特化するようになることを示す研究もある。ケリーら（Kelly et al. 2007b）は生後3ヶ月、6ヶ月、9ヶ月の白人乳児を対象として、アフリカ人・中東人・中国人・白人の各人種グループの顔を識別するか検討した。実験の結果、3ヶ月児はすべての人種の顔を識別したが、6ヶ月児は中国人と白人の顔のみを識別し、9ヶ月児は白人の顔のみを識別することが示された。ケリーらの結果は、生後6ヶ月から9ヶ月の間に徐々に自分の人種の顔に顔認知能力が特化し、識別できる顔が狭まっていくことを示すものである。

また、これとほぼ一致する生後6ヶ月から9ヶ月の間にかけて、異種の顔を識別する能力が消失するという報告もある。パスカリスら（Pascalis et al. 2002）は、生後6ヶ月児はヒトの顔と同様にサルの顔を弁別するが、生後9ヶ月児は成人と同様にヒトの顔のみ識別すると報告した。さらに彼らは、生後9ヶ月までの期間に日常的にサルの顔を見る経験を積んだ場合は、生後9ヶ月になってもサルの顔を識別する能力は維持されると報告した（Pascalis et al. 2005）。また、乳幼児期を韓国の両親のもとで過ごした後、フランスの白人家庭の養子となりフランスで養育された経験をもつ成人を対象とした研究から、成人後の顔認知精度の自人種への特殊化は乳児期の視覚経験のみで決定されるのではなく、それ以降にも高い可塑性を示すことが報告されている（Sangrigoli et al. 2005）。また、このような極端な生育環境の変化があった事例以外でも、乳児期に見られる特定の顔への顔認知能力の偏りは、その後の視覚経験や発達の中で変化してゆくことが示唆されている。クインらの研究から、主に母親によって養育された生後3～4ヶ月児はより視覚経験が多い女性の顔を男性の顔よりも選好するとともに、女性の顔に対して男性の顔よりも高い記憶・識別能力を示すことが報告されている（Quinn et al. 2002）。一方、成人を対象とした研究では、成人は自分の性別の顔に対して異性の顔よりも高い識別能力を示すことが報告されているのである（Loven et al. 2011 など）。

顔認知の神経メカニズムの発達

ここまで乳児の注視行動を分析することに基づいて顔認知の発達を検討した研究を紹介してきたが、そのような行動の基盤となる神経メカニズムの発達についてもさまざまな研究がなされつつある。成人を対象とした脳イメージング研究から、上側頭回や紡錘状回といった顔認知に関連する領域が確認されてきた。これらの領域は顔に対して選択的な反応を示すことが複数の研究から報告されている（Haxby et al. 2000; Kanwisher et al. 1997; Puce et al. 1996）（本シリーズ第1巻『社会脳科学の展望』3章「顔認知の発達と情動・社会性」参照)。

多くの脳活動計測法の中でも健康な乳児を対象として覚醒中の計測が可能なものは限られる。健康な覚醒乳児を対象とするにはまず、乳児の身体に危害を与えることのない安全な計測法であることが必要である。さらに、計測中の多少の身体・頭部の運動を許容できる計測法であることが必要である。これらの要件を満たす手法として、脳波と機能的近赤外分光法(functional near infrared spectroscopy:fNIRS)が主に乳児を対象とした研究では用いられている。

健常な乳児の脳活動を計測する手法として古くから用いられてきたのは、脳電図(脳波)である。脳波は頭皮上に配置された電極(伸縮性のあるネットや帽子によって固定される)から、微弱な電位の変化を高い時間的精度で計測することを可能とする手法である。ここで捉えられる電位の変化は皮質の多数の神経細胞の同時的な活動を反映すると考えられる。顔認知に関連した脳活動を脳波の手法を用いて計測する際は、一般に顔画像を何度も繰り返し提示し、顔画像提示開始時点からの脳波の変化を何度も記録し、得られた脳波を平均する。多数の試行から得られた波形を平均化することにより、顔認知とは無関係な脳活動によって生じる波形は相殺され、顔画像を観察するたびに一貫して生じる顔認知に関連した脳活動を反映する波形のみが得られる。こうして得られた波形を事象関連電位(event related potential:ERP)と呼ぶ。

成人を対象としたERPの研究から、画像提示の約170ミリ秒後に発現する負の電位(N170)が顔認知に関連することが示唆されてきた(Bentin et al. 1996など)。この電位は側頭部位の電極でより顕著な反応を生じ、顔以外の物体よりも顔に対してより大きな振幅を示すこと、顔を倒立提示するとより反応潜時が遅延するとともに振幅が大きくなることが知られている（Rossion et al. 1999 など）。乳児においては、より遅い潜時をもつ N290（画像提示後およそ290ミリ秒から350ミリ秒にかけて最大の負の振幅を示す電位）と P400（画像提示から約400ミリ秒後に最大の正の振幅を示す電位）と呼ばれる電位が、成人の N170 と類似した特性をもつ脳波成分として報告されている（図3−9参照）。

デハンら（de Haan et al. 2002）およびハリットら（Halit et al. 2003）は、これらの脳波成分がヒトの顔に対して特異的な反応であるか、あるいは顔全般に対して生じる反応であるのかを検討するため、ヒトの顔とサルの顔を正立または倒立で提示した際の乳児と成人の脳活動を計測した。その結果、12ヶ月児の N290 は、反応潜時がヒトとサルの顔で異なるとともに、ヒトの顔のみで倒立提示の影響を受けた。また P400 はサルの顔よりもヒトの顔に対して潜時が短く、ヒトの顔では倒立提示よりも正立提示で潜時が短いことが示された。これらの12ヶ月児の結果は、ヒトの顔正立顔に特化した反応を示す点で成人の N170 と類似していた。一方で、より幼い6ヶ月児や3ヶ月児では、これらの脳波成分は部分的には倒立提示の影響やヒトとサルの顔に対する反応の差異を示したが、12ヶ月児ほど正立のヒトの顔に特化した反応を示さなかった。デハンらとハリットらの知見から、乳児期にかけて脳活動がヒトの正立顔に徐々に特殊化していくことが示唆される。

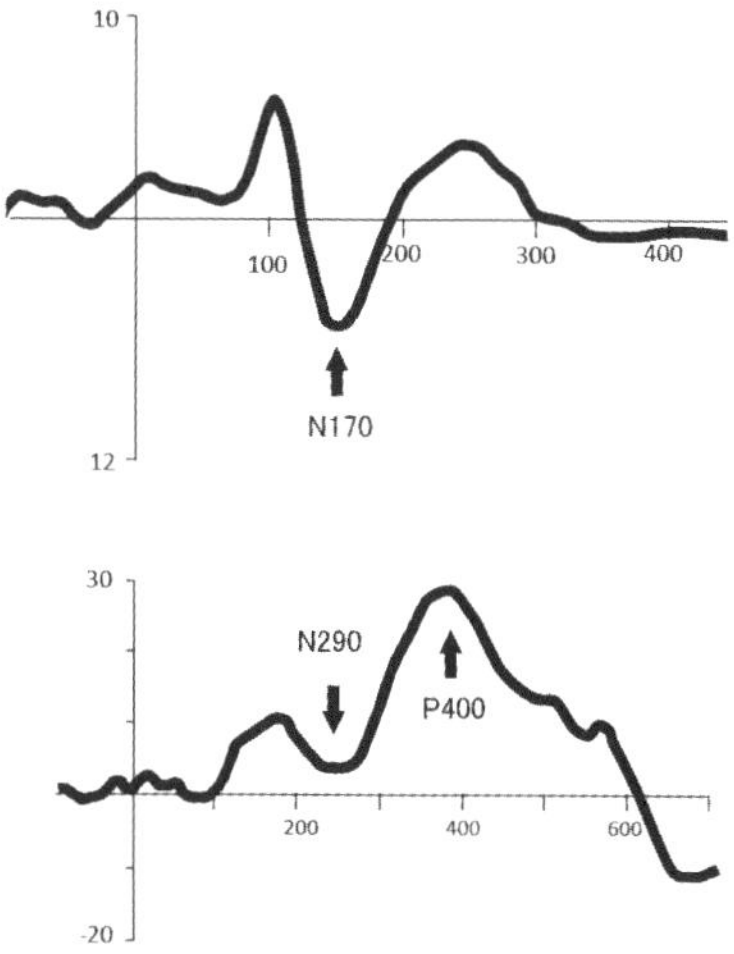

図3－9　顔認知に関連する事象関連電位（de Haan et al. 2002 に基づいて作成）

上段：顔観察時の成人の後側頭部で観察される事象関連電位。
下段：顔観察時の乳児の後側頭部で観察される事象関連電位。
（時間軸のちがいに注意）

近年、新たな脳活動計測法として近赤外分光法（ＮＩＲＳ）が開発され、乳児の顔認知やさまざまな知覚・認知機能のメカニズムを解明するための新たな方法として用いられてきた（Lloyd-Fox et al. 2010; Otsuka 2013）。近赤外分光法は、近赤外線が皮膚や頭蓋骨を透過する特性と、血中の酸化ヘモグロビンと酸素を含まない還元ヘモグロビンが異なる波長の光を吸収する性質をもつことを利用する手法である。この手法では脳活動に関連して生じる血中の酸化ヘモグロビンや還元ヘモグロビンの相対的な濃度の変化を計測することができる。

近年行われた研究において、ファローニ（Farroni et al. 2013）は新生児の側頭部が社会的な動画像に対する活動の増加を示したと報告した。彼女らは、手で顔を隠したり出したりする「いないないばー」の動作や視線を動かす顔の動画像が提示される条件と機械的な運動を見せるおもちゃの動画像（図3-10参照）を観察中の新生児の側頭部の脳活動を比較した。これら2条件での脳活動とコントロール画像（車の静止画像）を観察中の脳活動を比較した結果、顔の動画像を観察中にはコントロール画像を観察した際と比較して酸化ヘモグロビン濃度が上昇することが示された。さらに、実験時により年長であった新生児（誕生時からの経過時間が長かった新生児）ほどより強い反応がされた。一方で、おもちゃの動画像に対してはコントロール画像観察時とのヘモグロビン濃度の変化は示されなかった。ファローニらはさらにおもちゃに手を伸ばす動作を示す腕を映した動画像への反応も検討したが（図3-10参照）、おもちゃの動画像と同様にコントロール画像観察時との変化は示されなかった。ファローニらの報告は、一見したところ新生児の脳でさえ顔の社会的な動画像に特異的に反応する可能性を示すようである。しかし、比較された映像間での画像の空間的な特性や動的な特性は統制されておらず、観察された差が映像間での「社会性」の有無の違いによるものであるのか、画像自体の特性の差異によるものであるのかは不明である。

より高月齢の乳児を対象とした研究では、条件間の画像特性の差異を統制したうえでも側頭部において顔画像に対して特異的な活動が示されることが報告されている。著者らと中央大学・生理学研究所のグループ（Otsuka et al. 2007）は、さらに顔に選択的な脳活動の発達を検討するた

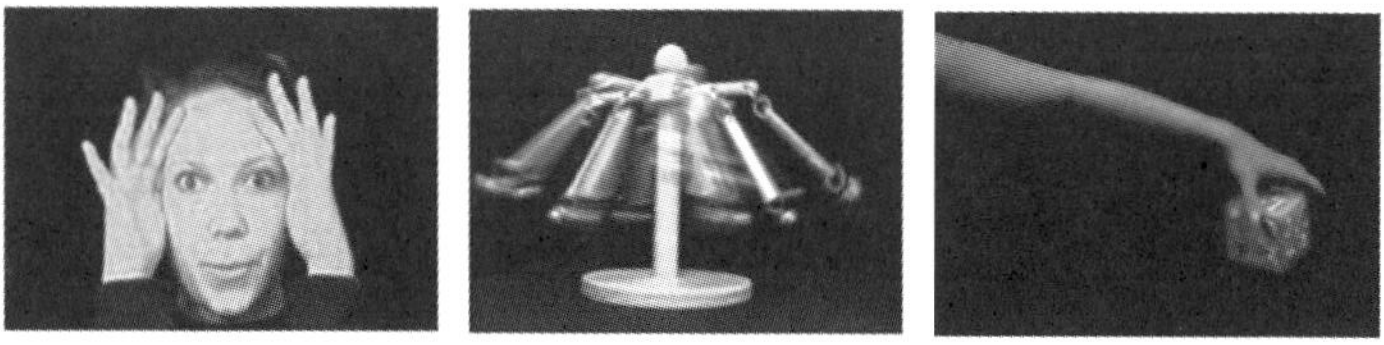

顔の動画像　おもちゃの動画像　手伸ばし動画像

図3－10　ファローニらの実験で用いられた刺激画像

（Farroni et al. 2013）（カラー口絵参照）

新生児において、これらの画像と車の静止画像を観察中の脳活動を比較したところ、顔の動画像（左）だけに対し脳活動の上昇が示された。

め、乳児が5つの物体を観察している期間の脳活動と顔を観察している期間の左右側頭部の脳活動を比較した。実験では生後5～8ヶ月児に対し、色や形の異なる5つの野菜画像・5人の女性の顔写真（正立顔）・同じ5人の女性の顔写真を上下反転した画像（倒立顔）を提示した（図3－11参照）。実験の結果、正立顔を観察中には物体を観察している期間と比較して右側頭部で酸化ヘモグロビンと総ヘモグロビン（酸化ヘモグロビンと還元ヘモグロビンの合計）の濃度が上昇した。一方で、倒立顔を観察中にはこのようなヘモグロビン濃度の上昇は生じなかった。このことから、正立顔に対するヘモグロビン濃度の上昇は、単に顔画像が野菜画像よりも複雑だったために生じたものではなく、顔認知に関連する脳活動を反映するものであると考えられる。その後の仲渡らによる研究から、このような側頭部の顔に対する活動の上昇は5ヶ月児では正面向きの顔が用いられた場合に限られるが、8ヶ月児では正面顔と同様に横顔に対しても同様の反応が示されることが明らかにされている（Nakato et al. 2009）。また、乳児の側頭部が異なる表情の顔に対して異

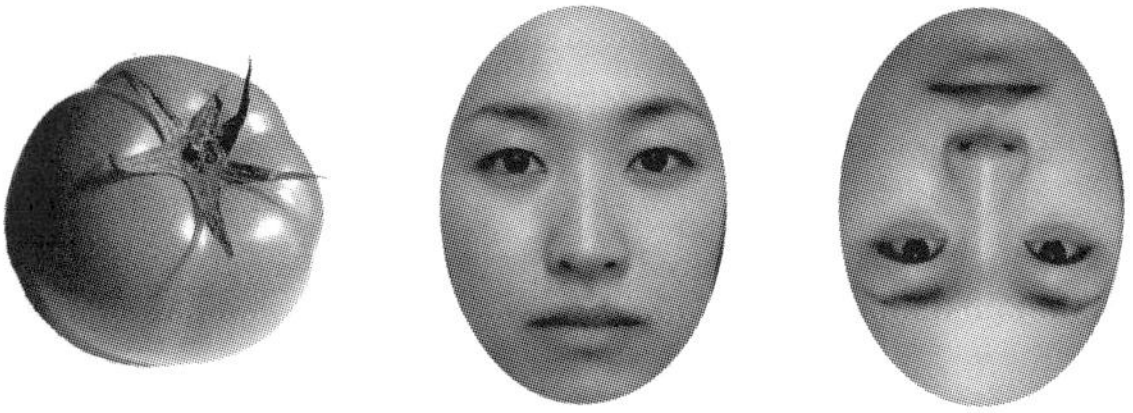

図3－11　大塚らの実験で用いられた野菜画像（左）、**正立顔画像**（中央）、**倒立顔画像**（右）（Otsuka et al. 2007）

なった反応を示すこと（Nakato et al. 2011a）、母親顔と見知らぬ女性の顔に異なった反応を示すことも明らかにされた（Nakato et al. 2011b）。

小林ら（Kobayashi et al. 2012）は、さらに乳児の側頭部が未知の顔を見分ける認知活動にも関連している可能性を検討するため、脳活動の反復抑制現象（repetition suppression）を利用した実験を行った。反復抑制現象とは、繰り返し反復して提示される画像に対して神経応答が抑制される現象のことである。小林らは、同一の顔が繰り返される条件と、複数人物の顔が提示される条件での、乳児の側頭部の脳活動を比較した。生後5ヶ月から8ヶ月の乳児を対象とした実験の結果、複数の人物の顔が提示される条件では物体を観察した期間と比較してヘモグロビン濃度が上昇したが、同一の顔が繰り返される条件ではヘモグロビン濃度の上昇は示されなかったのである。

上述の実験では同一人物の同一の写真が繰り返される条件と複数人物の写真が繰り返される条件での反応が比較されていた。その後さらに、小林らは顔画像に対して示された反復抑制効果が、単純な画像識別を反映しているのか、あるいは人物の顔の識別を反映するのか検討した（Kobayashi et al. 2011, 2012）。実験では、顔の向きや画像の大きさ、顔の表出などの変化を超えて、複数人物の顔が提示される条件では同一人物の繰り返される条件と比べて脳活動の減退（反復抑制効果）が見られるか検討された。実験の結果、同一人物条件・人物変化条件の両方で画像自体は変化していたものの、生後8ヶ月児においては人物が繰り返される条件での反復抑制効果が確認された（Kobayashi et al. 2011, 2012）。これらの結果から、生後8ヶ月児の脳の側頭領域においては、顔の向きや画像の大きさの変化、顔の表出の変化にかかわらず普遍的に同一人物の顔を認識する機能がはたらいている可能性が示唆される。

おわりに

本章では乳児期の顔認知研究から得られた近年の知見について紹介してきた。長い間、顔認知能力は長年の間顔を見る多くの経験を積むことによって生じる熟達化の結果として発達する能力であると考えられてきた。しかし、本章で紹介してきたように、成人と類似した多くの顔認知特性が乳児期にも観察されることが近年の多くの研究から示されてきた。もちろん、人種効果の例が示すように、顔認知の発達は生後の視覚経験によって影響を受けることは明らかである。また、両眼に先天性白内障をもって誕生したため、誕生後数ヶ月以降に視力回復手術を受けるまでパターン化された視覚入力を剥奪された患者は顔認識に困難を示すことが報告されている（de Heering & Maurer 2014; Geldart et al. 2002; Le Grand et al. 2001; Mondloch et al. 2010, 2013）。このような知見は誕生初期の数ヶ月間は非常に視覚感度が未熟であるにもかかわらず、この期間の正常な視覚入力が顔認識の発達に特に重要であることを示す。一方で、一卵性双生児と二卵生双生児の顔認知能力を比較した近年の研究から、他の高次認知機能よりも顔認知の発達には遺伝要因が強く影響することも明らかにされつつある（Wilmer et al. 2010; Zhu et al. 2010）。また、顔認識に特異性を示す発達障害のリスクをもった乳児（遺伝要因が強く影響する発達障害をもつ患者の兄弟・姉妹）を対象として発達初期における顔認知の特異性の兆候を検討する試みも行われつつある（McCleery et al. 2009など）。このように、顔認知の発達については本章で主に紹介した健常乳児を対象とした顔認知の初期発達のみでなく多角的な検討がなされつつあり、今後の展開が期待される。

4 コミュニケーション行動の発達と障害

北　洋輔・軍司敦子

はじめに

コンニャクの一つに、『ほんやくコンニャク』という種類があるのを知っている人はいるだろうか。コンニャクではあるが、スーパーで販売されることのない稀少なものである。このコンニャクは食べてみると、猫など言葉が通じないどんな相手とも言葉が通じ、コミュニケーションを円滑に行うことができるのである。ドラえもんの道具の一つである。

私たちヒトは、自分の想いや考えを相手と通わすためにコミュニケーションを日々図っている。コミュニケーションは、送り手・メッセージ・チャンネル・受け手・効果という要素で構成されている（Berlo 1960; 深田 1998）。送り手が、意図や感情など伝えたい内容を、記号化してメッセージとして送信する。複数のチャンネルを介して、受け手がメッセージを受け取り、解読することで、効果がもたらされる。つまり、コミュニケーションとは、入力と処理が固定化された静的な情報処理ではなく、記号化の方法やチャンネル、または受け手によって効果が変動する極めて曖昧かつ動的な情報処理なのである。冒頭のコンニャクは、この曖昧さを解消する一つの道具である。残念ながら、私たちはまだこの道具を手にできていないために、不確定さを含むこの処理に基づき、集団生活を営み、高度な社会を形成するほかはない。こういったコミュニケーションにおいて、逸脱や処理方略の違いをもつ障害が注目されるようになった。それが自閉症スペクトラム障害（Autism spectrum disorders：ＡＳＤ）である。本章では、コミュニケーション行動の発達について、ＡＳＤにおける障害と脳機能の観点から述べるとともに、介入や支援など今後の展望について触れたいと考える。

コミュニケーションの種類

コミュニケーションは、記号化と解読の方法に着目すると二種類に大別される。一つは、〝言語〟というシンボルを利用する言語的コミュニケーションである。言葉は、記号化と解読のルールがほぼ一定して決まっているために、それを利用する言語的コミュニケーションは利便性や汎用性が高い。その一方で、コミュニケーションに参加するエージェント間でルールが共有できなければ、コミュニケーションがすぐに阻害され、成り立たなくなる。コミュニケーションが非成立な状況に陥ると、ルールを共有している人の多い言語の獲得が重要だと感じたり（たとえば英語）、コミュニケーションそのものを回避したりする。なかにはコンニャクへの食欲がそそられることもあろう。だが、もっとも使用される選択肢は、〝言葉〟以外のシンボルを利用することである。言葉の通じない異国へ行った際に、ジェスチャーや表情で訴えかける状況が最たる例である。それがもう一つの種類である、言葉〝以外〟の手段を利用する非言語的コミュニケーションである。

元来、非言語的コミュニケーションには、身体（身体的特徴）や動作、対人空間など多岐にわたるものが含まれる（Vargas 1986）。そして、先に述べた言語的コミュニケーションと排他的な関係でなく、往々にして相補的・相互的な関係にある。物心つく頃には私たちのコミュニケーションの中心は、言語的コミュニケーションであることもあり、利便性や汎用性から非言語的コミュニケーションの重要性は看過されやすい。しかし、私たちは言葉によるやりとりが始まる1歳よりも前、すなわち生後まもなくから表情や動作といった非言語的コミュニケーションを活用して、養育者とコミュニケーションを図っている。なかには、胎内にいる際から〝蹴ったり殴ったり〟しながらコミュニケーションを図っていると感じている者も少なくないだろう。過去の研究からは、メッセージ全体から受け手に伝わる印象のうち、言語を通じて伝えられる内容が7％

である一方、音声情報による内容が38％、表情やしぐさ、ジェスチャーなど身体表現を通じて伝えられる内容が55％と高い割合を占めるという結果が示されている（Merabian 1968）。ビデオテープを検証した他の研究からは、被験者に伝わる印象やメッセージにおいて、非言語的メッセージは言語的メッセージに比較して約4・3倍の効果をもたらすとされている（Argyle 1970）。このように、非言語的コミュニケーションは、決して言語的コミュニケーションに準じるものではない。むしろ、共同注視や指さしなどの要求行動が、言語獲得の礎であることをふまえれば、コミュニケーションの発達において、非言語的側面に着目をすることの重要性は理解されよう。近年に入りASDに関して幼児期における障害の早期発見が可能になりつつある。その指標としても有力視されるのが非言語的コミュニケーション行動である。以降は、ASDに特徴的な非言語的コミュニケーションについて概説し、その要因の解釈を通じてコミュニケーションを支える認知の発達的側面に迫っていく。

自閉症スペクトラム障害と非言語的コミュニケーション

ASDは、小児期から成人期までその障害が持続する発達障害の一つである。主たる診断基準は二つであり、一つは相互的な社会的コミュニケーションおよび対人的相互反応における欠陥であり、もう一つは、限定された反復的な行動、興味または活動の様式とされる（American Psychiatric Association 2013）。主に幼児期早期より、これらの症状が認められるとともに、症状によって日々の生活や行動を著しく制限される。しかしながら、症状や重症度は、個々人によって大きく変化するだけでなく、発達段階や年齢によって個人内でも変化が大きいために、スペクトラムという一つの連続体として表現することが最新の診断基準に取り入れられた。かつてASDは、自閉性障害（自閉症）、アスペルガー障害や特定不能の広汎性発達障害などを包括する位置づけだったために、今でもその異同と定義が模索されていることも事実である。過去から現在にいたるまでの定義や診断基準の変遷により、多少の変動はあるもののASDの有病率は約1％前後と考えられる（Autism and Developmental Disabilities Monitoring Network Surveillance Year 2006 Principal Investigators 2009）。実数としての稀少疾患でないとともに、近年ではこの障害に対する社会的・学術的な注目が増している。特に社会的には、ASDはいわゆる人との関係における障害、すなわち社会性の障害と称され、生涯にわたって家庭や学校、職場などにおいて特別な支援や介入を必要とする点で、本人のみならず関係者にとっても関心が高まっている。

診断基準（American Psychiatric Association 2013）に記されているとおり、ASDの子ども（以下、ASD児）は、言語的・非言語的コミュニケーションの両側面において特徴的な行動を示す。言語的コミュニケーションでは、エコラリアなどの発話上の特徴から、言外の理解の困難など語用論的な困難さが認められる。非言語的コミュニケーションでは、共同注視が発現しにくい、指さし行動が少ないなどが指摘されているが、とりわけ特徴的であるのが顔にかかわる行動である。言語獲得期の幼児は要求や社会的行動の一つとして、他者の顔を注視し、視線を合わせる行動が発現するがＡＳＤ児はそのような行動が少ないと言われている（Dawson et al. 2000; Osterling et al. 2002）。そこで、ＡＳＤの障害の早期発見に重要な行動指標として顔を通じた非言語的コミュニケーションの観察が取り入れられるようになった（Robins 2013）。すなわち、言語的コミュニケーションは知的能力等にも影響を受けやすい一方で、顔という着眼点はそれらに影響を受けることが少ないために、彼らの社会性やコミュニケーションの困難さ、強いては社会脳に迫る切り口としての魅力が高い（北・稲垣 2012）。この点を鑑みて、非言語的コミュニケーションとしての顔認知の発達に着目し、それにかかわるＡＳＤ児の特徴を述べることとする。

非言語的コミュニケーションとしての顔認知とその異常

顔の役割

非言語的コミュニケーションの中でも顔認知というテーマは一大トピックでもあるとともに、重要な部分を占めている。コミュニケーションにおける〝顔〟の役割は主に二つに分けられる。

図4－1　声による個体識別の曖昧さにつけ込む犯罪

私たちは日々の生活で声や顔など各個体に特有な情報に基づいて他者識別を行っている。音声電話を利用した犯罪の多さを考えると，顔が他者識別において重要な役割を果たしていることが理解できる。

一つは、顔は各個体に固有であることから、他者を識別する際の重要な指標である。私たちはコミュニケーションを図る際に、その相手に応じて発信方法や形式を変える。たとえば、「おはよう」という朝の挨拶をする際、家族に対してするものと、上司に対して行うものでは、伝える内容は変わらない一方で、声の抑揚やジェスチャーなどの様式は往々にして変わる。すなわち、円滑なコミュニケーションに先行して、他者の識別が必要不可欠といえよう。過去の研究からは、他者識別において、顔という要素がいかに重要であるかが示されており、ジョアシンらの研究（Joassin et al. 2011）では、他者を識別する際にどのような情報が大事かを比較するために、声と顔というそれぞれ個体に固有な刺激を利用した。その結果、声情報を手がかりに他者を識別する際には、正答率が落ちたのに対して、顔を手がかりにするとかなり高い正解率を示した。また、昨今の電話による振込詐欺の多さを思い出していただきたい。この詐欺は顔と同じ各個体に固有の声という情報を使っていながらも、その識別の曖昧さから犯罪が成立することを示している。同様に、銀行強盗の多くが顔をフルフェイスやマスクで隠すことが多く、顔は見せたまま声を発しないという強盗は少ないのではないだろうか。これらはすべて、顔が他者識別において高い機能性を有する社会的情報であることを示している。

もう一つは、顔を動かし表情を作り、喜びや悲しみを伝えるという機能である。人間の顔には20以上の表情筋が存在しており、それらを用いて表出できる形は60以上に及ぶとされる。また、動きやその組合せなどから伝達できる感情や意図、メッセージは無数にある。表情は、言語における記号化－解読のような明示的なルールは存在しないものの、普遍性の高いルールを有している。表情研究として有名なエクマンとフリーセン（Ekman & Friesen 1971）は、ニューギニアの南東高地の人々を対象に実験を行った。彼らは、被験者たちが西洋圏とほとんどの接触をもたないという特性に着目し、文章とそれに適合する表情写真の照合を求める実験を行った。驚くことに、その地域の人々は西欧圏とほぼ接触がないのにもかかわらず高い正解率、すなわち、適切な表情の読み取りを見せたのである。エクマンは南米のブラジルやアジアの日本などを対象に同じような実験を行い、異なる文化圏でも表情の読み取りが正しく行われることを示している（e.g.,

Ekman 1969)。容易に異文化圏の顔にアクセスできる現代では為し得ない実験であるが、この実験からは表情が普遍性の高い機能を有していることが理解できる。その一方で、現代の生活でも「この人の表情は読めないな・・・」と感じることも少なくない。また、同じ表情であっても、文脈によってそのメッセージが変わることもある。たとえば、親しい友人に対する微笑みと上司のつまらない冗談に対する微笑みは、表情として同一でありながら、そこに含まれる意味は大きく異なる。つまり、顔は高い普遍性がありながらも、曖昧さも持ち合わせるという非言語的コミュニケーションの一つである。

この二つの機能のうち、コミュニケーションの発達を考えるうえにおいて大きな役割を果たしているのが他者識別といえる。生後まもなくから養育者を識別し、生存や発育上の敵や味方を判断し関係性を維持するなど集団生活を営むうえで他者識別は生物学的に不可欠な要素である。もしそれがなければ、集団生活の形成どころか、生死の危機に瀕する可能性も高い。相貌失認という顔の識別困難の神経疾患があるが、その患者はこのような困難に日々苦しんでいることからも、他者識別の重要さは理解できよう。

他者識別における発達

では、顔を手がかりとした人の識別はどのような発達経過をたどるのか。人は生後まもなくから顔に対する選好を示す。ファンツの実験（Fantz 1963）では、生後48時間以内の新生児に対して、顔に似せた図とそうでない図を見せたところ、前者に対してより注目する新生児が多かった（3章の図3－1など参照）。その約1ヶ月後に、母親と見知らぬ女性の顔の区別がつくようになり（Carpenter 1974）、母親の顔への選好が強固なものとなる。また、主に母親に育てられた乳児は女性の顔の識別がよい一方で、父親に育てられると逆に男性の顔の識別が良好になる（Quinn et al. 2002）。母親と視線を交わし合った時間が長ければ長いほど女性に対する顔認知が良好になるという結果もある（Bushnell 2001）。行動観察だけでなく、脳機能計測からも類似した報告がある。たとえば、生後7～8ヶ月の乳児では、見知らぬ女性の顔に対しては顔の形態認知の機能を反映する右側頭部の脳活動が上昇する一方で、母親の顔に対しては両側の側頭部の活動が上昇しており、顔の識別を示唆する結果を示していた（Nakato et al. 2011）。これらの知見は、ヒトには顔に対する選好が生得的に備わっていることを示すと同時に、顔の識別が知覚頻度あるいは動機づけを含めた学習や経験によって影響を受けるということも指摘した。

前述のとおり、顔の識別が早期から備わり、発達することには、養育者や敵を見分けるという生存上の不可欠な要素がある。また、探索行動を促し、コミュニティを拡大するという役割もある。その役割を考慮し、社会的参照という例を取り上げてみよう。生後10ヶ月になると、信頼する他者（たとえば母親など）の顔情報を手がかりに自身の行動を調整することがある。視覚的断崖という有名な実験（Gibson & Walk 1960; Walk & Gibson 1961）では、段差の上にガラス板をはっておき、実際には断崖がないものの視覚的に断崖が認識できるような環境に対象を置く。通常、乳児であっても、視覚的に危険を察知しガラス板上を進もうとしない。だが、断崖の先で養育者が笑顔で呼びかけると、断崖上に張られたガラス板を進むことができる。このような行動変化は、乳児が養育者からの〝安全〟というメッセージを相手の顔を参照することによって理解した結果と考えられる。この他、愛着の検証に使われる古典的なストレンジシチュエーション法（Ainsworth & Bell 1970）も、乳児が養育者と他者を識別することによって初めて成立する実験手法である。すなわち、顔による識別は、生存という次元から愛着といったヒトに備わるより高次な能力の基礎にもかかわっている。

他者識別は、社会性発達の基礎ともなっている。それは、他者識別とともに他者と自己を区別するという能力も並行して育まれるためである。そして、顔の識別はこれらいずれの段階にもかかわる有力な機能なのである。コミュニケーションという複雑な活動を考える際、〝他者の心情が理解できるのか〟〝意図を感じ取れるのか〟など、いわゆる高次なところに注目が行きやすい。特に〝人の気持ちが理解できない〟〝空気が読めない〟とレッテルを貼られがちなＡＳＤ児を対象にすると、このような傾向がより強くなる。しかしながら、感情理解などに至るまでに、さまざまな発達の段階があることを忘れてはならない。すなわち、①自分と自分以外のものが存在する、②自分以外には、人間とそれ以外が存在する（＝種識別）、③人には複数の個体が存在する（＝他者識別）、④個体には考えや気持ちがある、というような段階である。特にコミュニケーションや社会性の発達を鑑みると、他者識別と並行して育まれる自他識別が社会性発達の礎であることは自明であろう。

自他識別と心の理論

他者識別と同様に、ヒトは生後からすぐに、自己と他の識別が可能である。たとえば、自分で作り出す刺激と、自分以外の他から与えられる刺激の違いを理解できる。これは、自分で作り出す刺激の場合、二つの感覚（触っている感覚と触られている感覚）があるが、他から与えられる刺激の場合は一つの感覚（触られている感覚）のみであることから、自分と他を識別していると解釈された。たとえば、生後2ヶ月頃からハンドリガードと呼ばれる行動が見られる（White 1970）。これは、自分の手を自分の目の前に持ってきて、動かして見ることであり、これは自分の体を確認することの一つと考えられている。すなわち、自分が体を動かして筋肉が動いている感覚と、視覚的に見える変化を関連づけて学んでいる過程と考えられる。生後2ヶ月以降も自身の行動がもたらす結果を学びながら、〝自分以外のもの〟への働きかけを通じて自分という存在を徐々に確立していく。この過程はちょうど他者識別が急激に進む時期とも並行しており、自分という存在と他者という存在との識別を高めていく時期とも考えられる。

上述の社会的参照の時期を経た約1歳過ぎから、自他識別の中でも特に注目すべき行為が見ら

図4－2　自己鏡像認知課題の例

対象児に気づかれないように額にシールや口紅などで印を付ける。その後、対象児が鏡を見たときに、その印を触ったり取ろうとしたりするかを検証する。自分の額の印を触ろうとしていたら、鏡像が自分であると認識している証拠となる。低年齢の子どもでは、鏡像の印、すなわち鏡にうつった像の額に触ろうとすることが多い。

れるようになる。それが自己鏡像認知であり、鏡に映った自分を見て自分だと認識することである。この行為は、自他識別や自己認知にかかる重要な一つの指標と考えられている。ギャラップ（Gallup 1970）は、チンパンジーの額にマークを付けておき、後に鏡を見せる実験をした。もし鏡を見てそのマークを自分から取り外そうとすれば、鏡像が自分の顔であると認識しているという証拠になる。実際、チンパンジーはマークを触ることができ、鏡像を自分の顔であると認識していると解釈された。アムステルダム（Amsterdam 1972）はこれをヒトに応用し、自己鏡像認知を検証した。子どもの額に口紅やシールでマークを付け、鏡を見せたところ、1歳半の子どもは自分の額を触ったり、マークを取り外そうとしたりするが、1歳の子どもではそのような行動はみられない。すなわち、1歳半で自己鏡像認知が可能となり、自他識別や自己認知が獲得されていると考えられる。

このように発達の早期である2歳頃までに、自他識別や他者識別といった、社会性の基礎が獲得される。これらの力に基づいて初めて、他者の感情理解や意図理解の段階に到達する。しばしばこの段階の発達指標として用いられる心の理論も3〜5歳で獲得される（Wimmer & Perner 1983）。サリー・アン課題やスマーティー課題に代表される心の理論の誤信念課題などの通過の可否を通して、自分とは異なる意図を他者が有することや、どのような意図をもつのかを理解する能力を検証される。心の理論が獲得される前後の時期には、いよいよ成人と同様のコミュニケーション行動は活発となり、範囲の拡大とさまざまな認知の発達に支えられ精緻化されていく。

コミュニケーションというものを研究として扱う際、そのわかりやすさやイメージが先行して他者の意図や心的状態の理解などに目が向きやすいのが実情である。しかし、発達という視点に基づくと、コミュニケーションにおいて、自他識別や他者識別という基礎的な段階が、他者の感情や意図の理解という高次の段階の礎になっていることが理解されるとともに、あらためてそれら初期的な力に着目することの大切さにも気づかされる。このような発達段階を鑑みると、心の理論の障害として説明がなされたASDについて、コミュニケーションの障害を考える際には、心の理論のような高次の異常だけでなく、その異常に至った初期の段階、すなわち自他識別などに着目することが、ASDの理解においては不可欠と思われる（本シリーズ第6巻『自己を知る脳・他者を理解する脳』1章参照）。

心の理論障害仮説

社会性やコミュニケーションの障害と称されるASDの病態解明には、さまざまなアプローチが進んでおり、遺伝、分子生物などのミクロから神経画像診断法などのマクロまで多岐にわたっている。しかしながら、なぜ『社会的なコミュニケーションの疾患』と『限定的かつ反復的な行動・活動様式』が「同時に」発生するのか、明確な答えは得られていない。そのため、根本的な病態解明を目指し、現在も精力的な研究活動が進められている。遺伝学的手法やまた分子生物、画像研究などは、ASDの生物学的病態を探索する一方で、心理学におけるアプローチは、なぜ「他者の気持ちが理解できないのか」「空気が読めないのか」といったことに対する認知過程を説明しようと試みてきた。その中の代表的なものの一つが、上述の「心の理論」の障害仮説である。すなわち、ASD児は、他者が自分とは異なる意図や感情をもっていると理解できないために、コミュニケーションの場面での困難さが生じると考えるのである。バロン-コーエンら（Baron-Cohen et al. 1985）は、多くの自閉症児が、生活年齢や知的機能を合わせた統制群よりも、誤信念課題に通過できないことを示した。さまざまな追試実験からもこれと類した結果が得られ、心の理論障害仮説が支持されるようになった。また、ある年齢にさしかかるとASD児も心の理論を獲得することや、言語能力の程度が心の理論の獲得に影響することなど、心の理論と他の認知過程との関連も指摘されるようになった。さらに、この仮説は、脳画像研究でのメンタライジングやミラーニューロンの研究につながるなど、社会性の障害を理解するうえでの一つの切り口となっている。

このような流れから、「ASD＝他者理解の困難」という一義的な構図で捉えようとする場合も少なくなく、実際にそのような心理学的課題やまた脳科学的知見も生み出されてきた。しかし、ASDが発達期における障害であることに立ち返れば、他者理解の困難という高次の一ポイントだけに着目するのではなく、他者理解という段階に至る発達の過程を重視することも必要ではないだろうか。つまり、困難に至る前の発達過程について、異常性の有無の検討が不可欠と思われる。言い換えれば、初期の段階での異常が、高次の段階である他者理解の困難につながっているのか、または、やはり高次の段階のみの異常が特徴なのかを検証することになる。そこで私たちが着目したのが、コミュニケーションの発達のもっとも根源である自他識別の段階であった。

自閉症スペクトラム障害の自己鏡像認知

ASDの自他識別を調べたものとして、1970年での取り組みがあげられる。ASDという発達障害と統合失調症の異同に関する論議が続いたこともあり、ＡＳＤへの関心が高まる以前から、ＡＳＤの自己鏡像認知が早くから検討されていた。自閉症児と精神年齢を統制した定型発達児を対象に実験をしたところ、自閉症児は定型発達児と同程度に自己鏡像認知の課題を通過したのである（Neuman & Hill 1978）。また、他の研究においても、自閉症児は精神年齢が18ヶ月以上であれば、この課題を通過することが示されている（Ferrari & Matthews 1983; Spiker & Ricks 1984）。これらから考えると、知的機能といった要素を除けば、ＡＳＤでも視覚的に自他識別が可能であると考えられ、特に自他識別における段階に問題はないと思われた。

しかしながら、課題の通過－不通過という観点とは異なるところに不思議な点があった。それが自己意識的行動の少なさである（Neuman & Hill 1978; Spiker & Ricks 1984）。この実験でいう自己意識的行動は、鏡像の自己を見たときの、とまどいやはにかみといった行動をさす（本シリーズ第6巻『自己を知る脳・他者を理解する脳』5章参照）。私たちが何気なく鏡を見た際に、食べかすが口の周りに残っていることに気づくと、とまどいや恥ずかしさを感じる表情やしぐさを表出するのが一つの例である。自己鏡像認知を獲得している定型発達児では、マークテストを行う際にこの行動がみられる。しかしながら、自閉症児は自己鏡像認知ができるものの、自己意識的行動を表出しないことが多かった。知的機能を統制したダウン症候群の子どもでもこの行動が表出されていた（Mans et al. 1978）ことから、自閉症に特有のことであると考えられた。この軽微な行動特徴から示唆されることは、自閉症を含むＡＳＤ児は「自己鏡像認知はできるものの、その認知プロセスにおいて定型発達児とは異なる部分がある」ということである。すなわち、自己や自他を認知する過程に特徴があると考えられるのである。

自己意識的行動には、鏡像を自己と認識すること以外に、いくつかの高次の認知過程が想定される。とまどいや恥じらいを感じるためには他者評価を自己内に取り込むことや、普段の自己像の記憶と鏡像を比較してズレを感じること、そして自己評価を抑制したうえで他者評価を優先すること等、複雑なプロセスが含まれる。このように他者評価基準の取り込み、他者の中の異なる二つの自己の想定、自己評価の抑制など、複数のメタ表象を不可欠とするために、一概にどのポイントで問題が生じ得ているかは不明である。むしろ、心の理論の獲得時期を考慮すると、このようなメタ表象の問題というよりも、やはり自他識別の認知プロセスそのものに異常があることが想定される。

同じように自他識別における認知プロセスの障害が想定される行動としてあげられるのが、人称代名詞の使用である。自他識別は、自己と「非自己」や「他者」との対比の中で概念化が形成されていく。その中で、自分を捉える人称代名詞（たとえば"me"）の使用は、他者視点での客体視の獲得の現れと考えられる。自閉症児は、人称代名詞を正しく獲得できているのにもかかわらず、定型発達児と比較して、会話や日記の中で人称代名詞の自発的な使用が少ないことから、自他の識別の曖昧さが指摘されてきている（Lee et al. 1994）。このようにＡＳＤ児は、自己認知や自他識別がまったくできないわけではないが、その過程において何らかの軽微な行動特徴を示すことが多い。

以上のとおり、自己鏡像認知の課題や人称代名詞の問題を通して、自他識別にかかわる認知プロセスに特異性があると推測される。しかしながら、これらの点は主に行動という結果でのみ仮説を推し進めてきており、上述してきた以上の言及は新たな実験パラダイムや知見の集積がない以上、仮説検証には限界が存在する。このような行動上の特徴から認知プロセスの異常が示唆されるときに、有用な指標として用いられるのが神経生理学的手法である。この興味深いブラックボックスに対して、脳波や近赤外線分光法（Near infrared spectroscopy：以下ＮＩＲＳ）などの神経生理学的手法を用いて解き明かすことが現在の流れであるとともに、研究手法が進歩したからこそなせる術でもある。

自己顔認知にかかわる脳活動の異常

２０００年代に入り、自分の顔に対する認知、すなわち自己顔認知にかかわる実験は多く取り組まれていたが、多くは成人を対象とするものであった。後述のように、それらの実験はｆＭＲＩや事象関連電位（Event-related potential：以下ＥＲＰ）などの手法により、自己顔認知における脳の責任領域や時間的処理の特性を明らかにしてきた。そして自己認知や自他識別の神経科学的側面に焦点を当てた貴重な知見と集積が進んだ（たとえばレヴューとして、Devue & Brédart 2011）。

しかし、ＡＳＤに適用するにはさまざまな困難があり、なかなか進展しにくい状況であった。その理由の一つが、感覚過敏などの問題である。ＡＳＤ児には聴覚過敏や閉所恐怖症を有することが多く、ＭＲＩなどの大型機器そのものへの強い抵抗から実施自体が難しかったのである。また、小児を対象とする場合は特に、神経科学的な実験にのせるためには、実験時間の短縮や課題への興味などをうまく統制することが求められるため、実施に至るまでに多くの時間や労力が費やされることも実験が進みづらい一因である。

そこで北ら（Kita et al. 2010）は、まず健常成人を対象に自己顔認知にかかわる反応が得られるかということを検証するための実験を行った。目的は二つであり、一つは海外で得られているような自己認識の責任領域が日本人でも同一かを検証することである。自他識別や自己認知はあくまで他者という関係性の中で形成される側面がある。そのために、文化的影響がないことを押さえておくことが必要であった。二つ目の目的は、小児、特にＡＳＤ児にでも適用できる実験デザインを組むことである。私たちの狙いはあくまで、ＡＳＤ児の自他識別や自己認知の過程にかかわる脳活動の描出であるために、課題や測定方法に重きを置いた。

それらを鑑みて脳機能測定としてＮＩＲＳを選択した。ＮＩＲＳは、近赤外線を頭皮上から照射し、皮質内を通過して戻ってきた近赤外線を分析することで、皮質の活動を評価する。測定器具の装着にともなう痛みや熱は少なく、また騒音も発生しないために、小児や障害児に適した脳活動の測定機器である。ただし、空間解像度はＭＲＩに比して落ちるため、測定部位をあらかじめ基準に従って定めることで脳領域をある程度特定する必要がある。また、眼球運動の計測を同時に行った。自他識別にかかわる脳活動の導出が狙いであるが、同時に本実験では顔を使用するために「顔認知」の要素が必然的に混入する。ＡＳＤ児の顔認知において注視領域と脳活動の関連が一部で指摘されており（Dalton et al. 2005）、顔の種類によって脳活動に変化が出た際に、それが注視領域の影響を受けているのか否かを検討するために、脳活動と眼球運動の同時計測を行った。

以上の計測機器を用いて、健常成人に自分の顔（自己顔）、知っている人の顔（既知顔）、知らない人の顔（未知顔）をそれぞれ提示し、彼らの脳活動と眼球運動を測定した。そうしたところ、自己顔を見ている際に、右の下前頭回での脳活動の上昇が認められた。しかし、左の下前頭回の脳活動に上昇は見られなかった。また、このような活動変化は既知顔や未知顔を提示した際には認められなかった。これらの脳活動の領域と眼球運動のパターンには、いずれも意味のある関係は認められなかった。

この結果から示されることは、右下前頭回が自己顔認知にかかわる責任領域であるということである。既知顔に対しても脳活動が変動しなかったことから、顔を知っているという既知性の影響も薄く、自己認知や自他識別に特異的な領域であるということが示された。また、眼球運動パターンの影響も少ないことから、純粋に自己認知にかかわる領域であると解釈ができる。元来、右下前頭回は、自己認知にかかわる脳領域のネットワークの一つを担っているとされ、自己と他

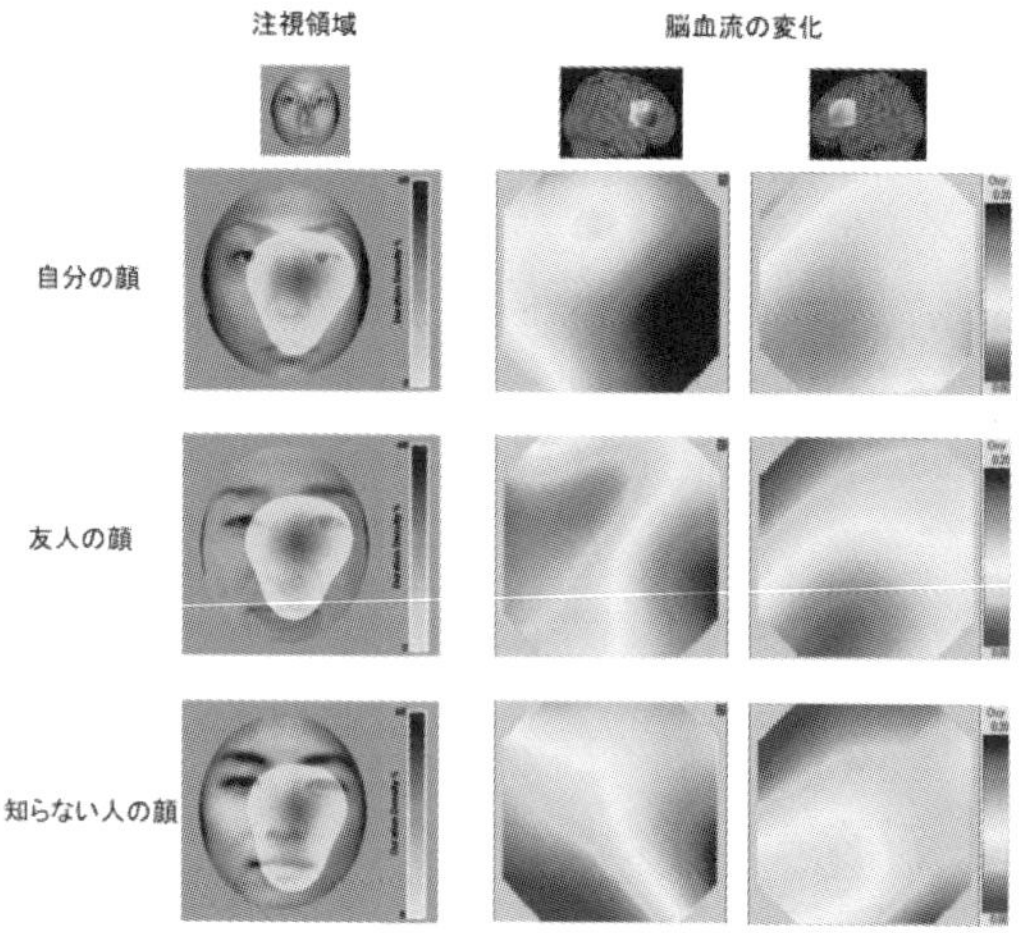

図４−３　さまざまな顔を見ている際の注視領域（左）**と脳活動の変化**（右）
（Kita et al. 2010b より改変）（カラー口絵参照）

いずれの顔を見ていても注視領域は大きく異ならない。友人の顔や知らない人の顔を見ている際に、前頭領域の脳活動に大きな変化は見られない。しかし、自分の顔を見ている際には、右の下前頭回周辺の活動が上昇している（赤色部分）

者の比較や、自己の記憶にも関与すると考えられている。日本人を対象とした実験からも同様の結果が導かれたことから、本実験が検討したような純粋な自他識別や自己認知において文化的影響も小さいと考えられ、右下前頭回が自己認知を担う重要な脳領域と位置づけられる。

新しく設定した測定方法や課題から妥当な知見が得られたことをふまえ、ＡＳＤ児を対象とした自己認知実験へと移行した（Kita et al. 2011）。ここでの目的は二つであり、一つ目は自己顔認知においてＡＳＤ児がどのような脳活動を示すのかを明らかにすることである。過去の行動研究から推測されるように、自他識別の認知プロセスの異常が存在するならば、自己という特別な存在を認知する際に、健常成人が示したような右下前頭回における活動の上昇は見られないと予想される。二つ目の目的は、自己顔認知にかかわる脳活動と、ＡＳＤの症状や心理特性との関連を検討することである。自己顔認知にかかわる脳活動に異常が認められた際に、異常がどのような要因と関与するのかを検証することで、自他識別や自己認知とＡＳＤの病態の関連に迫れるものと考えて検討を行った。

対象は、健常成人、定型発達児、ＡＳＤ児それぞれ男性、男児である。前述の実験と同じように、対象者に対して自分の顔、既知顔、未知顔を提示した。成人においては、既知顔は親友などもっとも日常的に会う頻度が高い人を選択したが、小児においては友人よりも母親を選択した。もっとも頻度も高く、既知性という観点では自己とほぼ同等のレベルが確保できるためである。未知顔はそれぞれの年代の20名以上の顔から平均顔を作成し、自己顔・既知顔からの心的距離を統制した。これらの顔を見ている間の脳活動と眼球運動の同時計測を行った。

脳活動と関連のある要因を調べるために二つの心理尺度を導入した。一つは社会性障害の重症度を測定するものである。保護者との面接から、対象となる子どもの幼少期や現在のＡＳＤにかかわる行動特徴について聴取した。この尺度は高得点であるほど、ＡＳＤの症状が重いとされる。もう一つは自己意識尺度である。これは二種類からなっており、私的自己意識（自己の内的な要素、すなわち思考や感情を意識する傾向）と公的自己意識（外的な視点から自己を意識する傾向）の二つを測定する。それぞれ高得点であるほど、それらの意識が強いことを示す。この二つの尺度を導入した背景は、社会性の障害が重篤なほど、社会性発達の基礎にかかわる神経活動が脆弱であろうと考えた点と、公的な自己意識が強いほど、自と他の相違に対する神経活動が亢進すると考えたことである。生物学的な状態（脳活動）、障害の臨床症状（ASDの重症度）および心理的要因（自己意識）の関連を解き明かすことを目的に検討を進めた。

そうしたところ興味深い結果が得られた。まず成人だが、やはり初回の実験と同じように、自己顔に対して、右下前頭回に相当する脳領域において活動の上昇が認められた。次に健常児であるが、大半の子どもは、健常成人と同じように左側に比較して右側の下前頭回で活動の上昇が見られていた。しかし、一部の子どもたちではその有意な左右差が明確にならずに、やや右側に強い活動が見られる程度であった。そして、ASD児では、ほとんどが健常成人や健常児に見られたような右側の強い活動が見られなかった。すなわち、ASD児では、自己顔認知にかかわる脳機能に非定型な活動を示していた。

では、この非定型な脳活動とASDの重症度や自己意識とはどのような関連があったのか。小児・ASD児を含めて解析を行ったところ、脳活動と重症度および自己意識にそれぞれ興味深い関連が認められた。ASDの重症度が重篤であればあるほど、自己顔認知にかかわる右下前頭回の脳活動は低下していた。同様に公的自己意識が高ければ高いほど、同部位の脳活動は亢進を示していた。つまり、脳活動の状態がグループ間で異なるだけでなく、個々の臨床症状と心理状態

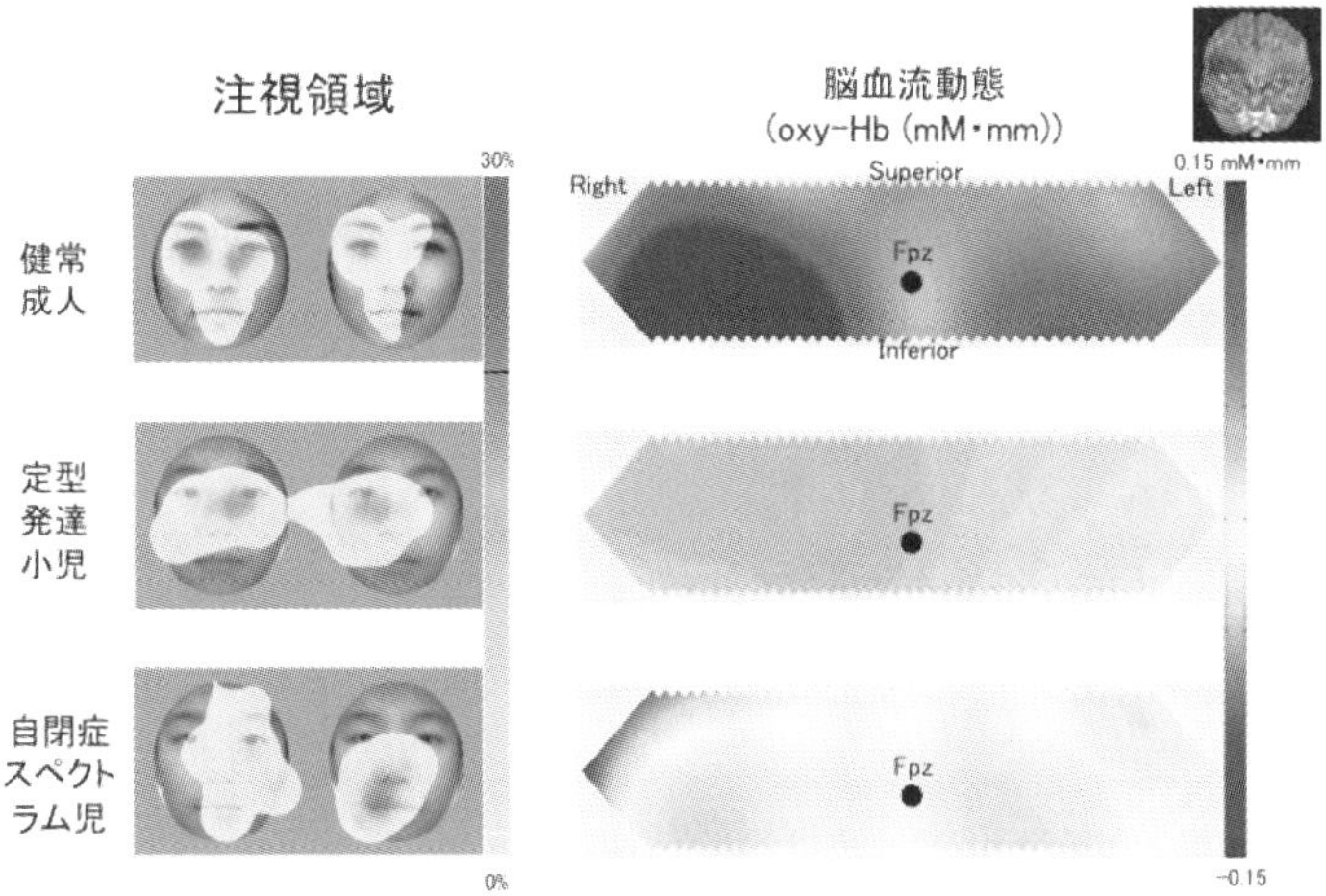

図４－４　自分の顔を見ている際の注視領域（左）と脳活動の変化（右）
（Kita et al. 2011 より改変）（カラー口絵参照）

健常成人、定型発達小児およびＡＳＤ児では、注視領域に大きな差異は認められなかった。健常成人では、自分の顔を見ている際に右の下前頭回周辺の活動が上昇していた。定型発達小児でもその傾向が認められた。一方、ＡＳＤ児では、そのような上昇が認められなかった。

がそれぞれ脳活動と関連していることが明らかとなった。

これらの結果から示唆されることは二つである。第一に、ＡＳＤ児は自他識別にかかわる脳活動に異常を示していることから、自他の識別や自己の認知プロセスに何らかの異常があるということである。これまで、行動面では定型発達児や他の障害児と同様に、自己認知はできていたものの、認知プロセスの異常が示唆されており、その一端の可能性に脳画像という結果をもとに迫れたと考えられる。前述のとおり、異常の活動を示した右下前頭回は自己認知にかかわるネットワークの一つで、自己の

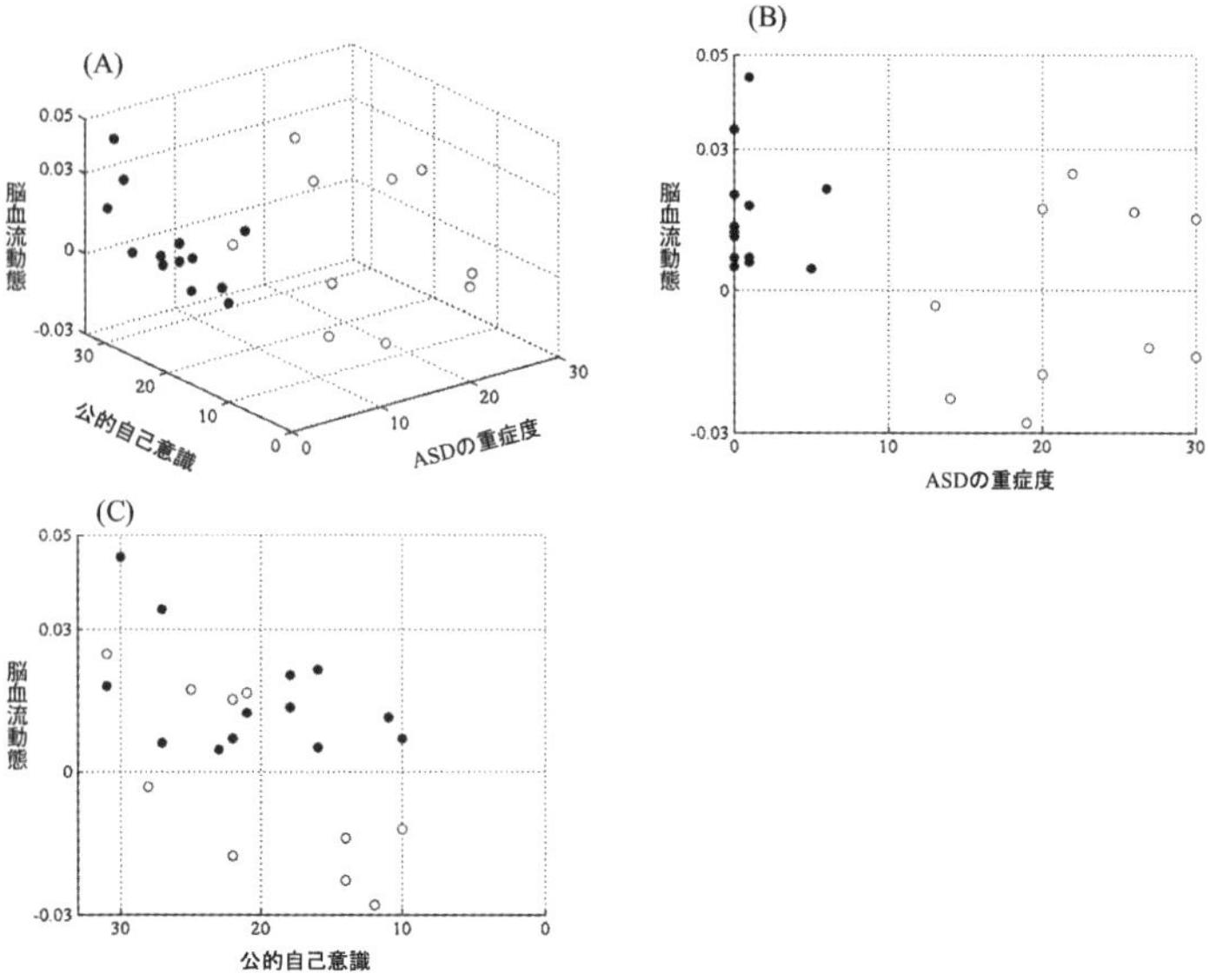

図４－５　脳活動と公的自己意識および障害の重症度の関連

（Kita et al. 2011 より改変）

これら三つには有意な関連が認められた（A）。特に ASD の重症度が重篤であればあるほど、自己顔認知にかかわる右下前頭回の脳活動は低下していた（B）。また、公的自己意識が高ければ高いほど、同領域の活動は亢進を示した（C）。（●：ＡＳＤ児、○：定型発達小児。縦軸は右下前頭回における脳活動の程度を示す）。

記憶の想起や、自己像と他者の比較を行う領域である（Schmitz et al. 2004; Vogeley et al. 1999）。つまり、ＡＳＤ児は自身で貯蔵する自己像を他者と比較するという処理を行う際に、脳活動が低下しており、自己と他者の違いについての情報を明確化できていないと推測される。この自他識別の未熟な情報処理が、自己鏡像認知時の自己意識行動の欠如や、会話や日記において一人称の使用の少なさなどの〝軽微〟な行動特徴として表れたと私たちは考えている。

第二に、自己認知にかかわる脳活動の程度がＡＳＤの重症度、すなわち社会性の障害の程度と関連していたことから、ＡＳＤの病態の一つとして、自他の識別や自己意識にかかわる認知プロセスの障害である可能性が示唆される。周知の事実でもあるが、ＡＳＤはスペクトラム状態の障害であり、非常に軽微なものから、重度なものまで多岐にわたっている。このスペクトラム状態と、脳活動の活動量が関連していることから、ＡＳＤの病態には自己認知にかかわる脳活動の機能障害の〝程度〟が背景にあると推測される。むろん、数字上の問題にすぎないという批判や、〝こだわり〟などといったＡＳＤの他の症状との関連の検討は十分でないために、推測された仮説が唯一無二なものとしては考えてはいない。しかし、自他識別という社会性発達の基礎の段階と、生物学的な状態が関連していることから、今後さらに検討を深める余地が十分にあるものと思われる。

ＡＳＤの特異性や病態に迫る一方で、この研究からは実践への手立てにつながる結果もある。それが心理特性との関連である。脳活動との関連が認められた公的自己意識は、端的に解釈すると、他者の視点でどれほど自分を捉えるか、ということに関する心理特性である。脳活動とこの心理特性の関連から考えると、ＡＳＤ児に対して自他の識別を促していくためには、他者視点への意識や取り込みといった視点での支援が効果的とも考えられる。特に自己は、他者を意識することで相対的に浮き上がるものであり、他者視点の取り込みは自他識別や客観的な自己を捉える契機になると考えられる。これらは支援における観点の一つであるとともに、介入や指導によって本研究で示された脳活動がどのように変動していくのかを検証することで、脳画像に基づいた介入の客観的評価への発展が期待されるものである。

以上のように、脳血流という指標から、自他識別の認知プロセスの障害という病態の一つを指摘することができた。その一方で、上記の研究は脳血流動態という比較的ゆっくりした反応を捉えていたために、認知という素早い情報処理過程を反映しているのかについては批判が残っていた。つまり、情報が与えられてから処理するまでのプロセスに障害があるのか、それとも慢性的な状態低下を示していたのか、厳密に判断できないという可能性である。

ここで脳の神経活動計測に注目したい（Gunji et al. 2009）。ＥＲＰはＮＩＲＳでは捉えられないようなミリ秒単位での活動を捉えることができるとともに、ＮＩＲＳと同様に侵襲性が低く、定型発達児のみならずＡＳＤのような児童にも適用が可能である。対象は、健常成人、定型発達小児およびＡＳＤ児である（当初は、ＡＳＤという診断名が施行される前であったために、広汎性発達障害という名称を用いたが、現在の基準を当てはめればＡＳＤに一致するために、本稿でもＡＳＤの名称を使用する）。対象者に対して、自己顔、既知顔、未知顔を提示し、それらの刺激に対して惹起されるＥＲＰを検証した。

その結果、二つの成分についてＡＳＤ児に興味深い反応が認められた。一つは早期後頭陰性成分（Early posterior negativity：ＥＲＮ）である。本実験で抽出されたＥＲＮは、刺激提示から約２００〜２５０ミリ秒後において後頭側頭領域にて導出される陰性成分である。それぞれの対象においてＥＲＮは明瞭に認められたが、健常成人や定型発達小児では、自己認知を反映するＥＲＮが、既知性を反映するＥＲＮに比して増大して認められていた。一方、ＡＳＤ児では、そのような傾向が認められず、二つのＥＲＮについてほとんど差が認められなかった。

もう一つの特徴的な傾向を認めた成分が本実験で頭頂領域に検出された刺激呈示後の約３００ミリ秒前後の陽性成分（Ｐ３００）であった。ＥＲＮ同様、すべての対象者においてＰ３００は検出されており、健常成人ではその振幅についての条件差が明瞭であった。すなわち、自己顔に対してもっとも振幅が深く、次いで既知顔、未知顔という差が認められた。定型発達小児は識別の能動性に影響を受けるものの、同様の傾向が認められた。一方、ＡＳＤ児では、顔の違いによってＰ３００の振幅に差は認められなかった。

これらの成分には違いが認められた一方で、おもしろいことにＮ１７０という陰性成分には差が認められなかった。Ｎ１７０とは、顔に対する選択的なＥＲＰの成分として注目が高いもので、顔刺激を提示してから約１７０ミリ秒後に後頭側頭領域から抽出される成分である。これは視覚

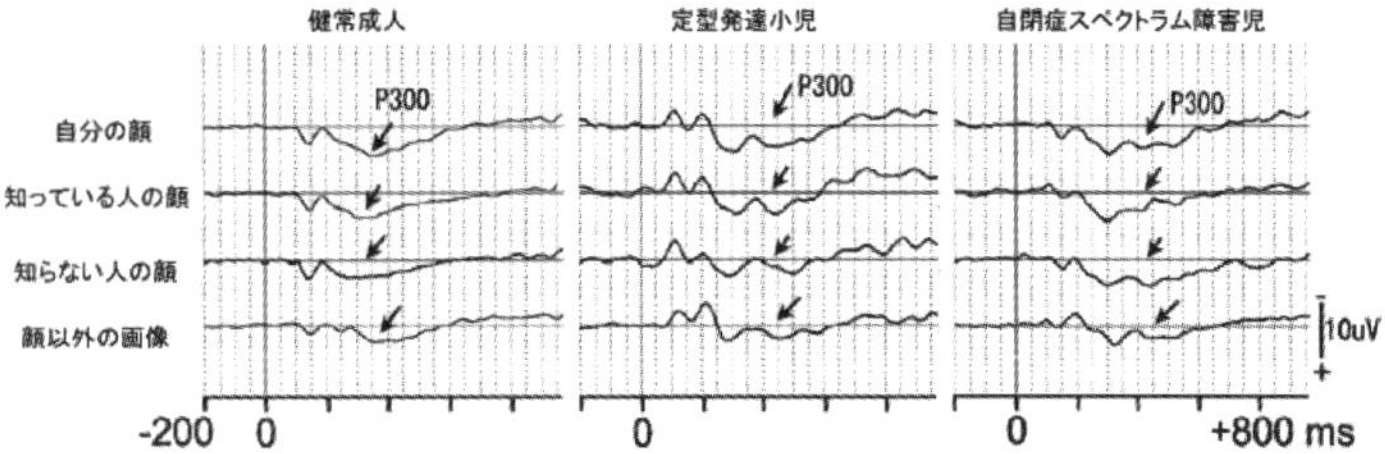

図４－６　さまざまな顔および画像に対する脳波加算波形（総加算波形）
（Gunji et al. 2009 より改変）

健常成人では、自分の顔に対する P300 成分がもっとも深く、次いで知っている人の顔、知らない人の顔と順に浅くなる。定型発達小児でも同様の傾向が認められたが、ASD 児ではそのような傾向が認められなかった。各刺激は０ミリ秒の時点で呈示。

刺激として顔を提示した際に反応が強まるもので、「顔」ということの認知を示す指標とされる。本実験でもＮ１７０は明瞭に確認されるだけでなく、ＡＳＤ児を含むすべての対象者において顔の違いによる潜時差・振幅差は認められなかった。すなわち、本実験において形としての〝顔〟は、ＡＳＤにおいても正常に認知されていたということを示している。

　したがって、脳波を用いた実験からも、ＡＳＤ児は自己顔に対する反応が不良であることが示されたのである。特にＥＲＮやＰ３００の条件差、すなわち自己顔と既知顔の差が乏しいことから、自己と他者の識別の曖昧さが存在していると考えられる。ＥＲＰという比較的認知の早いプロセスを捉えられる指標からもＮＩＲＳと類した結果が認められたことから、これらの結果を統合して考えると、ＡＳＤ児は与えられた情報から、自他を識別し、自己を認知するプロセスにおいて障害があると考えられる。また、認知プロセスの障害は、臨床症状である障害のスペクトラム状態に関与しており、病態の一因であると推測された。

以上より、自己認知の特異性が社会性障害に関与する可能性があり、その背景には右下前頭回などの自己認知にかかわる脳機能の機能障害が存在することが考えられた。これらはあくまで、過去の行動実験をもとにして、発達に重きを置いた心理学的観点での仮説を、神経科学的手法しかも脳活動という比較的マクロな見地から検証したというストーリーにすぎない。そのために、現在ここで示されたものがＡＳＤの単一の病態とは言い切れないために、有力な仮説として今後も検証を続けていく必要があろう。

コミュニケーションにおける非定型発達

コミュニケーションにおける自他識別

ここまで非言語的コミュニケーションの主要なものとして顔に着目し、その機能としての自他の識別と、自己を認知するプロセスの障害を指摘してきた。では、なぜＡＳＤはこの段階に問題を生じるのであろうか。〝コミュニケーション〟における自他識別は、単に自己と非自己を弁別することではなく、コミュニケーションというメッセージの送り手と受け手という関係性の中で、他者とは異なる自己を識別し、自己を認知することである。ここにこそ、社会性の障害、すなわち人とかかわることの障害であるＡＳＤの本質が関与しているのではないだろうか。

コミュニケーションにおける自他識別を考えるためには、まずここで扱う自己の位置づけが不可欠である。自己は心理学では古典的なテーマでありながらも、現代でも色褪せない研究である。この広範なテーマの中で、これまで述べてきたコミュニケーションにおける自他識別や自己認知をどこに位置づけるかとすると、対人的自己がもっとも適切である。ナイサー（Neisser 1988）によれば、ヒトには5つの自己が想定される。①生態学的自己：自分を取り囲む物理的なものの中から自分の位置や身体を捉える、②対人的自己：他者との関わりの中で捉えられる自己、③概念的自己：前述の二つの相対的な自己ではなく、概念的なものとして捉える自己、④時間的拡張自己：過去と現在、未来において自分は一つであり、継続して存在しているという時間軸を含んだ自己、⑤私的自己：経験や思考など自分の内的なものは他者とは異なっており、唯一のものとして存在としている自己、の5つである。これらは、生まれてから発達にともなって徐々に獲得されるものである一方、すべてが排他的に存在しているわけでなく、同時に存在している。この中で①は生まれてから乳児期の間に獲得されており、その表れが上述してきたハンドリガードなどの行動になる。

ナイサーに準拠すると、ＡＳＤ児はこの対人的自己の段階において認知プロセスの障害があるのではないかと私たちは考えている。すなわち、コミュニケーションという他者との相対性の中で自己を位置づけたり、捉えたりすることに問題が生じやすい。単に①のような段階でのつまずきであれば、自己の喪失として、社会性のみならず多くの部分において障害が示されるとも予想される。ＡＳＤの場合、対人というコミュニケーションの部分に障害が多いために、この段階にかかる部分での脆弱性があるのではないかと推測した。

このようなことはナイサーだけでなく、本邦でも指摘されており、倫理学者の和辻哲郎は「人間関係が限定せられることによって自が生じ他が生じる」として、対人的自己に類似した内容に言及している（1934）。これまでの自己顔認知や自己の身体表現獲得に関与するミラーニューロンなどの研究でも、いわゆる自己単独というよりは、自他の違いからＡＳＤの障害を指摘していることが多い。対人的自己としての自他識別や自己認知という基礎的な段階の問題が、後々の高次の問題、たとえば心の理論といった他者理解や感情の読み取りなどにつながり、コミュニケーションの障害として捉えられるのかもしれない。

他者への選好

上記の位置づけをふまえると、自他識別や自己認知の障害の起源を探るためには、他者への選好や注意を検証する必要性が高い。なぜならば、ナイサーや和辻の言及から考えると、他者との関わりや他者という存在があることではじめて、自他識別や自己認知が可能になるためである。

他の存在、もっといえば、コミュニケーションのエージェントとしての他者に気づかなければ、自他識別は必要とされない。私たちは、このような考えを検証するにあたり、他者に対する初期的な注意という観点から、自己認知や自他識別につながる道筋を検討している。

過去の研究において、ASD児は他者の心情が理解できない、というように二値論的に可－不可で考えられてきた。しかしながら、近年では、そのような二値論的な見方では理解できない実験結果もある。ワンら（Wang et al. 2007）は皮肉等の理解を問う実験において、興味深い二つの条件を設定した。一つは、通常の課題のように特に教示を入れずに、そのまま理解を問う条件である。もう一つの条件は、刺激に出てくる顔の表情や声のトーンに着目させる教示を加えて、理解を問う条件である。この結果、ASD児は、特段の教示がない条件において正答率が落ちたものの、注意を高めるような教示を付随したところ、正答率の向上が見られた。また興味深いことに、前者の条件では比喩皮肉の理解にかかわる内側前頭前野の活動が低下していたが、後者の条件では統制群と同程度に賦活が認められたのである。また日本の子どもを対象とした研究からも類似した報告が認められる。田中ら（2006）は、ある登場人物が描かれた課題図に対して、その人物の思考や感情を問う課題を行った。定型発達児では、最初から感情に言及できていたものの、ASD圏内の子どもでは、当初人物の感情に言及せずに、情景や描かれている他の物などについて言及してしまった。ASD圏内の子どもに対して、人物に注目するように追加の教示を行っていくと、彼らでも描かれた人物の感情を正答することができた。

これらは従来の二値論的な考えでは捉えきれない実験結果や臨床報告例であると同時に、別の知見をも示唆している。すなわち、ＡＳＤ児は自発的に他者そのものや、他者の顔、声といったものに注意が向きにくいということである。そして、条件や教示等によって促すことで、それらに注意を向けることも可能である。何よりも特筆すべきことは、他者に注意を向けられれば、感情や言外の意味といった従来難しいと言われてきた部分への理解も問題なく、かつ脳機能というレベルでも障害が認められなかったのである。

いくつかの研究から、ＡＳＤ児は他者への注意や選好が乏しいとされる。たとえば生後1年頃において、定型発達児とＡＳＤ児とでもっとも異なっていた行動は他者を見る行動であった。この他にも、発達早期から顔への注意やアイコンタクトの欠如が指摘されており、早期診断の有力な行動マーカーと位置づける研究者もいる（Robins et al. 2013）。しかし、ＡＳＤ児には他者への注意や選好の乏しさが発達早期からあると考えられる一方で、それらが成長とともに寛解するかは見出されていない。次の項では、他者への選好が実生活環境においても欠如しているのかを検証した報告を紹介し、ワンらや田中らの実験から導かれたことが実生活環境でも生じるのかについて述べる。

他者への注意の駆動

通常、このような注意を実生活環境の中において評価することは難しい。なぜならば、選好や注意は瞬間的に変わりやすいために、常時視線等をモニタリングしなければならない。その一方で、実験環境のようにすると、あらかじめ刺激が統制されているために、結果としては至極整理されているが、それが実生活で反映されるものかわからない部分が含まれる。

そこで、動きをともなう日常的な空間において、他者に対する注意や選好を検証するために、通常の部屋にちょっとした工夫を施した（Kita et al. 2010a; 佐久間ら 2012）。一般的な小学校の教室に相当する室内において、天井に複数の魚眼レンズを使用したビデオカメラを留置し、部屋内を俯瞰

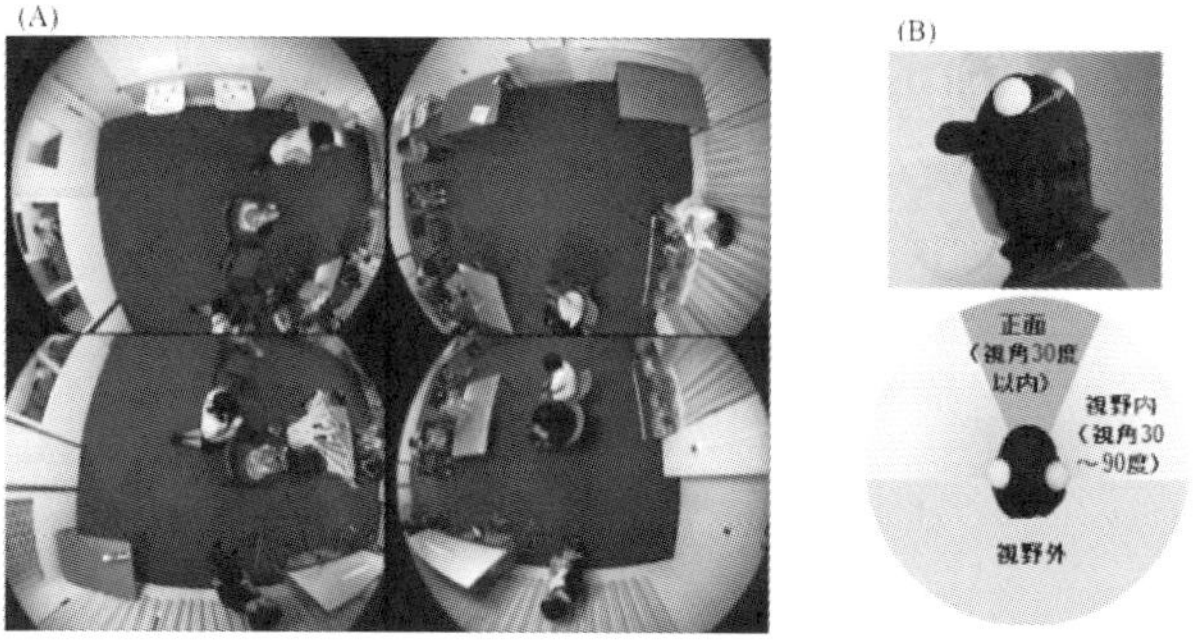

図４－７　活動部屋内に取り付けた魚眼レンズからの俯瞰図（左）**と被験者が着用した色マーカー付きの帽子**（右）（カラー口絵参照）

魚眼レンズを通して部屋の全体を記録し、色マーカーを追跡することで被験者の頭部の向きや、二者間の対人距離などを評価することができる。

できるシステムを構築した。その環境において、ASD児を含む発達障害児と大人数名が参加するグループ活動を展開したのだが、子どもには、色マーカーを付けた帽子をかぶってもらった。帽子上の色マーカーを、天井のビデオカメラで記録するためである。色マーカーの座標を二次元平面上に置くことで、頭の向きや子どもの位置、対人距離などが測定できる。特に7歳未満の子どもは、ある対象に注意を向ける際に眼球運動よりも頭部の回転運動の方が先に駆動するために、この装置を用いることで他者への注意を比較的自由度の高い状況で評価できる。

この環境でグループ活動中のASD児を評価したところ興味深い結果が得られた（佐久間他 2012）。同年代の他児との協同作業が必要な課題を設定し、一定時間取り組ませたところ、ASD児たちは、他児を自分の視界に捉える行動が極め

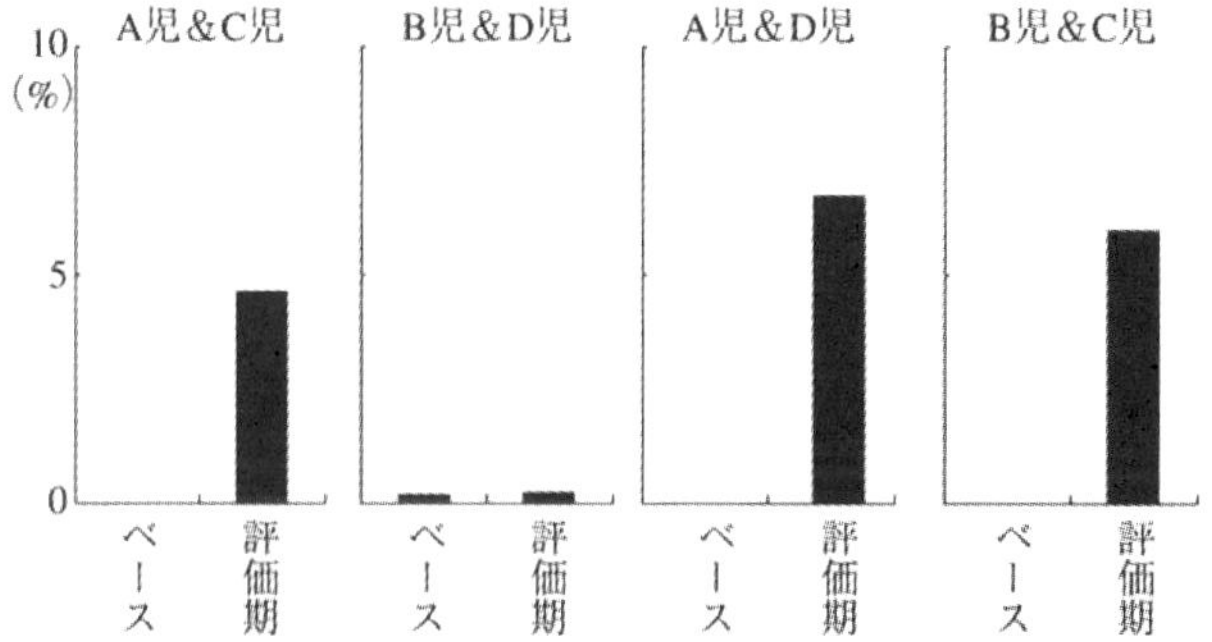

図4－8　ペアの子ども同士が中心視野30°以内に相手を捉えていた割合
（佐久間他 2012 より改変）

ベースライン期（非介入時期）では、ASD児を含むどのペアも中心視野30°以内に相手を捉える事は極めて少なかった。介入後では、割合が上昇しており、相手に注意を向ける行動が改善したことが理解できる。

て少なかった。視覚的に他者を捉えるためには、少なくとも中心視野約30度以内に相手を捉えることが必要であるが、その時間・頻度ともに減少していたのである。

おもしろいことに、たとえ視界内に捉えていなくても子ども同士のコミュニケーションは生起しており、課題は遂行されていたのである。注意深くコミュニケーションが生起する前の時間を見ていても、数秒前から相手を捉えることは極めて少なかった。これらの結果は発達障害のある子ども間での取り組みであるために、相乗的に相手に注意を向けることが減少した可能性も否定できない。そこで、ASD児のペアの相手として心理学を専攻している健常成人を選び同様に検証した。また、統制群として定型発達児にも同じように取り組んでもらった(Kita et al. 2010a)[c]。

結果として、ASD児、定型発達児ともに、ペアの成人と協同作業をして課題を正しく遂行した。しかし、ASD児はペアの成人を中心視野30度以内にいれる頻度が少なく、また視野内に停留させる時間も短かったのである。また、コミュニケーションが生起するまでの数秒間について、視野内に捉える行動を時系列的に分析したところ、定型発達児はコミュニケーションを生起させる5秒未満から相手に対して注意を向けているのに対し、ASD児ではその傾向が見られず、直前になっても相手を視野内に捉えることはほとんどなかったのである。

さらにこの実験では、どのような手がかりがあれば子どもは相手に注意を向けられるのか、ということも検討した。直接子どもに言葉をかけて注意を向けさせるような明示的な手がかり(たとえば、「ねぇ、〇〇君? こっち見て?」)から、しぐさで注意を惹くような行動(たとえば、協同作業中に大人が無言で探し物を始める）など非明示的なものなど、明示度を段階的に変化させて検証した。定型発達児は、成人に対して注意を向ける手がかりが少なく、また非明示的な状況でも、自発的に成人に対して頭を向け中心視野に捉えていた。一方、ＡＳＤ児は手がかりが増えてもなかなか注意を向けることができずに、直接話しかける、もしくは身体的に呼びかける（たとえば、肩を叩く）など、明示的な手がかりでないと注意を向けることができていなかった。

このような結果から、日常的な空間では、児童期にまで成長したＡＳＤ児でも他者に対して、自発的に注意を向けることが難しいということが示された。特にグループ作業など自由度が高く、即時的・流動的に変化する環境であると、他者に向き直るということが難しいだけでなく、明示的な手がかり、すなわち『こっちを向いて』や『肩を叩く』などをしないと、他者に対して注意を向けられないと考えられた。これは今までの研究とも一致することであり、ＡＳＤ児は他者に対する選好が乏しいと考えられた。

他者に対する選好不足から負の循環へ

このように、ＡＳＤ児はさまざまな刺激が混在する環境の中で、ヒトという同種他個体に対して、自発的な選好や初期的な注意が欠如していると考えられる。その一方で、実験環境において教示や条件によって半ば強制的に注意を促したり、直接話しかけるなど明示的に働きかければＡ

SD児も注意を向けることができるだけでなく、正しく相手を識別したり、コミュニケーションを図ることができる。しかしながら、日常生活では実験室のように数ある刺激が限定・統制されることはまずなく、常に流動的・即時的に刺激が変化している。また、1対1でコミュニケーションするよりも、複数の人が存在する集団場面が形成されることが多く、その中において常に特定のASD児だけに向かって明示的に話しかけることなど、ほとんど不可能に近い。その最たる例が、小学校や幼稚園の休み時間や教室内であり、その場面こそがASD児がもっとも苦手とするコミュニケーション場面の一つでもある。

では、このように他個体に対する自発的な注意や選好が欠如すると、どのようなことが引き起こされやすくなるのであろうか。もっとも予想されるのが、他者を識別しその意図や感情を理解しようとする機会が減少し、それらを処理する経験が圧倒的に少なくなることである（北・稲垣 2012）。他者に自然と注意を向けることができれば、その他者に特有の個人的情報、すなわち顔や声、動作などを感覚器を通して知覚・処理・認知する機会が増える。それらの機会において、識別や感情理解を問題なくこなし、円滑なコミュニケーションの達成が得られると、さらなる識別や他者理解の意欲も湧いてくるかもしれない。それを自然と繰り返すことで、他者識別や他者理解といったものは、失敗と成功を繰り返しながらも経験が積まれ、その処理方略は熟達、つまり正確かつ素早く行われていくようになる。そうすることで、自然と他者とコミュニケーションを図る楽しみや意欲などがかき立てられ、さらに相手に対して注意を向けたり注意を向けるべき場所を見たりするなど、好循環を生み出していく。これこそが、社会性の発達の過程である。

一方、ＡＳＤ児の場合、日常的な場面において他者に対して自発的な注意を向けることが少ないと予想される。もしくはある刺激に対して定型発達児は注意を駆動しやすいものの、ＡＳＤ児には駆動しにくいものがあるかもしれない。初期的な注意の欠如から他者識別や他者の感情理解の機会が減少しやすくなる。この状況は、識別や理解について試行錯誤する機会が自然と少なくなるだけでなく、処理の成功体験を蓄積することが難しくなる。特にＡＳＤ児は、注意の他にも、言語の使用やジェスチャーなどコミュニケーションツールそのものにも特異性があり、元来定型発達児に比較してコミュニケーションの成功体験を積みにくいと考えられる。初期選好の弱さと処理の苦手さが相まって、失敗体験が積み重なると、他者に対する処理の意欲は失われがちになり、他者に対して注意を向けようとする、そもそもの意欲も減退すると予想される。たとえば、私たちの見ている子どもの中には、「もうあまり人とかかわりたくない」「どうせうまくいかない」とコミュニケーションの意欲を失っているＡＳＤ児も少なくない。初期選好の乏しさ、経験の喪失、意欲の減衰という負の循環に至り、定型発達児とは異なる社会性の発達の過程をたどっているのかもしれない。

経験と脳機能変化

対人的自己という観点に立ち返ると、ASD児は、自他識別や自己認知を他者との関係の中で成熟や精緻化することが少なく、定型発達児とは異なった発達の経路に立っているとも考えられる。その現れの一つとして、自他識別にかかわる脳機能の障害が示されたのかもしれない。特に昨今、注意と経験蓄積に関する循環的な問題は、生物学的な成熟にも関与することが指摘されはじめている。それがいわゆる社会的経験と脳機能の成熟の関係である。

近年、fMRIやERPなど脳機能研究で得られる生物学的な変数について社会的な経験と結びつけて検討し、解釈することが増えてきた。特に発達ということを考える際に、この社会的経験というものがとても重要になってくる。なぜならば、コミュニケーションや社会性は他者との関わりを通して発達や学習が進むためである。ゴーティエら（Gauthier et al. 2000）は、バードウォッチャーのような鳥に精通した人と車に精通した人を対象に、それぞれ鳥や車、人の顔などの視覚刺激を提示し、脳の活動を測定した。そうしたところ、右の紡錘状回などの活動において経験の効果が認められたとされた。すなわち、鳥に精通した人であるならば、鳥の刺激に対して活動が亢進する一方、車に精通した人であれば、車の刺激に対して活動が上昇したのである。このように刺激への経験量が脳活動へ与える影響は、音楽経験が乏しい人にピアノ訓練をしたところ

図4－9　負の循環に関する概念図

ASD児は、他者に対して自発的な注意を向けることが少ない。このことは他者識別や感情理解の機会を少なくするとともに、顔や声といった刺激の処理の成熟を遅延させる。機会の減少や未成熟な処理は、他者識別などの失敗経験につながりやすく、処理を行う意欲をいっそう低下させる。そのことで、他者に対して注意を駆動する意欲はさらに減少する。初期選好の乏しさ、経験の喪失、処理の未成熟、意欲の減衰という負の循環に至り、定型発達児とは異なる非定型な発達過程をたどるのかもしれない。

ろ、訓練前後で脳活動が変化したことなどからも示されている。また幼少期でも同様のことが指摘されている。ヴァン・エルクら（van Elk et al. 2008）は1歳超の子どもを対象に、はいはいと歩く姿の動画を提示し、その際の脳波の事象関連脱同期を計測したところ、はいはいの経験量とその動画に対する脳活動が相関したことを見出している。

これらの研究は脳機能の程度がすべて生得的に定められているわけではなく、発達や経験によって可塑性があることを示している。上記の研究はあくまで物理的な刺激処理における効果にすぎないが、他者の意図や感情の理解もこのような発達や経験の効果と切り離すことのできるものではない。情報処理の観点に立てば、感情理解はただの外的刺激に対する処理にすぎないが、私たちヒトという集団生活においては、必ず他者との関係性が含まれる。そのために、他者との関係性においてどのような社会的経験が蓄積されたのか、どのように蓄積がなされてきたのか、という量や質によって、脳機能の発達にもたらされる影響は異なるであろう。

これらの仮説に立脚すれば、ＡＳＤは、同種他個体の他者に対する注意や選好の弱さと処理経験の未蓄積という負の循環に陥ることで、定型発達児とは異なる脳機能の成熟を遂げていると推測される。そして脳活動の障害として描出され、異質なコミュニケーションとして行動に表れるのかもしれない。これらを鑑みると、障害＝脳機能の障害という静的な構図ではなく、非定型な発達と障害による脳機能の変化という動的な構図の方が適合しているようにも考えられる。この点こそが、コミュニケーションの発達と障害が交わる点でもあるとともに、障害への介入という道筋を照らす可能性がある。

今後の方向性とまとめ

コミュニケーションの発達の促進と脳活動の変化に向けて

このように、発達の観点からコミュニケーションの障害解明について取り組むと同時に、ASD児に対してコミュニケーションにかかわる介入が進められつつある。介入では、先に述べた仮説に基づいて行動の変化と脳機能の変容に着目して検討を進めている。ここではその一端を紹介することで今後の方向性を示すとともに、本稿のまとめを述べたい。

まず注目したいのが、循環の初期段階として、他者への選好や注意についての介入である。北ら（Kita et al. 2010）は、他者に対する自発的な注意が少なかった点に着目し、前述の計測環境の中でASD児を対象に、集中的な介入プログラムを実施した。介入プログラムでは、正しい行動を示すモデリングやビデオ学習などを通して、他者に注意を向けることの重要性や向ける方法などについての学習を、小集団のグループで継続的に実施した。ASD児の中には、注意を向けることが大事だとわかっていても他者への注意の向け方がわからない子どももいた。プログラムの開始当初はなかなかうまくいかなかったが、プログラムの後半になるにつれ、グループ内の他

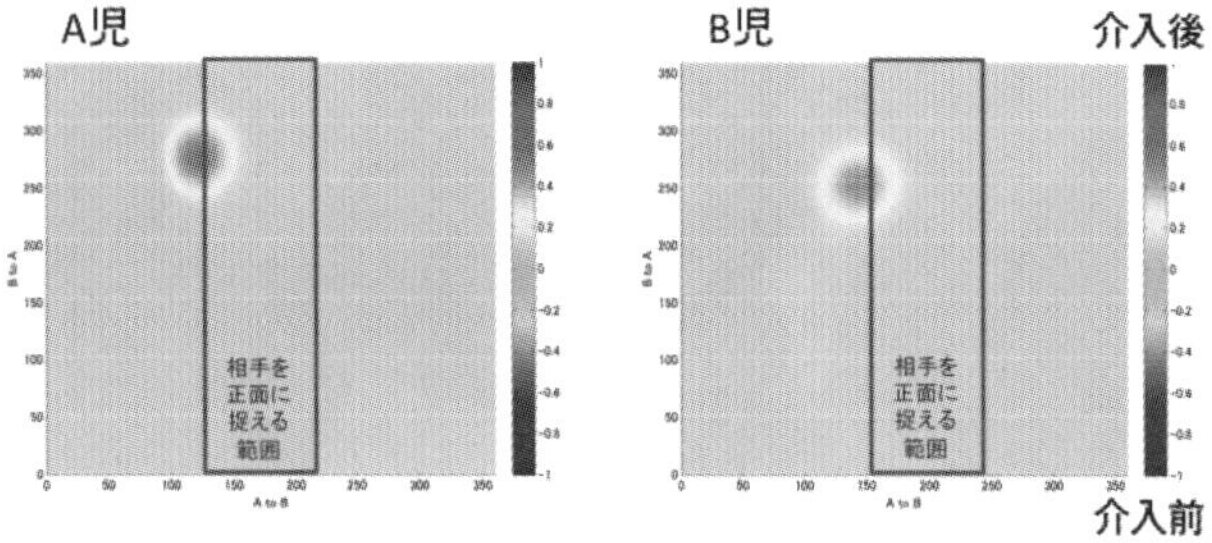

図４－10　介入プログラム前後におけるASD児の他者に注意を向ける行動の変化（カラー口絵参照）

介入前では、ペアの相手を正面に捉える行動はほとんど見られなかったが（青印）、介入後では相手を正面に捉え、注意を向ける行動が上昇し、改善傾向が示されたことが理解される（赤印）。

児や大人に対して注意を向けられるようになってきた。前述のシステムを用いて頭部回転を定量的に評価したところ、自発的に相手を中心視野内に捉え、注意を向ける頻度や時間が上昇していた。また介入後ではコミュニケーションの問題が減少したことも認められた。

一方で軍司ら（Gunji et al. 2013）は次に、脳機能の観点に着目した評価を実施した。このプログラムに参加したＡＳＤ児は他者に注意を向けるようになったことで、他者に関する情報処理の機会が増したと予想される。そこで、ＡＳＤ児にとってそれはただの機会の増加にすぎなかったのか、それとも他者に関する情報処理の仕方が変わったのか、を検証したのである。プログラムに参加したＡＳＤ児を対象にＥＲＰ実験を行った。グループに参加する指導者の顔や自分の母親の顔などを提示して、その刺激で惹起される既知性を反映すると思われるＥＲＰ成分について、プログラム開始１ヶ月前、開始直前、終了後にどのような変化が

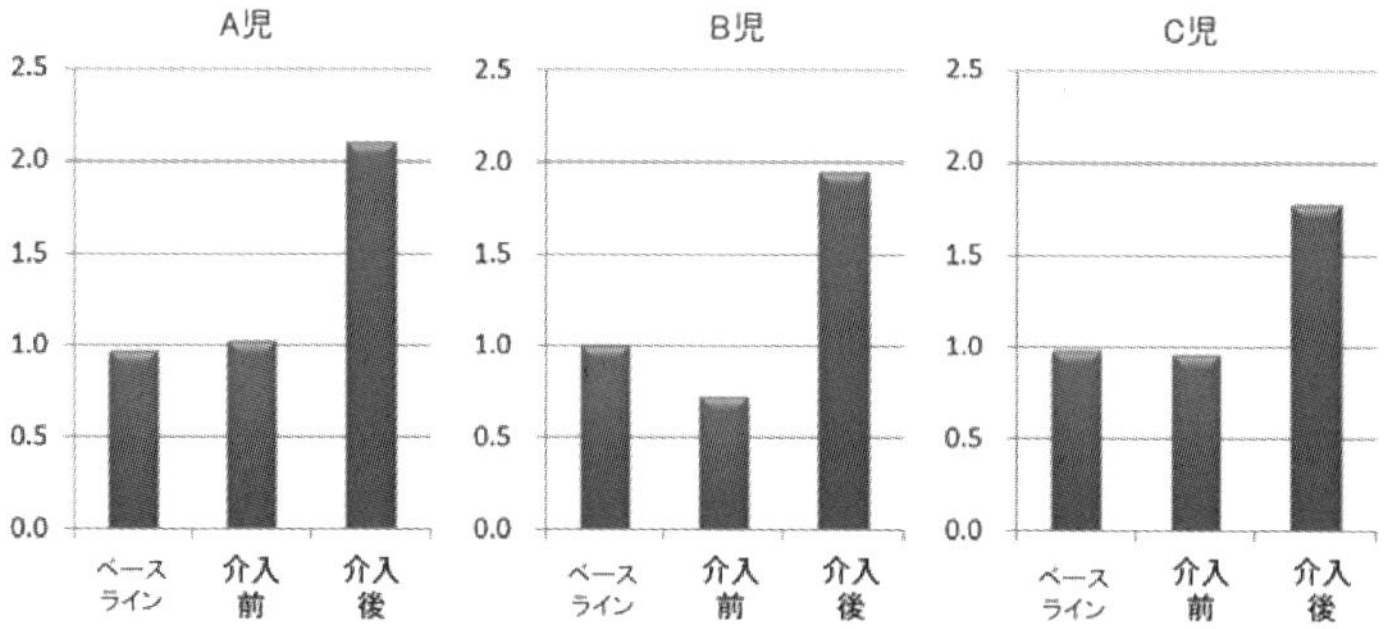

図4－11　介入プログラム前後における事象関連電位成分比率の変化

（Gunji et al. 2013 より改変）

ベースライン期（非介入）および介入前において、比率の変動は見られなかったが、介入後では成分比率が上昇しており、他者の既知性処理に関する脳活動が変化したことがうかがえる（成分比率＝指導者の顔に対するP300振幅値／知らない人の顔に対するP300振幅値）。

あるのかを検討した。その結果、プログラム開始1ヶ月前から開始直前までのベースライン期では、指導者の顔に対するERP成分は、ほとんど変わることはなかった。しかし、プログラム終了後には、指導者の顔に対するERP成分が増幅していた。プログラムの実施後のみにERP成分が変化していたことから、指導者に対する処理の経験量が増えるとともに、その処理の仕方が変わったと考えられた。すなわち、前述の段階と結びつけて考えると、指導者への自発的な注意や選好が増したことにより、処理経験が増え、脳活動に変化が現れたと推測される。

さらに、北ら（2012）はプログラムにともなう改善が、コミュニケーションの基礎能力である、自他識別にどのような影響が現れるのかを検証しようと考えた。つまり、他者の処理機会が増すことで、自己と他者の識別が促進される

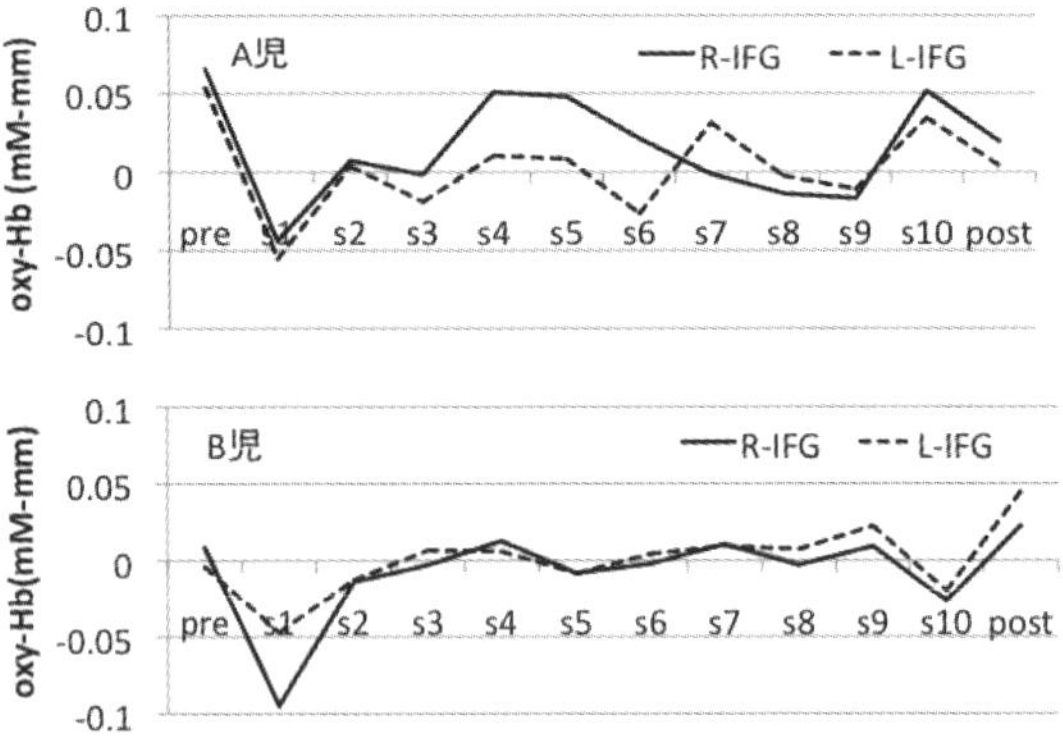

図４－12　介入プログラム前、期間中、および介入プログラム後における、自他識別にかかわる脳活動の変化（北他 2012 より改変）

当初、介入によって他者の処理機会が増加することで、自他識別が促進されると推測した（右下前頭回の活動（実線）が、左下前頭回の活動（破線）に比して優位に増加する）。しかしながら、介入終了時には、際立つほどの右側優位の活動は認められず、自他識別にかかわる認知プロセスに大きな変化がなかったことが示された。

と推測した。特に自他識別にかかわる脳機能は、ＡＳＤの重症度や心理特性と関連があるため、ここで扱う脳活動の変化は、介入における客観的な評価として期待が含まれる。グループに参加したＡＳＤ児を対象に、自他識別にかかわる脳機能についてＮＩＲＳを用いて測定した。プログラム期間の開始前から期間中および終了時に脳機能を測定し、上述の研究で注目した左右の下前頭回の脳活動を評価した。そうしたところ、プログラム開始前では責任領域である右下前頭回の活動は低かったが、活動期間中では一時的に脳活動の上昇が認められた。しかし、終了時にはあまり際立つほどの活動上昇は認められなくなった。これらの結果は、介入プログラムを実施しても自他識別にかかわる認知プロセスに大きな変化がなかったことを示している。

これら三つの結果をまとめると、介入からは、①他者への自発的な注意を促すことが可能、②他者認識の処理は改善される、③自他識別に関する認知プロセスには大きな変化が見られない、ということがわかった。コミュニケーションの発達の基礎である自他識別に影響が見られなかった背景の一つとしては、短期間のプログラムであったことや、またプログラムそのものが他者への注意を促すことに主眼を置いていたことが考えられる。すなわち、他者視点から自分を捉えることや自他の差異を意識することを目的とした介入ではないために、脳活動の変化やそういった行動の変化が認められなかったと思われる。しかしながら、他者への注意を促すことで、他者の処理機会が増加し、それとともに脳活動に改善が見られたというのは大きな効果である。つまり、先に述べたような負の循環を絶つとともに、好循環をもたらすことにつながり、よりよい発達が期待される。このような介入と脳機能測定を組合せた取り組みは、症例数も少なく、さまざまな問題点もはらんでいる。だが、介入効果を脳機能として捉えることで、客観的な評価が可能となるだけでなく、脳機能というエビデンスに基づいた教育へ発展させる可能性がある。そのために、このような探索的な取り組みを今後も継続していく必要性があろう。

おわりに

本章では、非言語的コミュニケーション中で主要な一つである顔を中心に、その発達と障害について述べてきた。コミュニケーションは他の認知機能や心的機能と異なって、単独で完結するものではなく、必ず他者というエージェントがいて初めて成立するものである。そのために、刺激と処理者という一方向的な考えではなく、〝エージェント〟と〝エージェント〟という双方向性で考えることが望まれる。そこに発達という軸をいれると、縦と横という広大な形で描写する必要性が生まれる。そのために、単一の脳機能研究や実験心理学的課題で切り出されるものが、その一端にすぎないことを忘れてはならない。だが、逆に言うとコミュニケーションの根幹や基礎の一端を切り出すことができれば、その謎やそして障害とされるものに一筋の光を投げかけられるのかもしれない。そこにこそ、コミュニケーションを脳で捉える意義があり、まだ今後も検討していく役割があると考えられる。冒頭で述べた『ほんやくコンニャク』は、送り手から受け手までを開通させる夢のような商品かもしれない。しかし、それはあくまで開通のためのツールでしかなく、コミュニケーションの成立はもっと奥深くにある。私たちは、コンニャクがないこの環境を享受しながら、その奥深い謎について今後も調べていくことが望まれるだろう。

5 母子の絆と社会脳

利島　保・堀　由里・瀬戸山志緒里

はじめに

「母子の絆形成」の問題は、発達心理学において「母子関係」の中心的テーマとして研究されてきた（小嶋 1968, 1969）。近年になって小児医学がこの問題に関心をもつようになったのは、長期入院治療の必要な小児がんや腎臓病などの小児難疾患が、医療の進歩により早期に緩解退院可能になったことにある。ただ、心身症状の予後も良好でないので、入退院を繰り返し、周囲が神経質なほど過保護に扱うために、自立が難しくなっている。このような症例に対処するため、小児科領域では、患児と保護者の絆の再構築というケアに向き合うようになってきた。

さらに、近年社会問題になっている愛情剥奪症候群やお仕置き症候群の子どもたちに、発育不全や心身症が急増したことは、小児科や産科臨床にとっても深刻な問題になっている。その発端は、１９７０年代にアメリカで十代女性の妊娠増加により、若年母親の育児放棄や虐待が頻発したことである。

クラウスとケネル（Klaus & Kennell 1976）やブラゼルトン（Brazerton 1981）などアメリカの小児科医たちは、このような若年の母親とその子どもたちの冷めた関係の原因に、愛着不全があると指摘した。また、新生児期に母から子、子から母への二方向の相互作用によって、人間関係の原点となる母子関係が作られることに着目し、母子の心身の結びつきが、母親の胎内にいる頃からの愛着関係から作られると述べている。そして、このように作られた母子の愛着関係を、彼らは「母子の絆（bonding：ボンディング）」と名付けた。

母子の絆形成の不全が、わが国でも将来起こると予見して、当時の東京大学医学部小児科教授だった小林登博士は、１９７５年に厚生科学研究「母子相互作用の臨床的・心理・行動科学的ならびに社会小児科学的意義に関する研究（略称：母子相互作用研究班）」を立ち上げた。そして、医学、情報工学、心理学、社会学など広範な研究領域の研究者によるプロジェクトチームを編成し、６年間にわたる母子相互作用の多面的研究を展開した。この研究プロジェクトにかかわった研究成果は、１９８３年の「周産期医学」13巻12号に「母子相互作用 —— 周産期医学から見た育児の原点」臨時増刊号として公刊された。

母子の絆研究の新しいパラダイム

母子相互作用研究班の最大の成果は、周産期の母子間コミュニケーションのエントレインメント（entrainment：行動的同調現象）の研究法を、母子相互作用研究の新たな研究パラダイムとして導入したことである。エントレインメントは、生体リズムの同調を意味するが、母子のエントレインメントは、遺伝により決定される生体プログラムと、環境およびその中で作られた文化との同調であると、小林他（1983）は考えたのである。

彼らは、生後2～4日目の新生児を保育器の中に仰臥位で寝かせ、母親がその傍で自由に新生児に語りかける事態（図5－1）を設け、母親の語りかけたときの新生児の行動をビデオ録画する研究を行った。その録画記録に示された新生児の手の動きをデジタル化して、その位置情報をコンピュータに保存した。同時に、母親の発話生起も時間経過に沿ってデータ化した。

これらのデータについて、一方の生起を固定し、他方の生起を秒単位でずらして相互相関係数を求め、母親の語りかけと新生児の手の動きの同期をグラフ化したのが図5－2である。この図が示すように、両者の活動生起は一定のリズム間隔で同期して現れたことから、母子間の円滑なコミュニケーションでは、一定の規則的同期のリズムをもっており、これを母子間のエントレイ

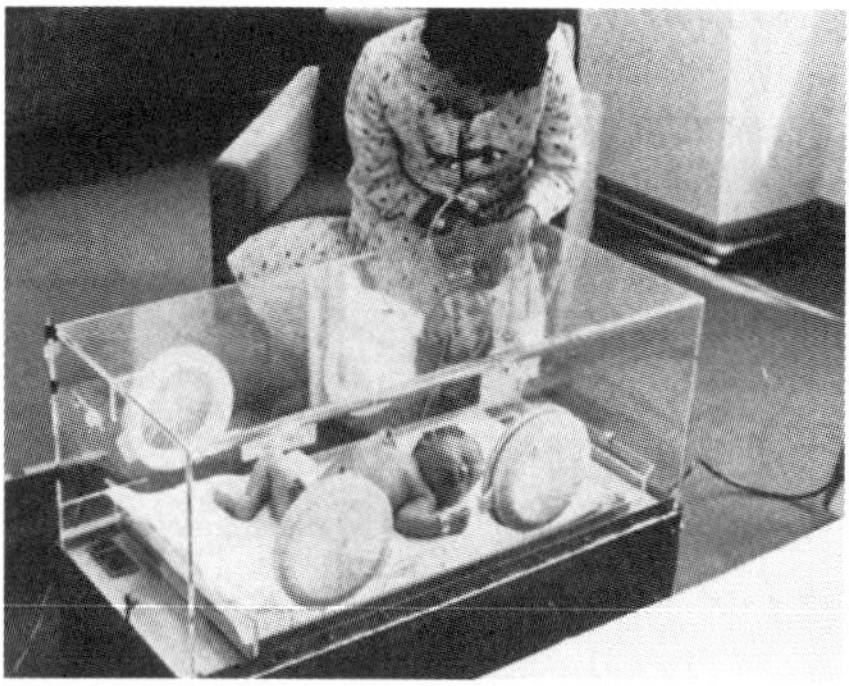

図5－1　母親が保育器内にいる新生児に話しかけている場面（小林 1990）

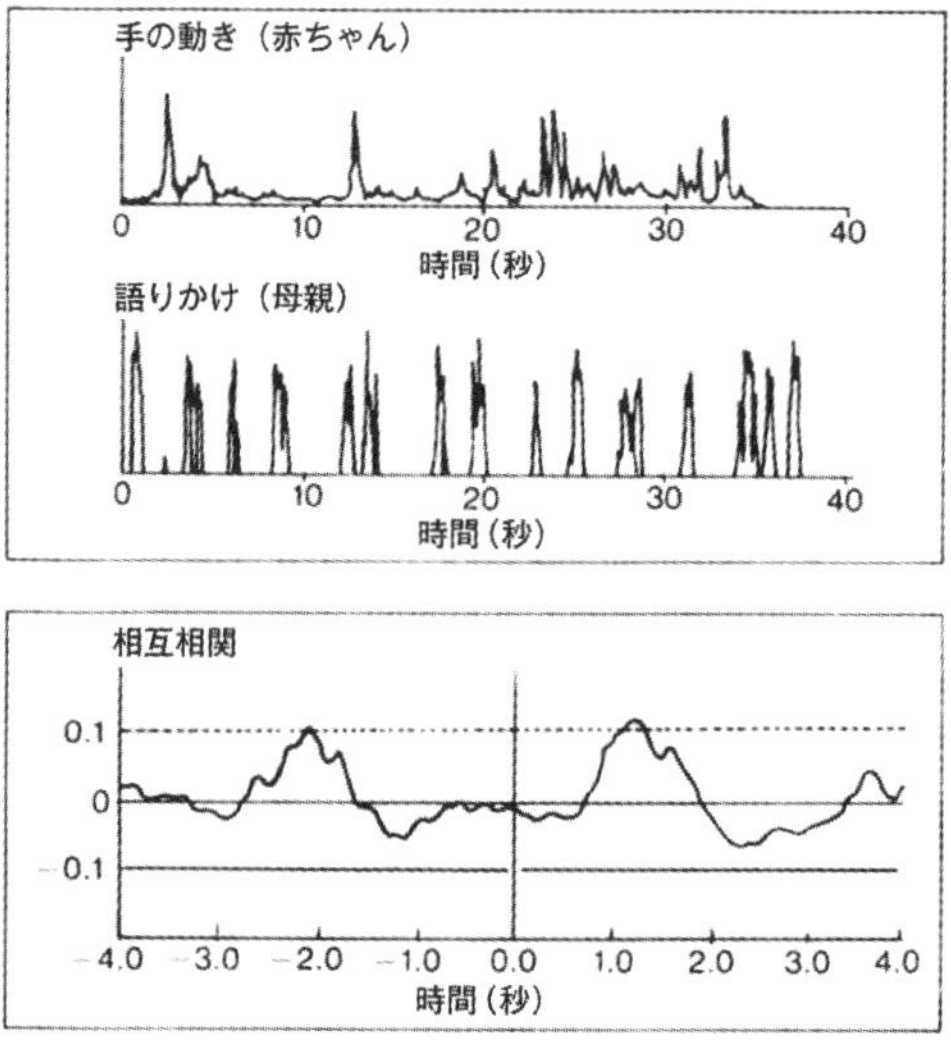

図5－2　赤ちゃんの手の動きと母親の語りかけの時間的推移（上図）とそれらの反応の時間的ズレを相互相関値で示した母子のエントレインメント（下図）（小林 1990 より改変）

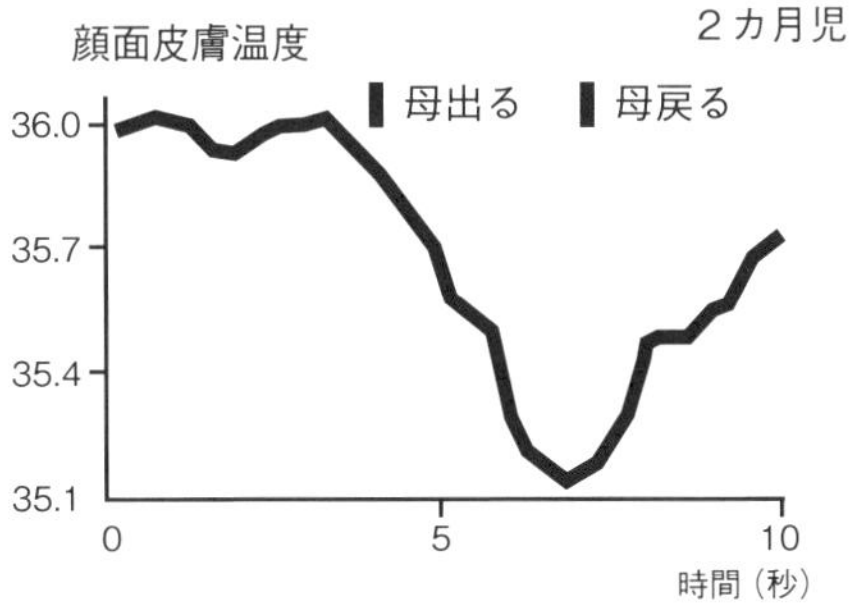

図5−3　母親と同室している期間と母親が室外に出た期間における、新生児の示す顔面皮膚温度の上昇と下降の時間的推移
（小林 1990 より改変）

ンメントとした。そして、このエントレインメントが、母子の絆の在り方の指標になることを、彼らの研究は示唆したのである。

もう一つの小林を中心とした研究（Mizukami et al. 1990）は、当時としては最新鋭のサーモメーターを使用し、母親が新生児をあやしているときの新生児の顔の表面温度と、母親がいなくなったときの表面温度を比較した研究である。それによると、新生児の鼻周辺の表面温度は、母親がいなくなると低下し、母親が再度現れると元にもどることから、母子相互作用での新生児の情動的変化が、顔の表面温度の変化に現れることを示唆したのである（図5−3）。

小林らが、これらの母子相互作用研究に導入した母子間コミュニケーション行動の定量化や、新生児の情動状態の非侵襲的測定法は、その後の母子相互作用研究の展開に貢献している。現在では、彼らの研究で使用された機器は、高性能で小型化した機器に改良されており、乳幼児研究や臨床場面で日常的に使用されるようになっている。

「社会脳」の初期発達

情動脳の発達過程

新生児は、すべての基本的情動表出を司る辺縁系の機能を、出生までに備えている。彼らの誕生時の視力は、低いにもかかわらず、誕生数時間後には、他者の表情表出や手のジェスチャーの模倣ができ、いわゆる新生児模倣を示すのである（Meltzoff & Moore 1977）。加えて、人の声の音域やイントネーションに対しても、実に正確な模倣反応ができるようになるのである。

このことは、他者が感じていることを体験する共感性という「社会脳」に、かなり早い時期から辺縁系がかかわっていることを意味している。確かに、真の意味の共感性は、生後数ヶ月ないし数年を経ないと生じないと言われている。しかし、新生児期から、情動を喚起する低次の辺縁系は、他者の情動状態についての感覚情報の処理機能を生得的に組み込んで、情動反応として表出されると考えられる。

情動が高次の辺縁系にも引き継がれることに関して、生後2～3日目の新生児の前頭領域の脳波活動測定から解明を試みた研究がある（Fox & Davidson 1986）。この研究では、正負の情動を引き起こすために、新生児に砂糖水と酢を与えた。予想通り、甘い味には、リラックスした表情を引き起こし、酢に対しては、不快な表情を誘発した。しかし、彼らがこのような表情反応をしたにもかかわらず、辺縁系上部の反応にはまったく現れないことが、頭皮上の脳波計測から明らかになった。

ほとんどの脳の領域がそうであるように、情動脳の中核領域としての辺縁系のはたらきも、低次から高次へと発達するのである。したがって、新生児は、誕生までに情動脳の半分くらいの仕組みができあがっていると言えるだろう。たとえば、情動の門番のはたらきをする扁桃体は、妊娠後期までにはその仕組みができあがり、本能行動や体内環境のバランスの中枢である視床下部や、脳幹部との神経連絡が可能となっている。

一般に、前頭眼窩回が乳幼児の情動生活をコントロールできるようになるには、生後6〜8ヶ月から1歳頃までかかると言われている。しかし、新生児の前頭葉領域にほんの少しではあるが神経活動が認められるという研究結果は、将来的に情動制御の中心的役割を担うこの脳領域も、新生児の時期にはある程度意味のある役割を果たしていると示唆している（Eliot 1999）。

前頭眼窩皮質の成熟

胎児は、受胎直後から母親と共生関係にあり、出生後も母親との相互作用を経て、やがて独立した個体として機能するようになる。乳児が自律的に外界に適応するためには、受胎と同時に芽生える母子の絆が重要な役割を果たすのである。人生初期の母子の絆が欠如すると、その後の人生における精神性の障害や不適応につながるという症例は、数多くあげられるようになってきた（Foote 1999）。

たとえば、うつ病の母親をもつ乳児では、前頭葉の活性化が低下しているとの報告がある（Dawson & Ashman 2000）。そして、この前頭葉の機能不全が、将来の乳児の気分障害の発症に関与する可能性があると言われている。このような母親のストレス性精神疾患によって、母子の絆形成の不全が起こると、乳児の社会脳に深刻な影響を与えることが注目されるようになった。特に、最近の発達神経心理学は、発達と愛着の関係を、乳児期からの脳基盤の発達に焦点を当てて、研究を展開している（Schore 1994）。

乳児と母親の分離・個体化の始まりである生後15～18ヶ月頃までに、乳児の前頭眼窩皮質（orbitofrontal cortex: 以後ＯＦＣと略す。図５－４）とその皮質下システムの神経連絡が成熟すると言われている。これらの脳基盤の成熟によって、乳児は母親との愛着関係の中で、母親の乳児へ

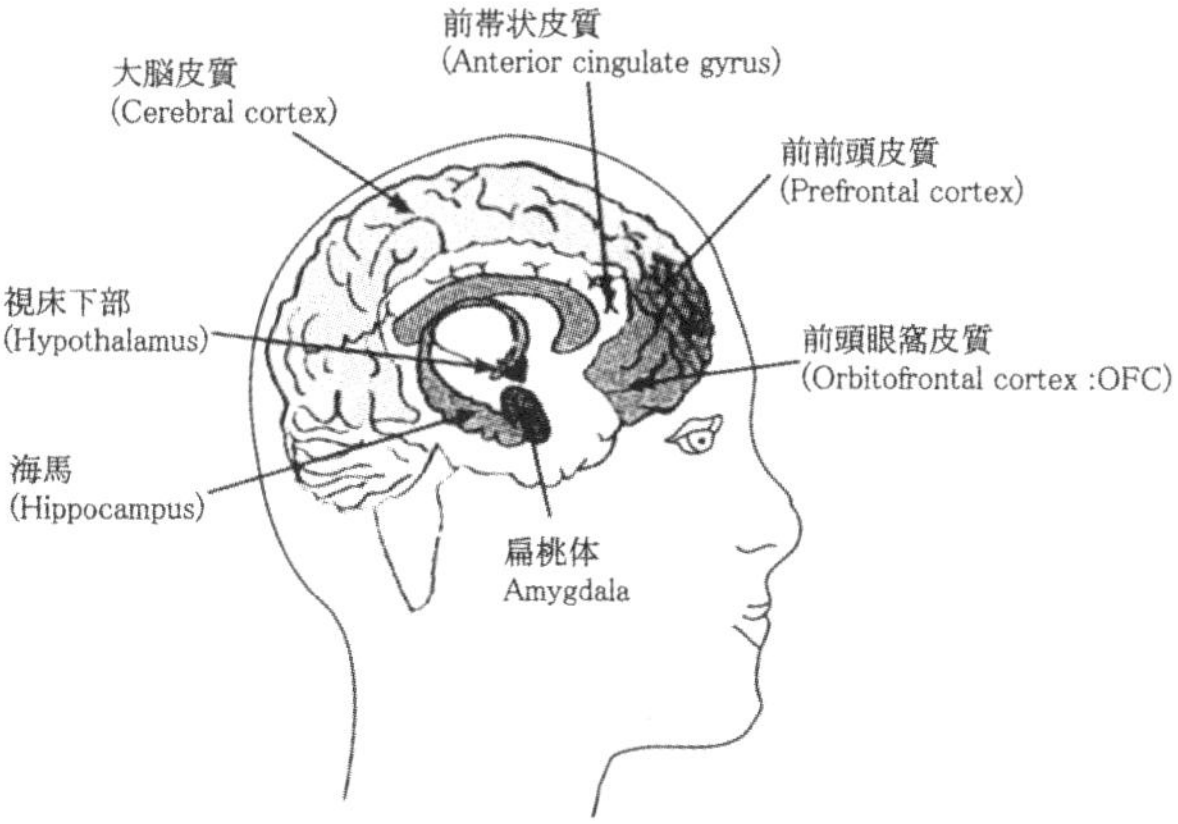

図５－４　前頭眼窩皮質と神経連絡をもつ大脳皮質系と大脳辺縁系

の調節機能（覚醒水準・不快情動の調節）や、乳児への発声や表情表出など非言語的感性情報を示す行為を、自律的な調節機能として乳児自身に取り込むようになると、ショア（Schore 1994）は述べている。

ＯＦＣは、ヒトを含む霊長類でよく発達していることが知られており（Rolls 2004）、感覚を司るさまざまな脳部位と連絡があると言われている。たとえば、味覚では、一次味覚皮質からの投射を受けているＯＦＣの外側部を第二次味覚皮質と呼んでいる（Baylis et al. 1994）。その内側部には嗅覚皮質が存在している（Rolls & Baylis 1994）。さらに、ＯＦＣは、体性感覚野（Barbas 1988）、視覚的対象認知にかかわる下側頭視覚皮質（Ongur & Price 2000）、聴覚皮質（Barbas 1993）からの入力を受けている。このように、ＯＦＣは、視覚、聴覚、触覚、味覚、嗅覚といった五感からの入力を受け取っている。したがって、乳児のＯＦＣは、母親から発信されるマルチモーダルな情報や、食事などの直接報酬、情動の外部調節などを介して、生後早期の母親との相互作用を可能にする脳基盤が備わってくると考えられる。

母親は、我が子とのつながりをもつ手段として、意識的に、あるいは無意識的に我が子に対して言語的、非言語的な感性情報を送っている。また、それらを受け取った子どもが、何らかの応答反応を示していることは、先に述べた小林らの母子コミュニケーションのエントレインメントの研究でも示されていた。特に、母親が乳児に対して発信する種々な非言語的感性情報を、乳児が母親そのものと感じる、母性クオリアと名付けた。そして、この母性クオリアを母子の絆形成の基礎として、生後間もない新生児や乳児の対人的な社会脳が発達すると考えられる。

すなわち、母親が発信する種々の感覚情報が、新生児や乳児の受容器を通して投射され、辺縁系を中心とする情動脳からOFCに至る神経回路で処理される過程からすると、母親からの感性情報により喚起される新生児の脳の活性化の様相は、新生児の前頭領域における脳血流量の変化に現れると考えられる。そこで、われわれは、母親からの非言語的感性情報が新生児の脳の活性化に及ぼす影響を、非侵襲的な脳血流測定法によって捉える一連の研究を行った。

これら一連の研究は、胎児期から成熟する感覚領域である新生児の痛覚、嗅覚、触覚、聴覚の順に、新生児が感性情報を母性クオリアとして受容する脳内の様相に始まり、出生後の母子相互作用に大きな影響をもたらす視覚を通しての表情認知の脳内処理の発達変化にまで及んでいる。これらの研究結果をふまえて、社会脳の発達に与える新生児期の母子の絆の意義について考えてみたい。

新生児の脳機能を探る

新生児の脳機能を測る新たな測定機器

乳幼児期の脳の発達について、脳の活動を非侵襲的に測定する種々の機器や、それらのデータ処理技術による脳機能イメージング法は、「生きてはたらく脳」をわれわれに見える形で示すことができるようになった。しかし、従来から現在に至るまで、乳幼児の認知機能に関する研究法は、幼児への適用が容易な選好注視法や行動観察が研究の主流となっており、脳イメージング法による発達心理学的研究の蓄積は少ないのが現状である。

そこでまず、われわれが研究に用いた、新生児の脳機能を測定する新しい機器とその測定データの扱い方について説明することから始めよう。脳イメージング法が、乳幼児に適用できると期待されるようになったのは、近赤外分光法（Near infrared spectroscopy：以下ＮＩＲＳと省略）が開発されてからである。

このＮＩＲＳが、乳幼児研究への適用可能性をもっと注目された理由は三つある。第一は、被爆性のある放射性同位元素を用いた成人用の脳機能イメージング法と異なり、直接人体に照射しても安全と確認されている1～10㎽クラスの近赤外光レーザーを用いた非侵襲的な測定法である点にある。第二は、頭部を空間的に固定する大型の脳機能イメージング機器と異なり、NIRSは、多くても数十本の光ファイバーからなる測定プローブを頭部表面に直接装着する点で、拘束性が緩和されるだけでなく、覚醒状態の乳幼児でも測定が可能な点である。第三は、計測部に加え、制御部も比較的小型で、装置全体をベッドサイドにも持ち運び可能な点である。

しかし、NIRSは、乳幼児研究への有効性の長所があると同時に短所も持っている。その第一は、他のイメージング法と比較してNIRSの空間解像度が低く、数センチオーダーでの位置特定しかできない点である。第二は、現在のところNIRSを用いた実験計画や信号データの分析法が、十分に確立されたものがないという問題がある。そのため、分析に使用されるデータの潜時帯やデータの有効性、アーチファクト除外に関する判断基準などがまちまちで、研究結果の直接比較が難しいのである。特に、NIRS信号からは、酸化ヘモグロビン、脱酸化ヘモグロビン、総ヘモグロビンという3種の相対血流変化量（血行動態反応）を得ることができるが、これらの変化量と皮質活性化の解釈も十分確立されているとは言えない。

このような短所もあるが、最近の研究で、酸化ヘモグロビン量と核磁気信号強度との相関が高いことが示唆され、酸化ヘモグロビン量が皮質活性化の指標となることの証拠が蓄積されてきた（Yamamoto & Kato 2002）。このような酸化・脱酸化ヘモグロビンについての情報が得られたことにより、ＮＩＲＳに現れる脳血流動態は、乳幼児の脳活動の研究に寄与する点が大きいと期待されている。

われわれの研究における脳機能測定データの扱い方

われわれの研究では、新生児に比較的負担なく脳血流が測定できる点で、浜松ホトニクス社製赤外線酸素モニタ装置 NIRO-200（現在は改良型の NIRO-200NX C10448 となっている）を主に使用した。これとは別に、乳幼児を対象とした母子相互作用研究では、日立メディコ製の初期の光トポグラフ装置 ETG-100（現在は改良型の ETG-7100 や ETG-400 となっている）も使用した。

新生児の脳血流測定では、NIRO-200 に新生児測定用の小型プローブセット2チャンネルを接続し測定する。1チャンネルのオプトードには、光導出部と導入部が３cm間隔で付いている。導出部から照射された3種の照射レーザー光（７７５㎚、８１０㎚、８５０㎚）は導入部で受け取られ、装置本体はレーザー光の吸収変化を相対値に変換して、酸化ヘモグロビン［HbO_2］と脱酸化ヘモグロビン［Hb H］ならびに総ヘモグロビン［Hb tot ＝［HbO_2］＋［Hb H］］の量を表示するようになっている。

また、これらの測定値は、レーザー光吸収変化の相対値（％値）で記録されるため、統計分析の際には、データをｚ変換して線形変換値を求める必要がある。また、検査中の体動等のアーチ

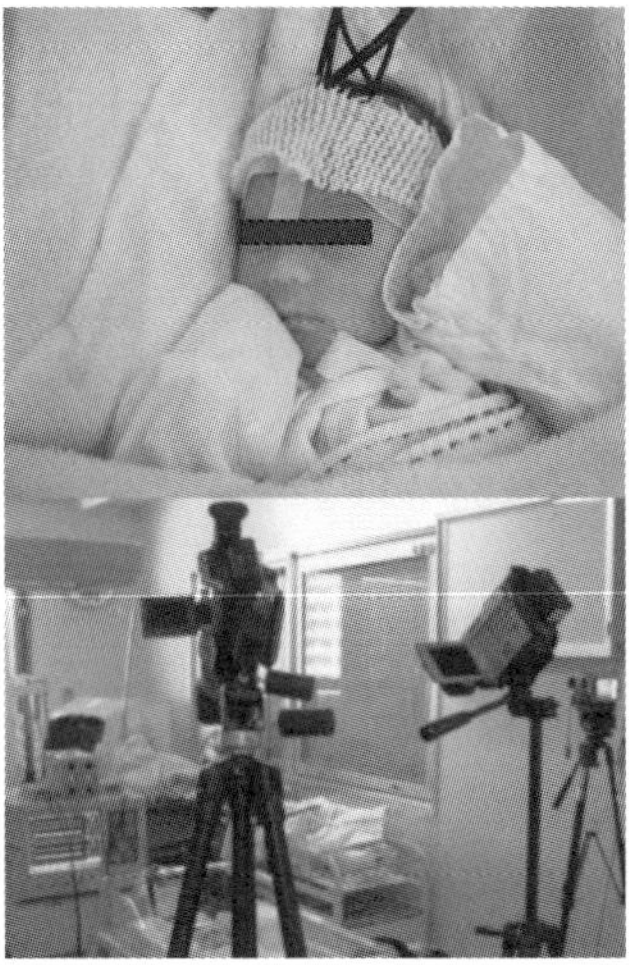

図５－５　NIRO-200のオプトードを装着した新生児（上図）と測定室の様子（下図）（カラー口絵参照）

ファクトを除去するため、全変換値の平均から2標準偏差を越えるデータ値を除き、さらに、新生児の酸化へモグロビン濃度の緩やかな揺れを補正する線形補正を行った。2チャンネルのオプトードは、ＯＦＣ近傍を測定対象とするため脳波の国際10-20法Fp1とFp2の位置にそれぞれ装着し、外からの光ノイズの混入防止のため、黒いフェルト製バンドで検児の頭部周囲を覆った（図５－５）。

　われわれの一連の研究では、すべて事象関連デザインに従い、脳血流測定を行っている。したがって、新生児の脳血流測定データは、脳血流量の変化量のz変換処理を行い、各検児のベース期終了直前の数秒間の酸化へモグロビンの平均値と、刺激提示直後の数秒間の平均値の差分を、酸化へモグロビン脳血流変化量としている。以下に紹介する研究のデータは、すべてこれらと同様の手続きに準拠したデータ処理を行った。また、紙面の都合もあるため、それぞれの研究については、脳血流測定量に関する詳細な説明を簡単に述べるに止めた。

母親の感性情報と新生児の脳機能

新生児の不快感覚と情動の神経連絡

新生児が外的刺激に対してかなり早い時期から不快反応を示すことは、臨床の場で知られていた。新生児特定集中治療室（ＮＩＣＵ）に入れられた極低出生体重児（以下、未熟児と略称する）は、未熟児貧血を防ぐためｒＥＰＯ（recombinant human erythropoietin）皮下注射が処置される。この注射直後、これらの未熟児は、一瞬激しい啼泣や体動を示していて、痛感覚があるということは、新生児のかなり早い時期から、不快刺激による情動脳が機能していると考えられる。

そこで、Ｈ県立病院新生児科の医師を中心とする著者たちの研究チームは、未熟児の痛覚刺激と同時に生じる情動脳の活性化を捉えるため、痛覚不快刺激である皮下注射にともなう未熟児の脳血流動態を調べた（福原他 2005）。

対象児は、この病院のＮＩＣＵに入院し、経口哺乳ができている極低出生体重児24名［男児11名、女児13名、在胎13～31週、出生時体重６４０～１４３２グラム、脳血流測定時修正年齢は34～40週、検査時体重１７０８～３４５８グラム］であった。

各検児の前額左右２箇所に NIRO-200 の計測プローブを装着後、頭部を小ゲルマット２個で挟み、優しく正中位を保持した。同時に検児の顔面表情の変化をビデオ撮影した。一連の手続き期間中パルスオキシメーターにより検児の心拍数と経皮的動脈血酸素飽和度（SpO_2）を５秒ごとに記録し、検児の心肺機能の変化をモニターした。

検児は、哺乳後１～２時間の安静睡眠時に、ｒＥＰＯ皮下注射を右、または左大腿部に施行した。注射施行は、大腿部の注射点周囲を消毒綿で消毒塗布し、注射施行後、再度注射点周囲を消毒綿塗布する一連の手続きであった。

コントロール条件として、注射を行わず、前後２回の消毒綿塗布のみを行う手続きを行った。二つの刺激条件（注射刺激・無注射刺激）と二つの測定位置（右前頭領域・左前頭領域）の条件を同一検児が個別に受ける組合せ順は、検児ごとにカウンターバランスをとって施行した。

脳血流量は、注射刺激条件や無注射刺激条件直前60秒と、それぞれの条件開始から検児が安静になったと思われるまでの約３～６分間について、サンプリングタイム１秒で測定した。各検児の注射直前安静期に測定した10秒間の平均値から、注射後検児が泣きやんで安定した直後の10秒間の平均値の差分を、酸化へモグロビン量の変化量とした。

各条件の酸化ヘモグロビンの変化量（HbO_2）を示したのが図５－６である。分散分析の結果、注射・無注射手続き操作の前後で有意に酸化ヘモグロビン量が増えており、注射の有無と手続き操作の前後の間に有意な交互作用があり、注射条件が無注射条件よりも、有意に脳が活性化していた。また、脳の左右差は有意ではなかった。

この結果は、注射による不快情動が、検児の前額下の脳血流量の変化として現れ、痛感覚と皮質下の情動領域が連絡し、さらに、情動領域は痛覚を介してＯＦＣと連絡していると推測される。

不快刺激に対するおしゃぶりの鎮静効果

皮下注射の前に未熟児におしゃぶりを咥えさせて注射をすると鎮痛効果があることが、臨床の場で経験的に知られていた。この効果が、おしゃぶりという口の

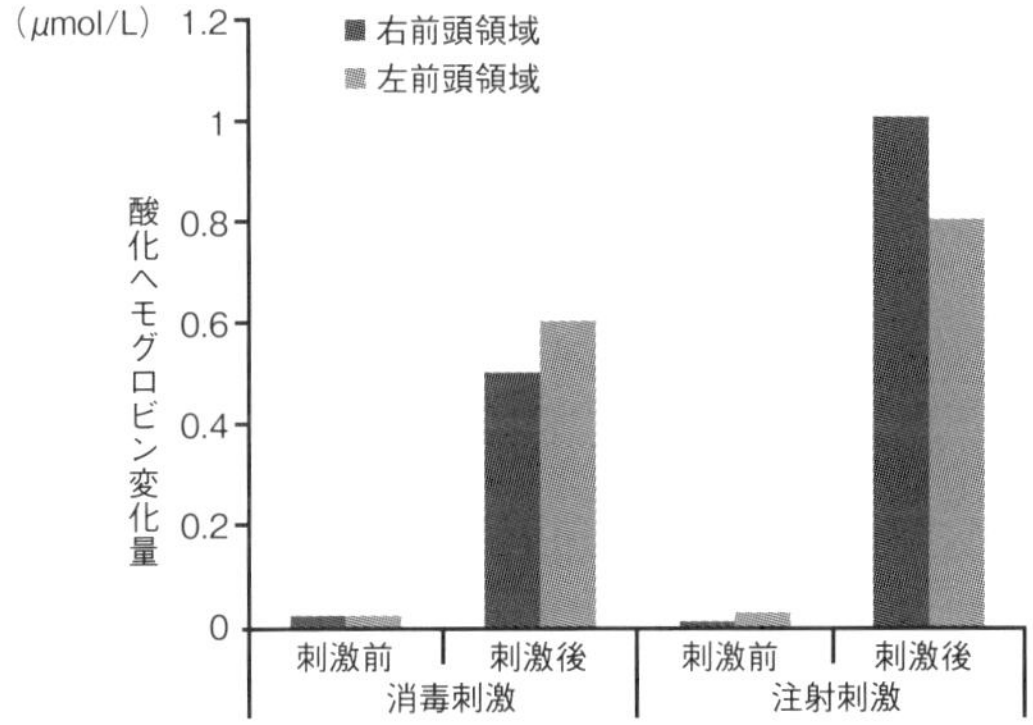

図５－６　消毒刺激と注射刺激の前後における未熟児の脳血流量
（福原他 2005）

触刺激が与える情動領域の影響によるものか否かについて、脳血流量による評価を行った（福原他 2008）。

検児は、前の研究とは別の未熟児15名［男児9名、女児6名、在胎23～31週、出生時体重が640～1432グラム、検査時年齢は修正34～40週、検査時体重1742～3096グラム］である。手続きは、注射前におしゃぶりを検児の口に入れ、消毒－注射－消毒の条件を行う条件と、おしゃぶり無しで注射を行う条件の二つの条件を、同一の検児に実施した。なお、おしゃぶり条件とおしゃぶり無し条件は、検児ごとに順序を変えカウンターバランスをとった。脳血流測定は、前と同様の手続きで行った。

その結果、両条件において、個人差はあるものの、操作開始から泣きやみまでの平均時間も、体動消失までの平均時間も有意な差がなかった。おしゃぶりの有無と測定部位と手続き操作の前後で分散分析を行ったところ、図5－7に示すように、操作前後の主効果に有意差が認められた。また、おしゃぶり刺激の有無と手続き操作前後の間で有意な交互作用があり、手続き操作の終わった後のおしゃぶり条件より、おしゃぶり無し条件で、有意に血流量が増加していた。

このことから、注射前におしゃぶりを与えたときには、未熟児の痛み刺激に対する不快感の緩和が生じて、脳血流量の変化に現れることが推定される。さらに、この結果は、未熟児においても、痛覚刺激が辺縁系の情動領域の不快感を誘発するだけでなく、口の触刺激が辺縁系への連絡を介して、情動領域の不快興奮の緩和促進が認められる経路のあることが示唆された。さらに、情動領域は、マルチモーダルな感覚情報を介して多様な環境適応能力を、新生児に発揮させることも示唆している。

母乳の匂いは母性クオリア

匂いは、動物の社会的相互作用に本質的な役割を果たしている。特に、新生児の場合、視覚や聴覚といった遠感覚の発達は遅れるが、胎児期から成熟している嗅覚、味覚、触覚などの近感覚は、誕生直後から生命維持に必要な環境情報を得る重要な役割を果たしている。中でも嗅覚や味覚は、生活環境にある特定の分子に対し神経興奮を引き起こす化学感覚として、系統発生的にも原初的な感覚と言われている。

嗅覚情報は、下位の脳中枢を経ることなく、鼻から大脳皮質に直接伝達される点で、ほ乳類では特異な感覚と言われている。人間の場合、嗅覚刺激は、鼻にあ

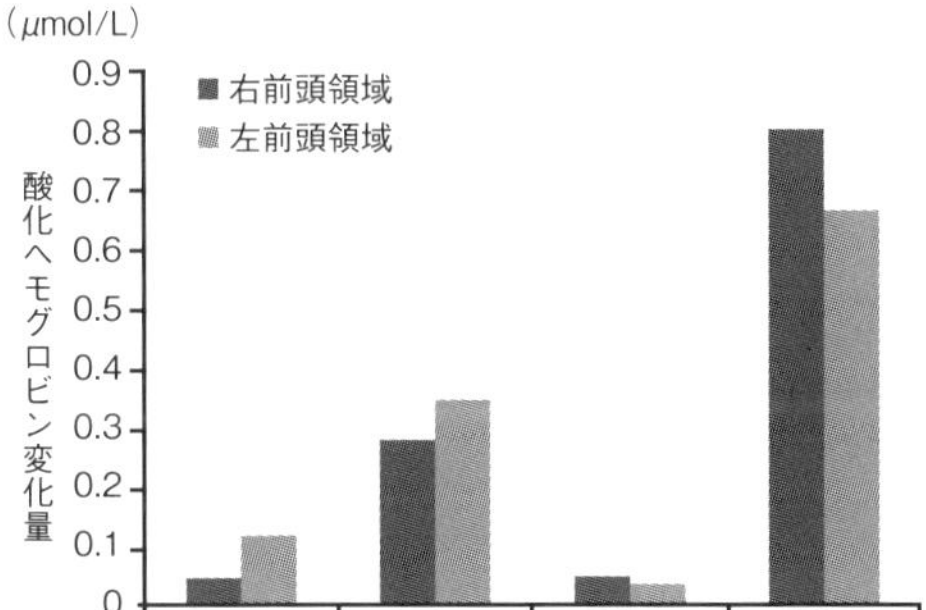

図5－7　おしゃぶり注射条件と注射条件の注射前後の脳血流量
（福永他 2008）

る嗅上皮から大脳にある嗅球に投射された後、二つの神経回路を経由してOFCに投射される。一つは、一次嗅覚皮質を経由して内嗅皮質を通りOFCに向かう経路、もう一つは、嗅球から大脳辺縁系の視床に向かい、さらにOFCに投射される経路である。

この嗅覚神経回路は、皮質の中でも誕生までにかなり早くから発達しており、化学的嗅覚刺激を嗅ぎ分ける能力は、胎児期に重要な役割を果たし、誕生以前に機能する代表的な感覚でもある。嗅覚は、誕生数日で安定度を増してくるので、新生児は母乳を敏感に嗅ぎ分けることができる。たとえば、母乳の匂いに対する新生児の選好反応（Macfarlane 1975）や吸綴反応（Russell 1976）が顕著であるという研究が報告されている。一方、人工乳哺育児については、母乳の匂いへの選好反応が認められないという報告もある（Porter et al. 1991）。また、安松他（1994）は、安静時の乳児に母乳の匂いを嗅がせると、脳波のパワースペクトル値が下降するが、人工乳ではこのような結果が得られなかったという結果から、生理学的指標による乳児の母乳に対する特異性があると報告している。その意味で、母乳の匂いは、乳児の母性クオリアとして母子の絆形成に働く点で、誕生後の最適な感性情報と考えられる。

新生児の嗅覚に関するNIRSを用いた脳血流研究としては、イタリアのバルトッチ他の研究（Bartocci et al. 2000）がある。その研究は、ベッドに仰臥姿勢で置かれた覚醒状態にあるときの新生児の嗅覚皮質活動を測定したものである。嗅覚刺激として、検児の母親の初乳、バニラエッセンス（四酸化アニソール）、蒸留水を、それぞれ20㎝の棒の先に付けて、検児の鼻先に持っていき、30秒間嗅がせた。

その結果、生後24時間以内の新生児9名については、初乳、バニラ、蒸留水の酸化ヘモグロビン量を各刺激間の比較で、蒸留水と初乳、蒸留水とバニラ、初乳とバニラ間でそれぞれ有意差が認められたが、24時間以後の新生児41名では、蒸留水と初乳間では有意差がなかったと報告している。

そこでわれわれは、新生児の社会脳の芽生えの契機としての乳の匂いの役割について、母乳だけでなく人工乳の嗅覚反応にかかわる脳血流動態の違いを検討した（Aoyama et al. 2010）。

対象児は、総合大学附属病院で誕生した、誕生後2～9日目の健常な新生児26名［男児12名、女児14名、平均年齢5日、平均出生体重2744グラム、平均在胎期間37週5日］であった。看護報告に基づいて、新生児を母乳哺育群と人工乳哺育群の二つのグループに分けた。脳血流量は、NIRO-200（浜松フォトニクス社製）を用い、サンプリング・タイムを1秒に設定した。

検児に与える二種類の嗅覚刺激は、検査日に各検児の母親から搾乳した母乳と、検査直前に調合した人工乳を用いた。各刺激は、4センチ四方のガーゼに数滴たらし、刺激ごとにピンセットで、ベビーベッドに仰臥している検児に、刺激が直接触れないようにして、検児の鼻先1㎝前にかざした。検査は、検児への授乳後最低30分後、ベビーベッド内に仰臥した状態で、前額部にオプトードを装着した。

各刺激を嗅がす条件は、60秒間のベース期、30秒間の刺激提示期、30秒間の安静期からなる連続1セッションである。特に、刺激呈示期後の安静期に、酸化ヘモグロビン量がベース期のレベルに戻るのをチェックした後、次の刺激を与えるセッションを行った。検査は、母乳提示と人工乳提示の順序について、検児群を2ブロックに分けて、検児の半数は最初に母乳提示を、残りの半数は最初に人工乳提示を行った。

刺激提示期には、刺激が提示された時点をON、刺激を除去する時点にOFFのトリガー・シグナルをNIRO-200に入力した。そして、各検児のベース期の刺激直前30秒間の酸化ヘモグロビンの平均値と、刺激提示直後の30秒の平均値の差分を、各刺激に対する脳血流変化量とした。

その結果、母乳に対する脳血流は増加するが、人工乳に対しては変化が少なく、わずかに減少していた。統計的には、母乳の匂いと人工乳の匂いに対する酸化ヘモグロビン量に有意差が認められ、測定部位による差は有意ではなかった。このことから、新生児における、母乳と人工乳に対する嗅覚弁別反応が異なることが明らかになった（図5－8）。

さらに、これらの検児を母乳哺乳群（14名）と混合哺乳群（12名）に分けて、母乳と人工乳に対する酸化ヘモグロビン量の平均変化量を群間比較したところ、図5－9に示すように、母乳では、両哺乳群とも酸化ヘモグロビン量が増加するが、人工乳では、両群ともに酸化ヘモグロビン量が減少していた。すなわち、新生児の刺激に対する匂い弁別が、哺乳スタイルとは関係ないことがわかった。このことから、母乳は、新生児にとって人工乳より優位性のある匂い情報で、母性クオリアの特性をもつ感性情報であるといえる。

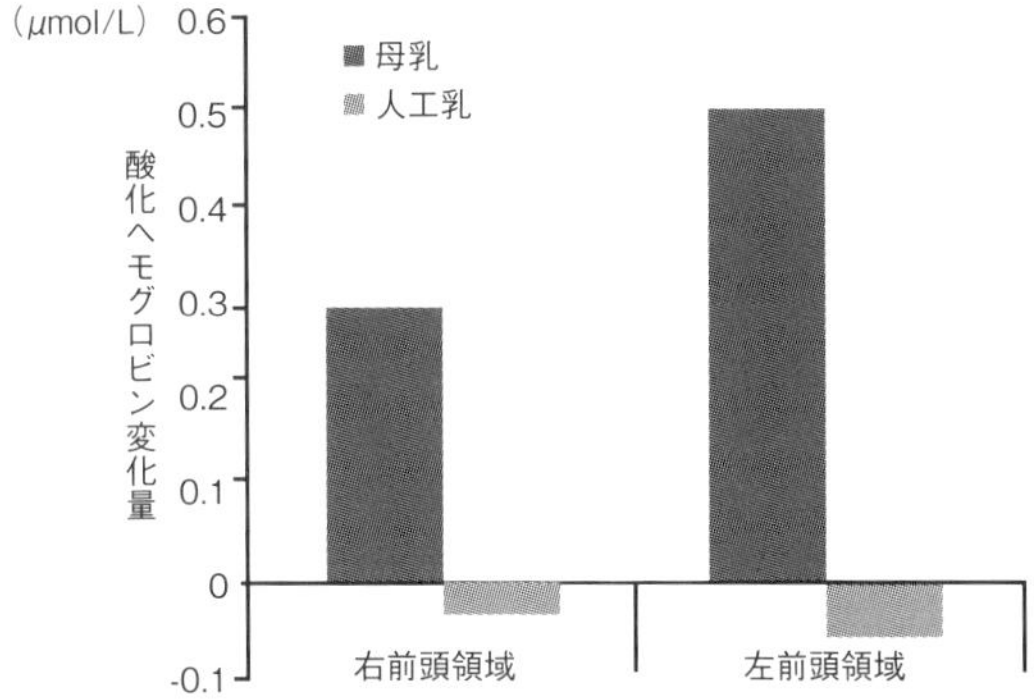

図5−8　新生児の母乳の匂いと人工乳の匂いに対する左右前頭領域における酸化ヘモグロビン変化量（Aoyama et al. 2010）

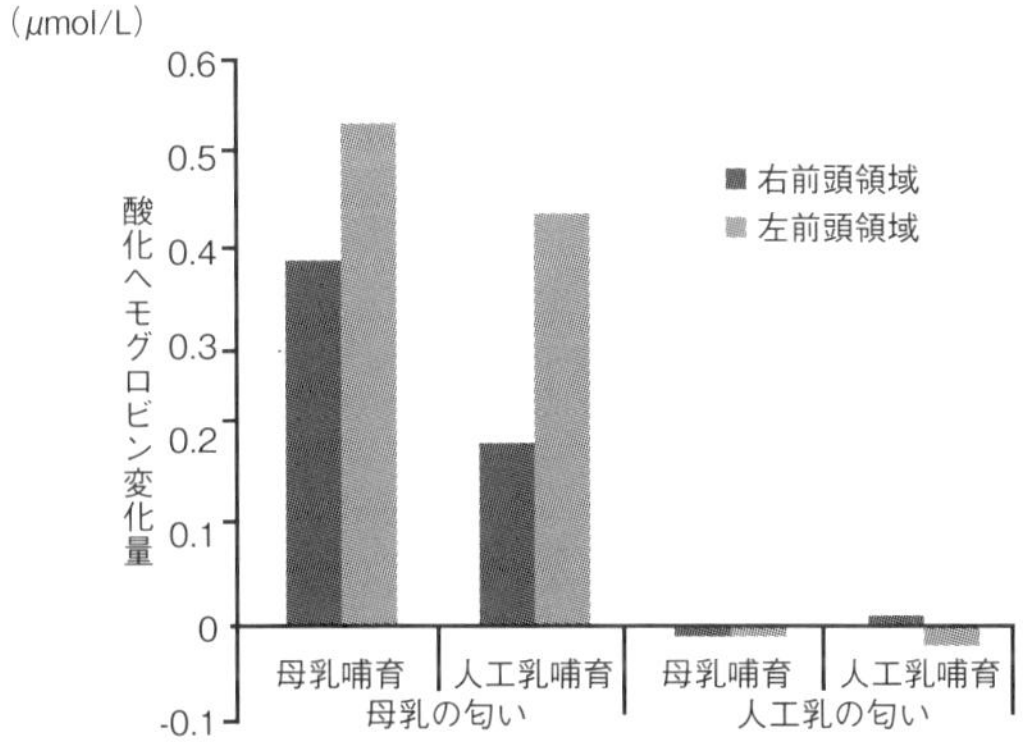

図5−9　新生児の授乳哺育の違いによる母乳と人工乳の匂いに対する酸化ヘモグロビンの変化量の違い（Aoyama et al. 2010）

母親との接触感は母性クオリアとなりうるか？

ハーロー（Harlow 1958）の、猿の代理母親のスキンシップ効果の研究は、育ての母親の接触感が子どもの愛着を生むことを実証し、養育におけるスキンシップの重要性を示した不朽の研究とされている。一方、前節の研究では、スキンシップと深く関わると思われる哺乳スタイルが、生後すぐの新生児の、乳の匂いに対する脳の活性化とは関係ないことが示された。それでは、母親とのスキンシップが新生児の母性クオリアとなるには、どのような要件が必要なのであろうか。この点を解明するために、母親の新生児への接触度と、母乳と人工乳の匂いに対する脳血流動態との関係について検討した（青山他 2006）。

地方県立病院新生児科の看護記録に従って、授乳時の母親と乳児の接触頻度を、ケアの様式（カンガルー・ケア、授乳、抱っこ、タッチング等）と哺乳様式（直接哺乳と間接哺乳）の基準に基づき、接触頻度の相対的に高い群と低い群とに分けて、母乳と人工乳に対する乳児の脳血流動態を測定した。

対象児は、同病院新生児科のＮＩＣＵ入院の早期産児36名［男児15名、女児21名、平均在胎週数32週、平均出生体重１６５８・５グラム、平均出生日数35日、平均検査時体重２２７４グラム］であった。なお、高頻度接触群と低頻度接触群の人数は、それぞれ18名であった。

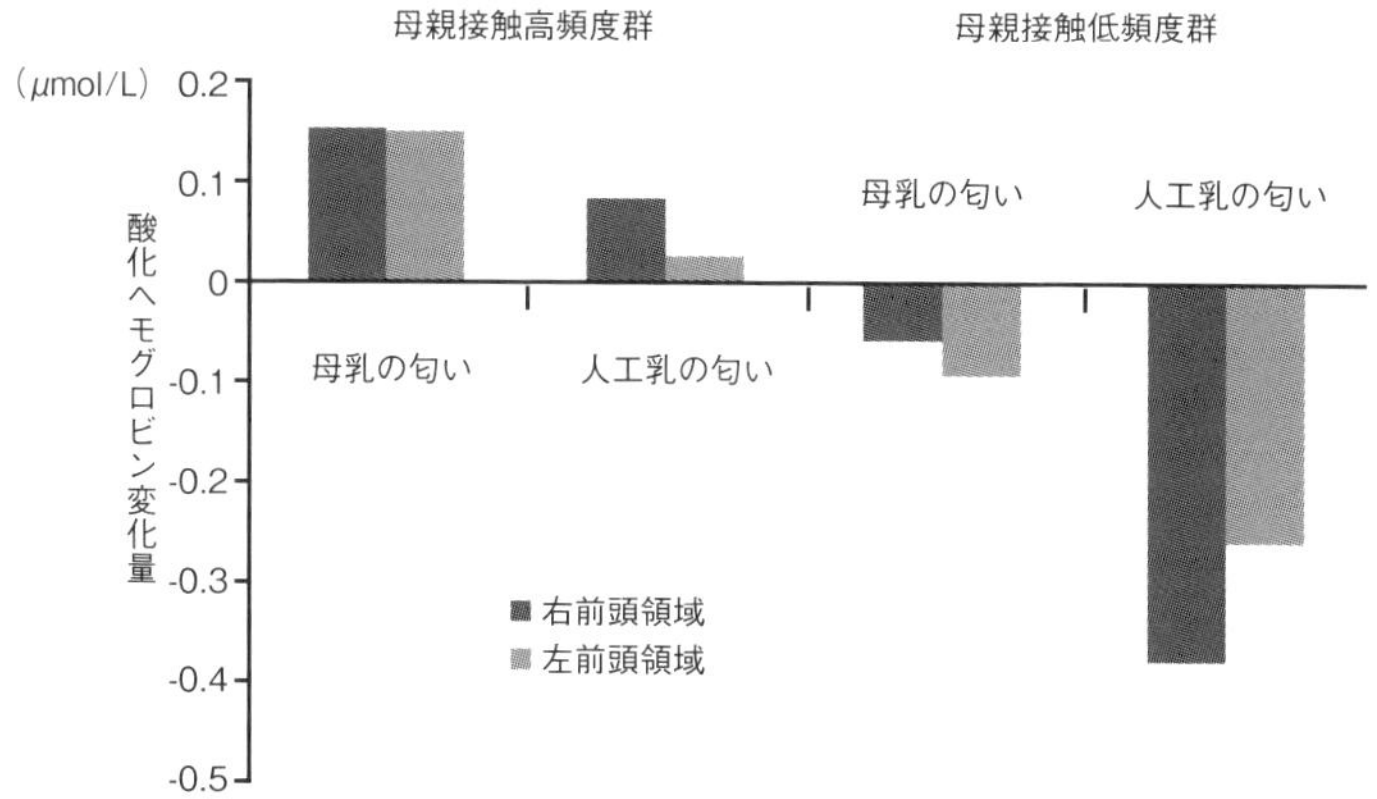

図５－10　母親の接触頻度の違いによる乳児の母乳と人工乳の匂いに対する脳血流量（青山他 2006）

匂いの刺激材料としては、母乳は冷凍保存し、測定日に解凍した。人工乳は、測定日に調乳した。脳血流計測スケジュールは、安静期（60秒）－匂い刺激呈示期（30秒）－安静期（60秒）であった。刺激呈示期のスタートでON、30秒後の終了でOFFのトリガー信号をNIRO-200に入れた。計測部位は、前額部の左右二箇所にプローブを装着し、これまでと同様の測定手続きを行った。

また、母乳を嗅ぐ条件と人工乳を嗅ぐ条件の呈示順序は、各群の半数は母乳を嗅ぐ条件、残りの半数は人工乳を嗅ぐ条件を、それぞれ先に行い、順序効果を相殺した。

母親の接触頻度の高低群別の、母乳と人工乳に対する酸化ヘモグロビンの平均変化量を、図５－10に示した。分散分析の結果、接触頻度の主効果のみに有意差が認められた。すなわち、母親の接触頻度の高い乳児では、母乳と人工乳に対して活性化が高く、逆に、母親の接触頻度の低い乳児では、いずれに対しても活性化が低いことが明らかになった。このことは、ハーローのスキンシップの研究が示唆したように、母親との接触感が、乳児にとって母子の絆形成に促進的な母性クオリアの一つとなりうることが、新生児の匂い感覚を通して明らかにされた。

マザーリーズの母性クオリア

母親の声は、胎児にとって、子宮内の羊水を通して伝わってくるもっとも強い信号であり、母親の声に対して心拍数の増加が生じ、出生前から知らない人の声よりも母親の声を好む傾向があると言われている（DeCasper & Fifer 1980）。

新生児も胎児同様に母親の声を好む傾向がある（DeCasper & Spence 1986）。聴覚器官が成熟して耳管から羊水が抜けた新生児の場合、多くの聴覚情報は脳幹と視床で処理された後、聴覚野である側頭皮質で処理される。そのため、新生児の聴覚情報処理は、最初に音のピッチ、強さ、音定位などを処理した後、さらに高次の聴覚皮質で楽音、発話表現、乗り物音などの対象同定ができる聴覚情報として処理される。したがって、胎児の聴覚情報と新生児のそれとは、質的に違いがある。

イタリア国際高等研究所と日立製作所基礎研究所のＮＩＲＳによる共同研究で（Pena et al.

2003)、生後2ヶ月児が母国語と外国語の弁別能力があることを報告しているように、新生児の言語音に対する処理は、かなり早期からできる。また、メーラー他（Mehler et al. 1988）は、新生児が異なる言語の弁別に用いる言語学的要素としては、発話の抑揚、語調、リズム、間、口調などのプロソディが主体になると報告している。

一般に大人が乳児に話しかける際、語彙を平易にして、音声のプロソディを強調する傾向がある。特に、乳児に対する話し言葉（infant-directed speech; 以下IDSと略す）は、大人同士の話し言葉（adult-directed speech; 以下ADSと略す）より、全体的に声が高くなり、テンポは遅くなり、抑揚が誇張される。このような特徴をもつ母親の音声を、マザーリーズとも呼ぶ（Ferguson 1964）。また、IDSの音響特徴は、乳児の月齢や母子相互作用の文脈によっても異なるが（Stern et al. 1982）、IDSとしてのマザーリーズは、言語や文化を越えた普遍的な母親の行動であると言われている（Ferguson 1964）。

フェルナルド（Fernald 1992）は、IDSのプロソディ特徴は、乳児にとって重要な聴覚的情報であり、出生後の早期に与えられるIDSは、乳児の注意喚起・維持の機能、相互作用での情動的表出の交換機会を高める機能、乳児の言語獲得を促進させる機能の三つの機能をもつとしている。選好聴取法や馴化パラダイムなどの行動指標を用いた研究では、これら三つのIDSの機能のうち、注意喚起・維持機能と、情動的表出の交換機会を高める機能は、新生児から7～9ヶ月までの乳児のいずれの月齢期においても、ADSに比べIDSの聴取時間が長いと報告されている（Cooper & Aslin 1990; Pegg et al. 1992; Glenn & Cunningham 1983）。

これらの先行研究から、母親の言語音の構成要素であるプロソディが、新生児にとって母性クオリアとしてはたらき、母子の絆形成を促進すると考えられる。そこで、われわれは、生後すぐの新生児への母親の語りかけの音声（マザーリーズ）が、新生児の脳の活性化に及ぼす影響を検討した（Saito et al. 2007a）。

対象児は、総合大学附属病院で誕生した新生児20名［男児８名、女児12名、在胎平均日数38・９週、平均出生体重３０２８・６グラム、出生直後および５分後のアプガールスコア10点満点中９点以上で、聴覚異常なし］で、検査時の平均年齢は４・４日齢であった。

母親の音声刺激は、各検児の母親から採取した。音声刺激は、童話「赤ずきんちゃん」の冒頭部分を書いた用紙（40語からなる四つの文章で、休符は12回）を渡し、各母親に読んでもらった。その際、ＩＤＳ採取では、母親に検児が寝ているベビーベッドの前で、「お子様を見て、読んでください」と教示した。また、ＡＤＳ採取では、研究者と母親が対面する状態で、「私に向かって読んでください」と教示した。読む速さ、声の大きさについては、制限を与えず、リラックスした状態で読んでもらった。ＩＤＳとＡＤＳの採取順は、母親の半分はＩＤＳからＡＤＳ、残り半分はＡＤＳからＩＤＳの順に読ませ、順序効果を相殺した。これらの音声は、すべてデジタルボイスレコーダーに録音し、ＭＰ３ファイル形式に整え、約16ｋHzのローパスフィルターをかけて、すべての刺激が約30秒になるよう編集した。

検査は、室温と照明が一定に保たれた部屋に、新生児を仰臥させたベビーベッドを設置し、検児の前額部にプローブホルダーを左右に装着した。そして、検児の頭部から約15㎝離れた位置に置いた外部スピーカーから、携帯用ジュークボックスに64ｋバイトで録音したＩＤＳとＡＤＳの音声刺激を、それぞれ約70dBの強度で呈示した。

検児の前頭領域の脳血流量測定は、２チャンネルのNIRO-200を使用し、１／６秒のサンプリングタイムに設定した。検査スケジュールは、60秒の安静ベース期後、各検児の母親のＩＤＳまたはＡＤＳが呈示される約30秒の刺激呈示期、その後60秒の安静期からなるセッションを、ＩＤＳ条件、ＡＤＳ条件について行った。また、二つの安静期では、サウンドレベルメーターから、ホワイトノイズ（60dB）を呈示した。検児の半数がＩＤＳ条件を、残りの半数がＡＤＳ条件をそれぞれ先に行い、試行順序の効果を相殺した。

酸化ヘモグロビン量の変化は、音声刺激開始の直前と直後の各10秒間の平均値の差分を音声刺激に対する酸化ヘモグロビン平均変化量とし、左右の導出部位別に示した（図５－11）。

音声特性と測定部位の分散分析の結果、音声の主効果が有意傾向を示し、ＡＤＳよりもＩＤＳで血流が増加する傾向があった。さらに、測定値のばらつきが少ない右側領域の変化量差について統計検定を行ったところ、ＩＤＳとＡＤＳに有意差が認められた。この結果は、母親の発話の音声特性の違いが、新生児の脳血流量の違いに現れることから、生後すぐの新生児も母親のプロソディを弁別できることを示唆していた。特に、ＩＤＳとＡＤＳのプロソディの違いは、語り口調の情動的イントネーションの誇張のされ方にあるので、ＩＤＳの音韻特性として、高いピッチと明確な輪郭（高さの大きな変動）による抑揚が、新生児の注意を喚起させる可能性が高いと考えられる。

母親音声の母性クオリアはプロソディ

前項の「マザーリーズの母性クオリア」の研究では、個々の母親の個性的な音声について、抑揚や呈示時間の統制が難しかった。そこで、抑揚要素を含む母親のＩＤＳのプロソディが、新生児の脳の活性化に影響するという結果をふまえて、抑揚という音韻的特徴が新生児の脳活動に影響を与えるのかを、抑揚のある人工音声と抑揚のない人工音声を作成し、比較した（Saito et al. 2007b）。

まず、音の高さに変化がある「抑揚のある音声」と、音の高さに変化がない「抑揚のない音声」の２

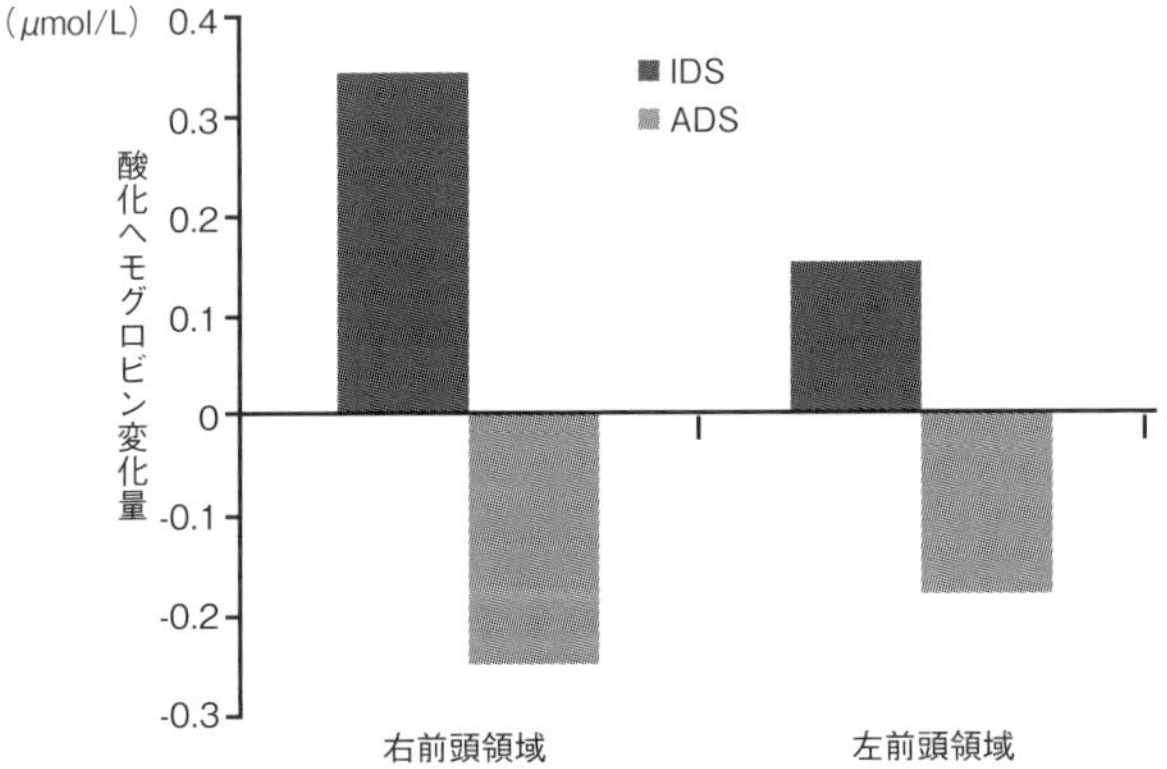

図５－11　IDS 音声と ADS 音声に対する脳血流量（Saito et al. 2007）

種類の日本語音声刺激を、音声合成ソフトウエアにより、22kHzのサンプリング・レートの高品質な自然な女性音声により作成した。

刺激は、前の研究と同じ童話「赤ずきんちゃん」の冒頭部分を用いた。音の高さは、音声合成ソフトの12ポイントの音高スケールに従い、「むかし、あるところに一人の小さな女の子がいました…」の初出「む」の音を、下から5番目の音高に設定した。抑揚あり条件では、その後に続く音から自然に抑揚がつくよう音系列を操作した。抑揚なし条件は、「む」の音高と同じ高さのままの音系列とした。また、両刺激とも、高さの変動の有無以外の、音の強さ、速度、休符の取り方、ボリュームなどのプロソディ要素ならびに刺激呈示時間（30秒）は同一に保った。これらの音声刺激は、携帯型ジュークボックスに44kHzのサンプリング・レートで録音した。そして、音声刺激呈示前後に60秒のベースライン期と安静期に呈示する統制音として60dBのホワイトノイズを使用した。

対象児は、総合大学附属病院で誕生した、前項の「マザーリーズの母性クオリア」の研究とは異なる新生児20名［男児7名、女児13名、在胎平均日数39週、平均出生体重2872・9グラム、出生直後および5分後のアプガールスコア10点満点中8点以上で、聴覚異常なし］で、検査時の平均年齢は4・7日齢であった。

脳血流量は、2チャンネルのNIRO-200を、1／6秒のサンプリング・レートに設定して測定した。その他の手続きは、これまでの研究とすべて同様であった。音刺激は、検児の頭部から15

cm離れた位置に携帯型ジュークボックスを設置し、外部スピーカーを通して呈示した。

刺激開始直前と直後の10秒間の酸化ヘモグロビン量の平均値の差分を変化量とした音声刺激条件と測定部位に関する平均値は、図5－12に示すとおりである。分散分析の結果、音声条件の主効果が有意で、抑揚あり条件が抑揚なし条件より有意に血流が増加していることが認められた。このことから、抑揚という音声のプロソディ要素が、新生児にとって母性クオリアとして脳過程で処理されることが明らかになった。

養育者のプロソディは学習されるか？

母親の発声プロソディは、新生児の脳内で処理されているが、胎児期からすでに聴覚能力が成熟していることからすると、新生児は、母親の発声

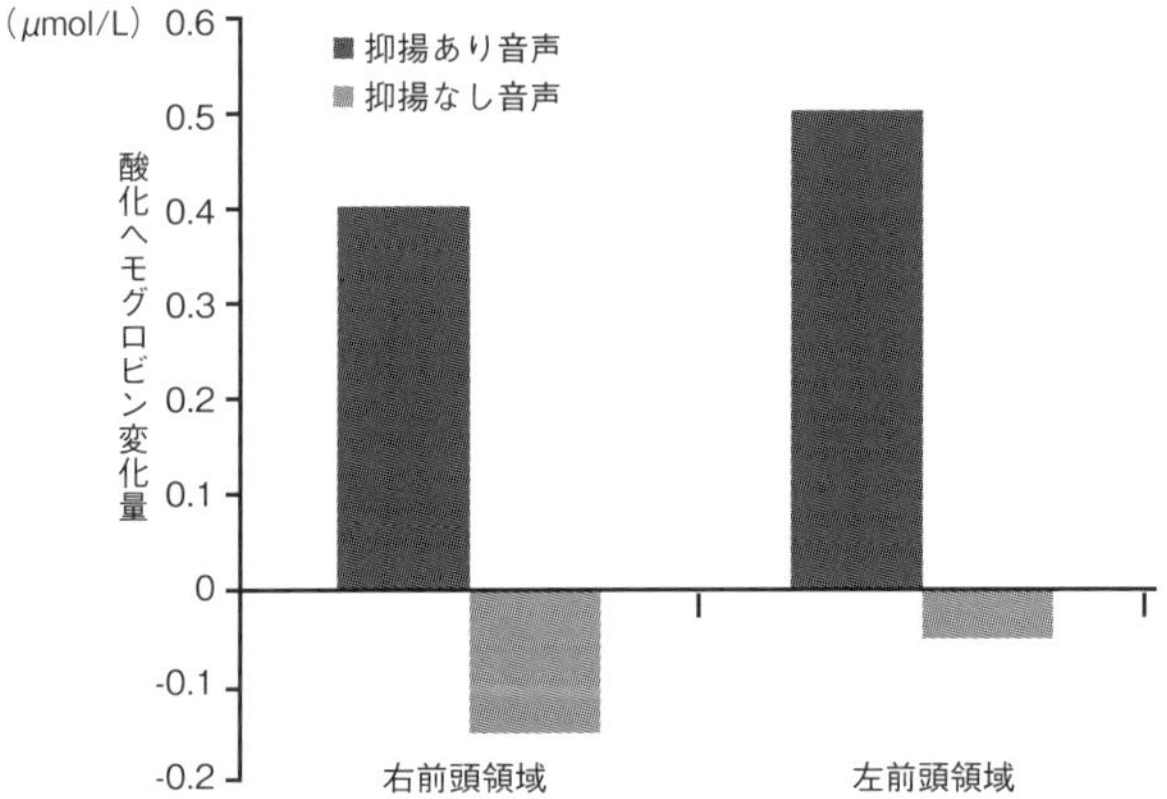

図5－12　抑揚あり音声と抑揚なし音声に対する左右前頭領域での脳血流量
(Saito et al. 2007)

プロソディを、胎児期に母性クオリアとしてすでに学習している可能性も考えられる。この点を検討するため、われわれは未熟児の音声処理についての研究を行った（Saito et al. 2009）。

満期産で出生した子どもの聴覚能力が成熟していることは、先に述べたとおりであり、彼らが他人の声よりも母親の声を好むことは、行動レベルの研究でも確認されている。他方、未熟児は、母親の声を胎内で聞く機会は、彼らの成熟期間を考えると、満期産児より短い。さらに、彼らは、出生直後から新生児特定集中治療室（ＮＩＣＵ）に入ることを余儀なくされるので、母親の声を聞く機会は、いっそう少なくなる。反対に、未熟児は長期入院生活に置かれることで、医師や看護師の声を聞く機会が多くなる。

このような状況下で、未熟児が、声を聞く機会の多い看護師の声と、その機会の少ない母親の声に対して、どのような聴覚処理をしているかについて、脳血行動態から、声のプロソディに対する未熟児の脳内処理を検討した。

対象児は、痛みの研究を行った地方県立病院新生児科のＮＩＣＵで治療中の未熟児26名［男児と女児、各13名、平均在胎週数30・４週、平均出生時体重１３８５・４グラム、平均検査時日齢修正46・３日齢］であった。これらの未熟児の入院理由は、極低体重出生、呼吸窮迫症、新生児一過性頻呼吸症、新生児無呼吸症であったが、小児神経学的異常や聴覚障害はなかった。

音声刺激の作成は、以下のとおりである。担当看護師の場合、毎日最大８時間、検児をケアしており、母親よりも接触時間は長く、母親の場合は、11時間半の病院開院中３時間のみ検児に面会が許されるだけで、検児との接触は、一般の母親よりも極めて少ない。そこで、各検児の母親と担当看護師の声を、これまでの研究と同様の装置と手続きで録音採取した。母親と看護師には、検児に授乳時に言葉かけをするときと同じような口調で、「おはよう、ミルクの時間ですよ」と言ってもらい、その音声をステレオ・デジタル・ボイスレコーダーで採録した。ただし、母親も看護師も、その音声の長さ、音の強さ、話す速さ、音量、休符の長さには個人差があった。

脳血流測定は、2チャンネルNIRO-200を使用し、これまでの研究と同様の手続きで行った。検児は、静かな部屋に置いたベビーベッドに寝かせ、ブラゼルトン尺度で状態1～2の浅い眠りの状態で検査した。検査中には、検査者は一切声を出さず、検児にも触れなかった。検児から10cm離れた頭上に置いたスピーカーからボイスレコーダーを通して、刺激とホワイトノイズが呈示された。

検査手順は、事象関連手続きに従い、20秒のホワイトノイズの呈示直後に10秒の音声刺激を呈示し、その直後に再度20秒のホワイトノイズを呈示する手順を一ブロックとして、4回繰り返した。また、母親と看護師の音声呈示条件は別々に行うので、一人の検児につき2条件を実施した。刺激呈示順は、検児の半数に母親の声の条件を、残り半数に看護師の声の条件を、それぞれ最初に行うことにより、順序効果を相殺した。

データ処理手続きは、音声刺激呈示前後の5秒間の酸化ヘモグロビンの差分を変化量として結果の分析を行った。ただし、一人の検児につき各音声呈示条件で4回のヘモグロビン変化量が得

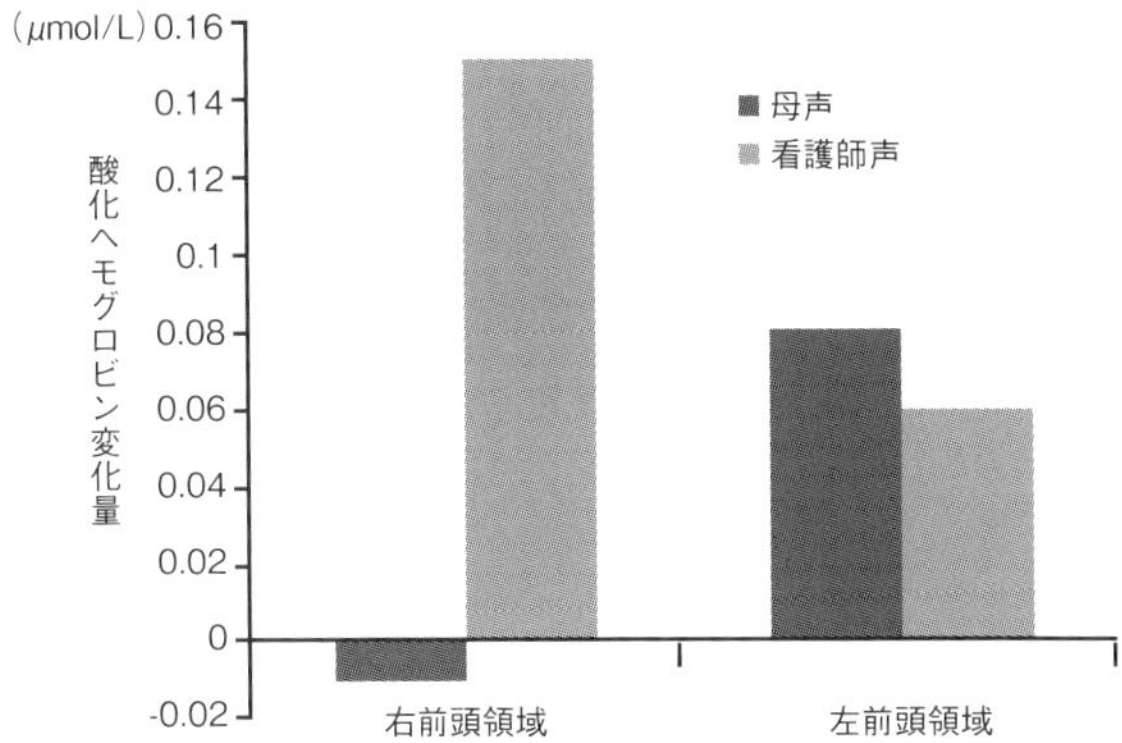

図5－13　母親の声と看護師の声に対する未熟児の脳血流量
(Saito et al. 2009)

られるので、その4回の平均値を、各検児の各刺激における変化量とした。

結果は、図5－13に示すように、左右の測定部位における母親の声と看護師の声に対する酸化ヘモグロビンの平均変化量の現れ方が異なっていた。すなわち、検児の左前頭領域の変化量は、両方の音声刺激に対して脳の活性化が増す方向に現れていた。他方、右前頭領域の変化量は、母親の音声による脳の活性化は認められないが、看護師の音声で著しく活性化していた。この結果は、統計的分析からも支持された。

以上のことから、言語刺激に含まれるプロソディに関して、胎児期に母親の声を聞く機会の少ない未熟児でも、母親の音声に反応する可能性があるのは、母親の音声のプロソディが、母子の絆形成の要因となる点で理解できる。しかし、看護師の音声に対しても脳が活性化するのは、未熟児がＮＩＣＵで多く接している看護師の発話プロソディを学習している可能性を否定できない。

さらに、前頭領域の左右で活性化に差があったことから、脳機能のラテラリティも否定できないが、看護師音声に対して右前頭領域が強く活性化したことは、未熟児に対する看護師のケアが報酬系の情動脳の活性を促した可能性も高いと思われる。

母子相互作用事態で乳児の脳過程を調べる

2000年科学研究費補助金基盤研究（A）「乳幼児の認知・情動的クオリアの発達に関する神経心理学的研究」の取得を契機に、乳児と母親の対面事態から母親がいなくなる条件と、乳児が見知らぬ女性と対面する事態から女性がいなくなる条件の2条件下で、乳児の顔の皮膚温度変化を測定した水上他（Mizukami et al. 1990）の研究の追試を行った。その際、乳児の顔の皮膚温度の変化の測定に加え、母子の対面条件での脳血行動態の測定を同時に測定して、母子相互作用における新生児の発達神経心理学的研究を行った（利島他 2003、橋本他 2003、Kondou et al. 2004）。

対象児は、参加者募集に応募してきた1歳未満児9名［平均月齢7ヶ月］であった。脳血行動態の測定には、光トポグラフィー装置（日立メディコ製 ETG-100）を使用した。脳血流動態の計測は、トポグラフィー装置から出ている8点の近赤外光照射部と8点の検出部からなる光ファイバー・プローブのヘッドキャップを検児の後頭領域に被せて装着した。プローブ内は、図5－14

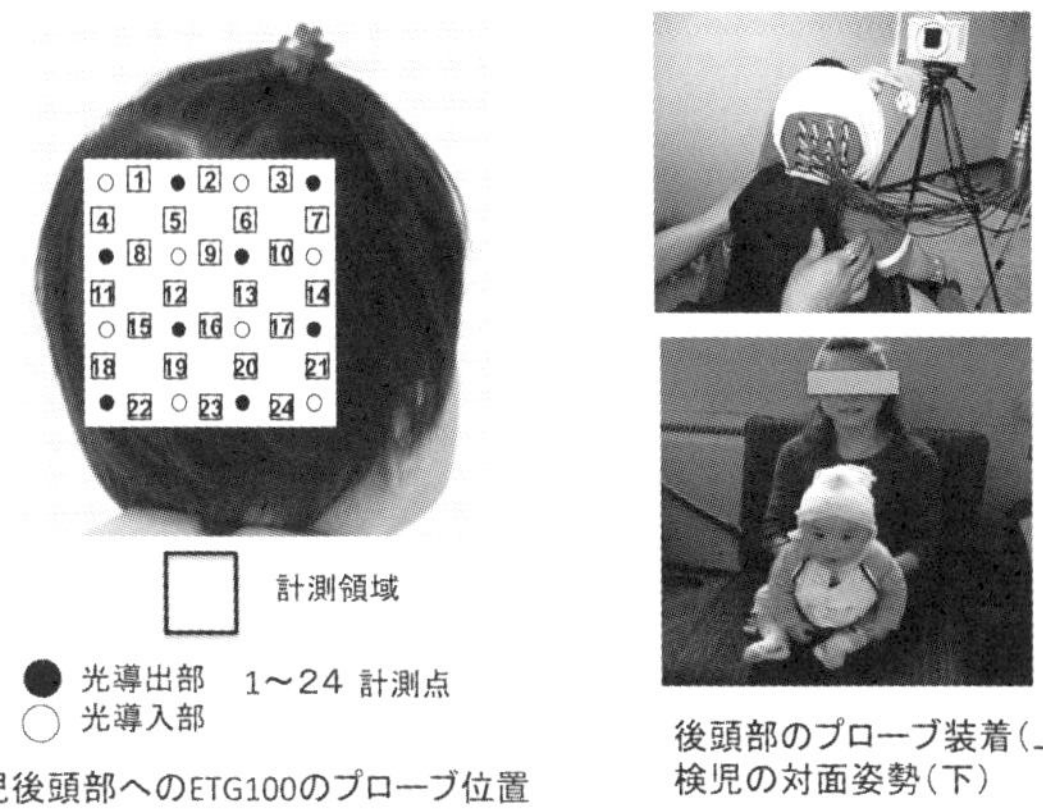

乳児後頭部へのETG100のプローブ位置
後頭部のプローブ装着（上）と
検児の対面姿勢（下）

図5－14　光トポグラフィー装置のプローブ装着と検児の検査事例
（利島他 2003）

のように光照射部（黒丸）と検出部（白丸）があり、これらが30㎜間隔で正方格子状に配置されている。図内の数値は、黒丸と白丸の中間点で、酸化および還元ヘモグロビン濃度の変化が測定されると推定される地点である。

脳血流測定と同時に顔の皮膚温度測定を行った。測定装置には、サーモグラフィー装置（日本光電製インフラアイ）を使用した。本装置は、検児の正面に設置されたカメラを通して非接触で顔面温度を測定し、連続的に送られたデータを1秒単位の温度値に変換し、そのデジタル値を記録した。

衝立で仕切られた検査室の一方は、検児と母親または検児の見知らぬ女性が対面する領域で、ここにサーモグラフィー装置の皮膚温度測定用カメラと行動記録用のビデオカメラを設置した。もう一方は、光トポグラフィー装置とサーモグラフィー装置とを設置した。

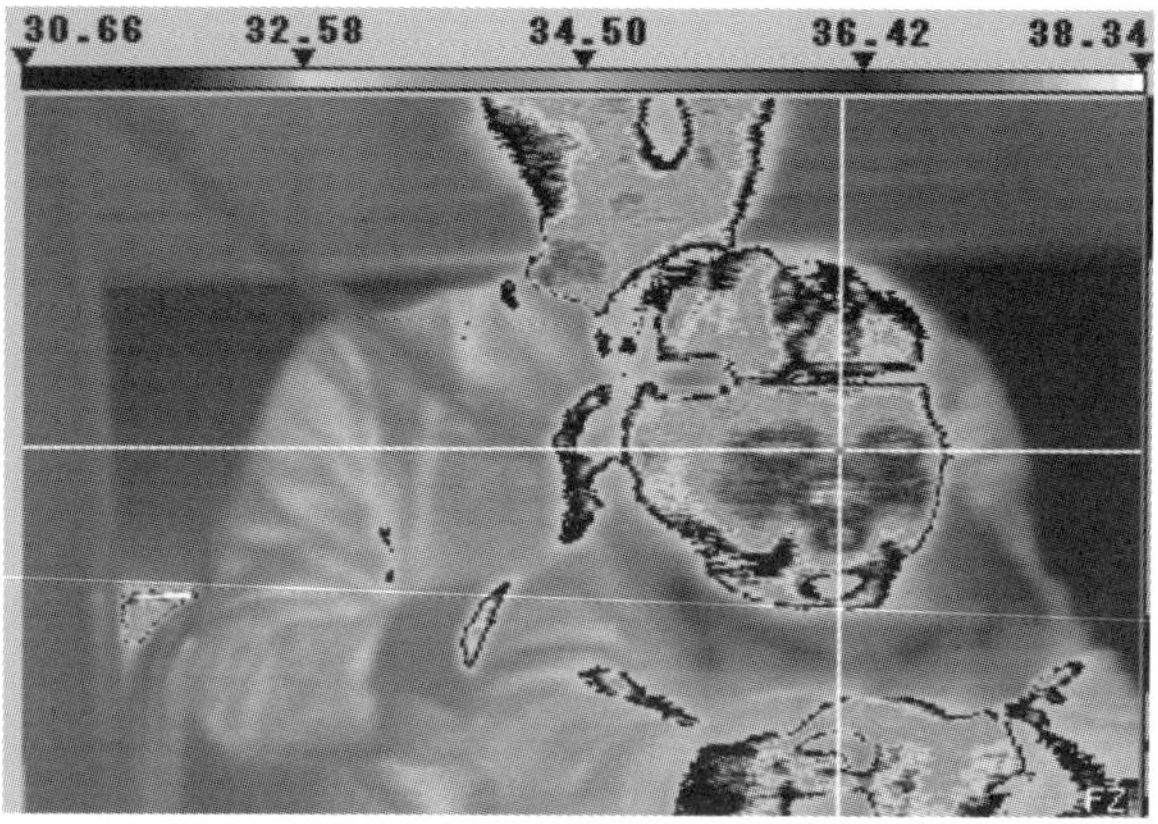

図5－15　サーモグラフィーによる乳児の顔面全体の温度トポグラフおよび基準指標とした鼻根部の位置（左右軸の交点）（利島他 2003）（カラー口絵参照）

検査手続きは、プローブキャップを検児の後頭部に被せ、脱げるのを防止するためガーゼで頭部全体を固定した後、検査前に検児に馴れた検査補助者が抱いて椅子に座った。その後、母親と対面する条件と見知らぬ女性と対面する条件を、検児ごとに順序を変えて実施した。各条件は、事前脳血流スキャン期（10秒）－安静期（20秒）－対面期（30秒）－一人で居る期（40秒）を1ブロックとして、3ブロック連続施行した。対面条件の間に30分の休憩を入れた。対面時には、両者に対して「○○ちゃん、いい子にしてね。」と、2回乳児に言葉かけをするよう教示した。

顔面温度は、検児の鼻根部の温度値を基準指標とした（図5－15）。さらに、変化量は、対面期直前の安静期10秒間の値から対面期直後の10秒間の値の平均値の差分値（相互作用開始時

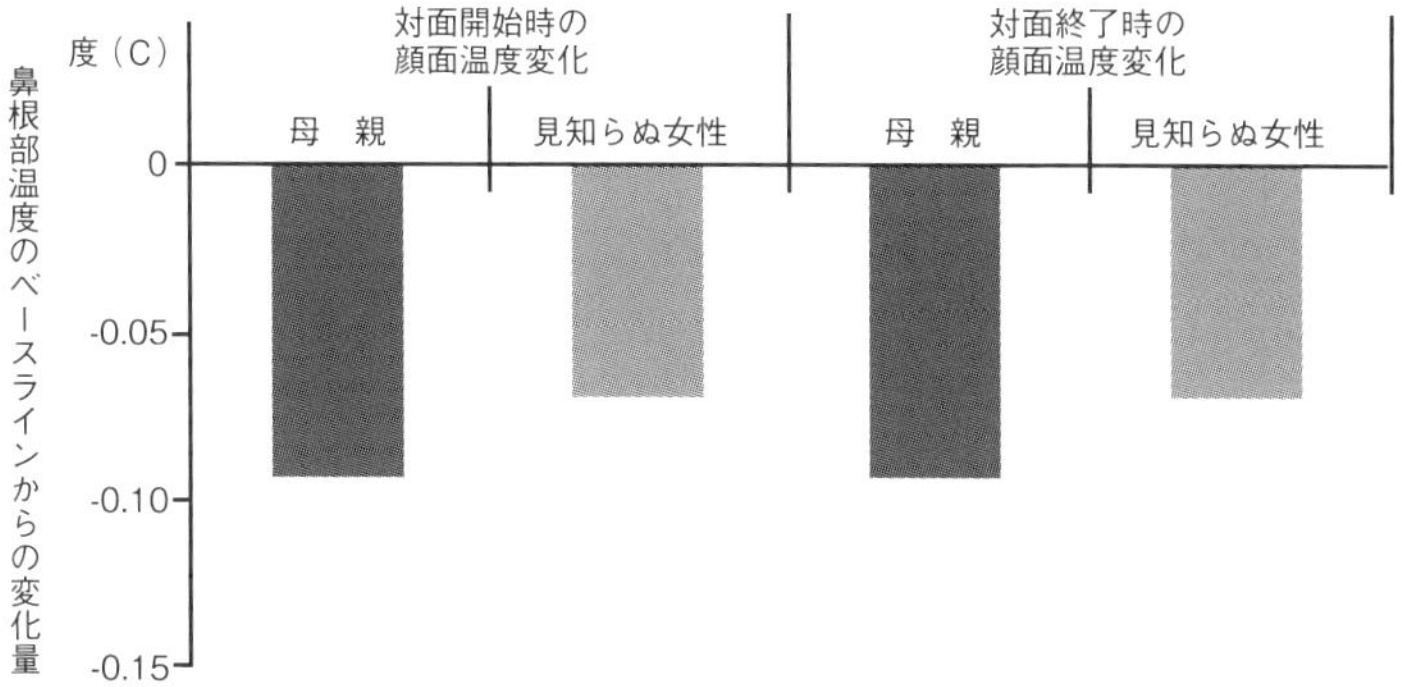

図5－16　対人対面開始時と対面終了時の顔面温度の変化量（利島他 2003）

の顔面温度変化量）と、対面期直後のリラックス期の10秒間の平均値から対面期終了直前の10秒間の値の平均値の差分値（相互作用終了時の顔面温度変化量）について分析した。

各対面条件の顔面温度の変化量に関して、相互作用開始時と終了時の顔面温度の変化量は、相互作用期直前ならびに直後ともに、ベースラインの安静期とリラックス期の顔面温度より低下していた（図5－16）。この結果は、相互作用開始期直後には顔面温度が低下するが、相互作用期終了前には上昇し、対面人物がいなくなると顔面温度は再び下降することを示していた。したがって、相互作用期では、乳児の顔面温度がしだいに上昇し、相互作用の機会がなくなると乳児の顔面温度が下降する点では、水上他の結果を支持したが、対象人物の違いは、相互作用期の顔面温度変化に影響しなかった。

脳血流の変化量は、各対面期と直前の安静期の10秒間のヘモグロビン量の平均値の差分を変化量の指標として、1条件3回の差分量の平均値を分析測度とした。その結果、

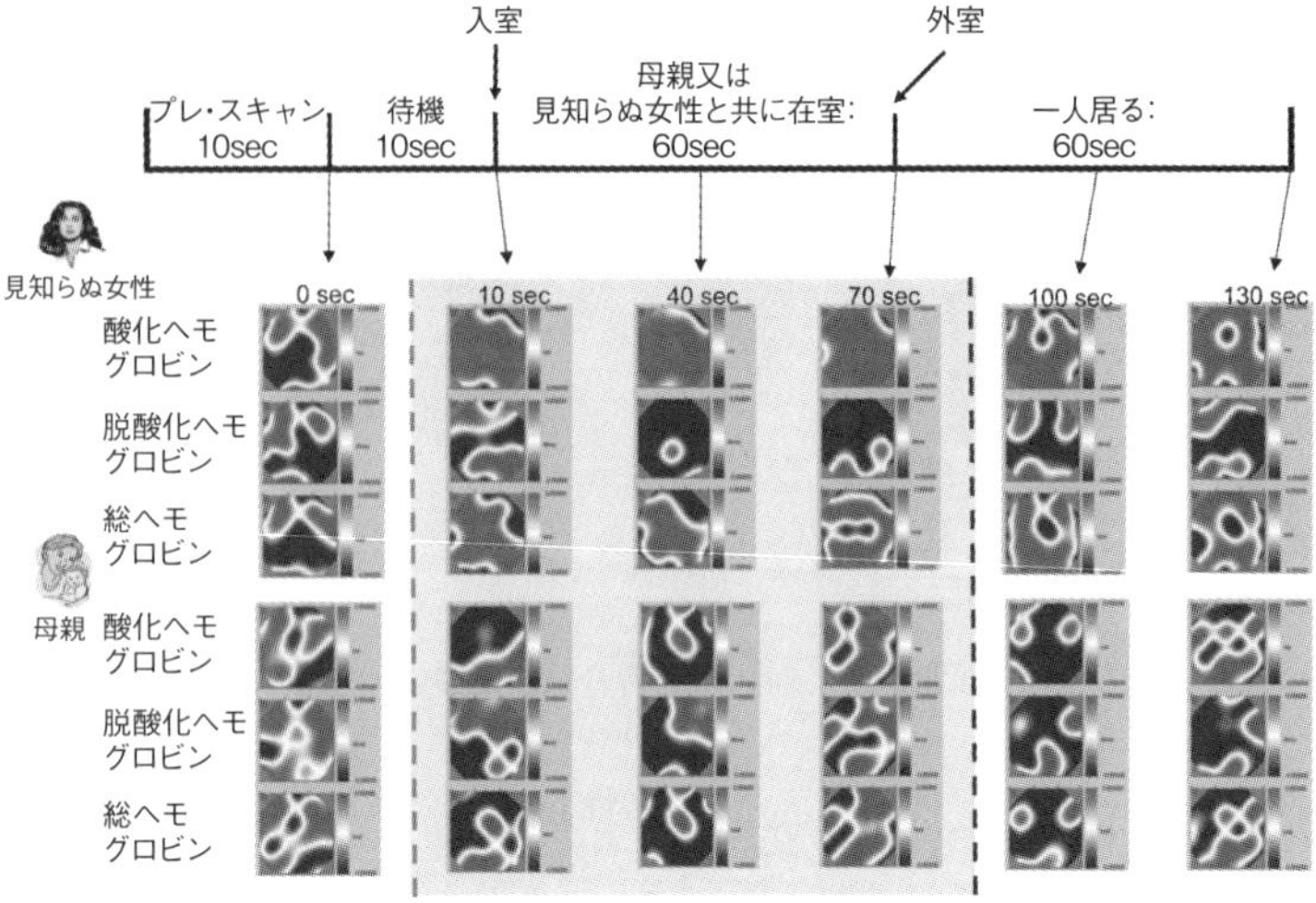

図5－17　6ヶ月女児の対人対面時の母親と見知らぬ女性に対する後頭領域の脳血流のトポグラフの時間的変化（橋本他 2003）
（カラー口絵参照）

脳血流量の変化は、顔面温度と異なる様相を示していた。

図5－17は、事前パイロット研究で調べた6ヶ月女児の母親対面条件と見知らぬ女性対面条件における、酸化ヘモグロビン、脱酸化ヘモグロビン、総ヘモグロビンの時系列（対面期と一人で居る期の時間が、実際の研究と異なっている）ごとに表示したアナログ変化の図である。この図が示すように、見知らぬ女性との対面中は、後頭領域全般で酸化ヘモグロビンや総ヘモグロビンが、全面的に赤くなっており、この領域が活性化していることを示している。逆に、母親との対面中の活性化は少ない傾向が認められた。

しかし、本検査で測定した脳血流変

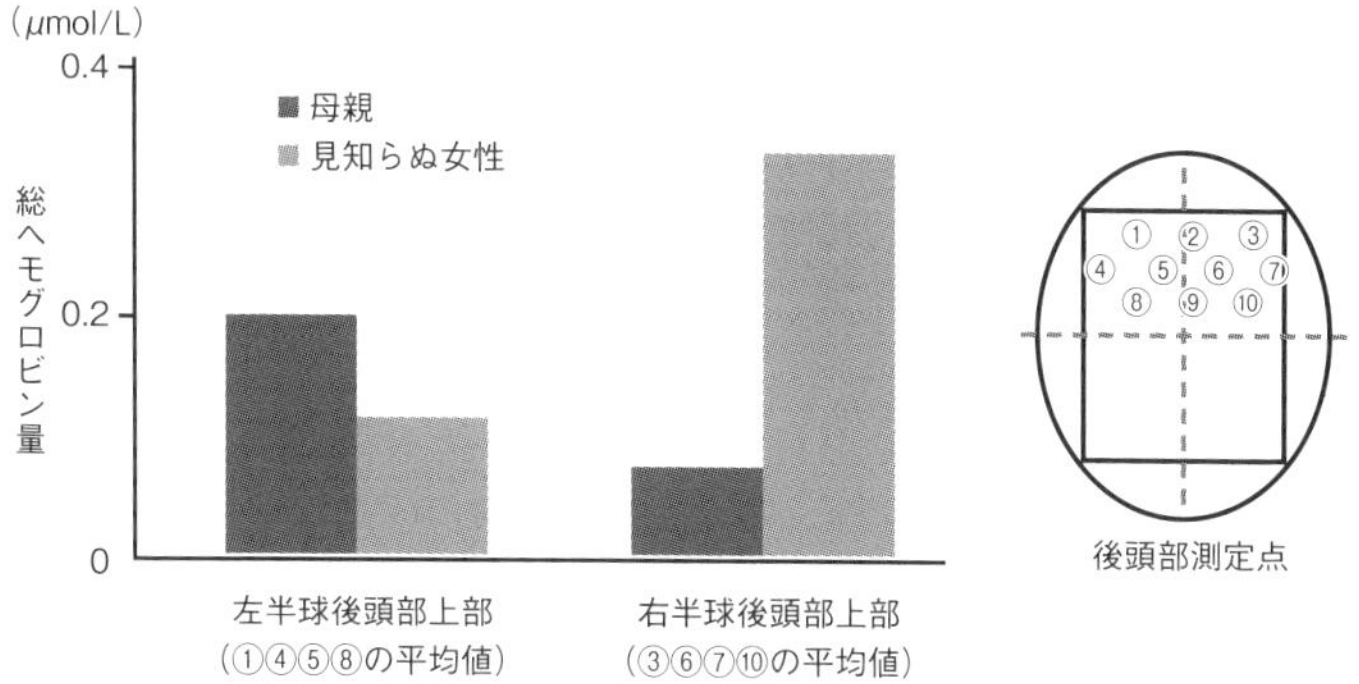

図５－18　対人対面時の乳幼児の後頭領域の総ヘモグロビン量の変化量
（Kondo et al. 2004）

化については、酸化ヘモグロビンの差分変化量には有意差が認められなかった。そこで、総ヘモグロビンの差分変化量の左右半球上部の値について分析したところ、対面条件と半球との交互作用が有意であった。すなわち、母親対面条件では左半球が活性化し、見知らぬ条件では右半球が活性化する有意差が得られた（図5－18）。

以上の結果から、乳児の対人相互作用の質的違いが、半球活性化に現れると推測される。しかし、脳の活性化をもっとも強く反映する酸化ヘモグロビン量に明確な条件差がないことから、母子相互作用の半球活性化を早急には結論できない。ただ、母親と見知らぬ女性との弁別が、乳児の脳の活性化の違いに現れた結果は、顔情報が乳児の脳の活性化に影響することを示唆している。

顔の表情認知の発達を脳機能から捉える

新生児が、顔やそれに似た特徴をもつ刺激を、そうでない刺激よりも選好注視することを最初に報告したのは、精神分析学者のスピッツ（Spitz 1962）である。それ以後、乳児は顔そのものに選択的注意を向けるという結果は、数多く報告されている（Goren et al. 1975; Jusczyk et al. 1991; Macchi et al. 2001）。しかし、生後1ヶ月未満の乳児は、頭髪を隠した顔だけでは弁別が難しく、顔内部の特徴の違いだけでも識別が困難であった（Bartrip et al. 2001）。これは、新生児の視力が、顔の大まかな特徴である低周波数帯域信号の処理に止まることを示唆している（Banks & Salapatek 1978）。

他方、生後5ヶ月を過ぎると、顔内部の特徴間の詳細な配置を処理することができるようになる（Bhatt et al. 2005）。このことは、この時期の乳児の視力が、高周波数帯域の信号を処理する能力をもつようになっていることを示唆している（Cohen & Strauss 1979; Sherrod 1981）。すなわち、5ヶ月以後の乳児は、顔の詳細な特徴と動きを処理することが可能になり、乳児の表情認知の能力が発達してくることとつながってくる。

表情認知に関しては、4ヶ月ではポジティブな表情を（LaBarbara et al. 1976）、7ヶ月ではネガティブな表情を長時間凝視できるようになるという報告（Nelson & Dolgin 1985）もあり、表情認知は、1歳未満で急速に発達してくると考えられる。

われわれは、表情という非言語的情報の処理の発達様相が、1歳未満の乳児の脳過程にどのように反映されるのかを検討するため、NIRSによる研究を行った（斉藤 2006）。この研究では、大人の幸せそうな笑顔と表情のない真顔に対して、乳児の脳がどのように反応するかを、乳児を3ヶ月から9ヶ月までの月齢に沿って縦断的に捉え、表情認知にかかわる脳機能の発達的変化を検討した。

対象児は、研究参加募集に応募したボランティアの生後約3ヶ月児13名について、これまでと同様な方法で、一人につき3ヶ月ごとに連続3回の脳血流測定を実施した。しかし、3回中1回しか参加できなかった児や1回の測定を遂行できなかった児を除き、8名の乳児［男女児各4名、2004年4月～2005年8月までに生まれ、出生体重平均2846・6グラムの満期産児］を、分析対象とした。測定は、各児が3ヶ月、6ヶ月、9ヶ月のときに個別に行った。

顔刺激は、検児にとって見知らぬ20代の女性が、「いないいないばぁ」遊びを、対象児に向かって行っている映像をビデオに録画し、作成した。映像では、1回の「いないいないばぁ」は、「いないいない」と手で顔を覆うしぐさを2秒間、「ばぁ」と手を広げて顔を出すしぐさを3秒間で計5秒間からなっており、30秒間連続して6回繰り返した。また、手を広げたときに笑顔表情の笑顔条件と、真顔表情の真顔条件の二つの映像刺激を作成した。これらはコンピュータ・モニターに映される各映像刺激の前後30秒間に、白黒反転するチェッカーボード映像を挟んだ二つの

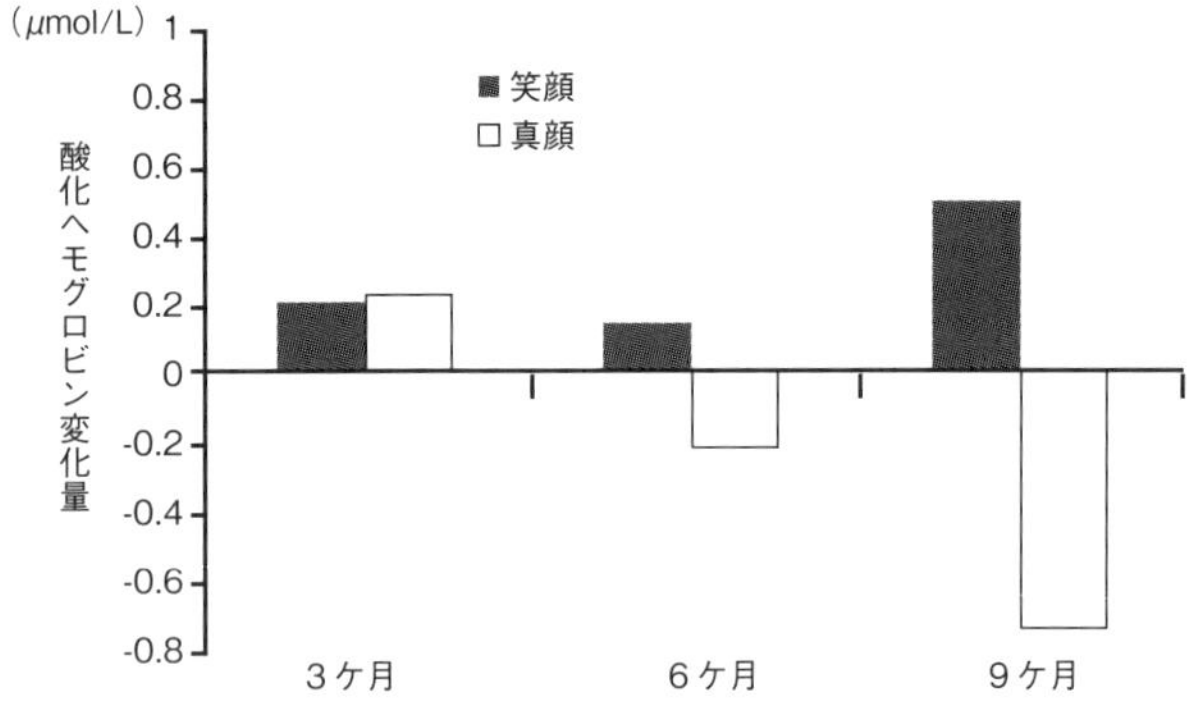

図5－19　二つの表情刺激に対する脳血流量の縦断的発達変化（斉藤 2006）

刺激系列から構成された。また、二つの刺激系列の呈示順序は、検児間で順序効果を相殺した。

脳血流測定は、2チャンネルのNIRO-200により、これまでの研究と同様の手続きで行い、1秒のサンプリングタイムを設定した。検査は、静かな個室で、NIRO-200のプローブを検児の左右前額面に装着後、検査前ハンドリングで検児に馴染んだ研究協力者が膝に抱き、約30センチ前のモニター前に座って、検児に画面を注視させた。30秒のベースライン期間（チェッカーボード呈示）後、30秒の刺激映像呈示、そして30秒の安静区間で構成され、数分の休憩後、別条件を同様に実施した。

データ分析は、顔刺激呈示期の直前10秒間の平均値と、刺激呈示期間の表情が出ている18秒（各3秒×6回）の平均値の差分を平均酸化ヘモグロビン変化量とした。図5－19は、各表情条件における各月齢ごとの酸化ヘモグロビンの平均変化量である。

その結果、顔刺激に対する酸化ヘモグロビン量が、月齢により異なる様相を示していた。月齢と表情と測定部位の分散分析の結果、表情の主効果があり、笑顔条件が真顔条件より、酸化ヘモグロビン量が有意に増加していた。また、月齢と表情に有意な交互作用が認められ、3ヶ月齢では、どちらの表情にも同程度に脳が活性化していたが、6ヶ月齢になると、笑顔条件で活性化するものの真顔条件では脱活性化を示し、9ヶ月齢では、この傾向が顕著になっていた。このような発達的変化から、表情に含まれる非言語的情報の処理は、生後1歳までに発達することが、脳機能の発達の上からも検証された。

母子の絆と社会脳の発達

生得的情動機能が社会脳を起動する

母親から乳児に向けて発せられる種々の感性情報は、誕生直後から乳児の脳を活性化することが、われわれの一連の8つの研究から明らかになった。このことは、社会脳の発達が、母子の絆の形成からスタートすることを示唆している。すなわち、新生児は、母親からの感性情報を母性クオリアとして脳内処理することで、母親への愛着を増すようになると考えられる。

ただ、新生児の脳過程は、決して完成した脳でないのは自明であるが、特に、触覚、嗅覚、聴覚を通して処理される母親の感性情報が、母性クオリアとして処理できるということは、新生児の時期にかなり成熟した脳機能が備わっていることを意味している。

われわれの研究で、新生児が母性クオリアとしての感性情報を選択的に弁別するという脳の活性化を見たのは、新生児の前頭領域の脳血流量の変化を通してである。この結果からしても、新生児の脳機能は、低次の辺縁系の活性化のみでは説明がつかない。特に、ミエリン化のペースが遅いと考えられる未熟児の痛みの研究結果が示すように、痛覚刺激に対する不快反応は、未熟児の前頭領域の脳血流動態に反映している。さらに、おしゃぶりの鎮静効果に見られるように、マルチモーダルな相互作用が新生児の脳内で行われていることから、辺縁系から前頭眼窩回への神経連絡が早くからあると考えられる。すなわち、社会脳の兆しは、母性クオリアを生成する情動脳に駆動されて、前頭領域の機能に反映されると考えられる。

顔や表情認知と社会脳のメカニズム

対人的相互作用における他者の非言語的情報を顔から読み取ることは、乳児の社会脳の発達に重要な役割を果たしている。われわれの研究結果でも、母親よりも見知らぬ女性に対して、乳児の脳は著しく活性化していた。また、表情認知の発達は、生後6ヶ月頃には、顔の内部特性を読み取ることが可能であることが、脳の活性化の発達変化から示唆された。

表情という非言語情報の脳内処理の発達を、視覚情報と情動情報の脳内過程という観点で捉えることは、乳児期の社会脳のメカニズムを理解するうえで役立つと思われる。すなわち、視覚認知は、視覚情報が入力されると、脳内でボトムアップ的に処理された結果であると考えられてきた。しかし、視覚情報を処理する神経経路には、形状の詳細や色といった情報処理にかかわる小細胞経路（P経路）と、ごく大まかな刺激の形態、時間的変化、動きなどに敏感に反応する大細胞経路（M経路）の二つがある。この二つは、視覚皮質でもかなり高次な領域に至るまで情報処理が行われることが、最近の生理学的研究でわかってきた。しかも、P経路は、比較的ゆっくりと信号が伝達されるのに対し、M経路は、素早く情報を伝達するという特性をもっていることもわかっている。

3ヶ月齢の乳児の場合、表情特性に関係なく脳の活性化が起こっており、それはP経路に基づく顔刺激処理によると考えられる。他方、6ヶ月齢以降の乳児では、細部の顔刺激特性間の処理ができており、M経路に依存した処理であると考えられる。さらに、この二つの神経経路は、視床を経由して大脳皮質に伝えられることから、情動を司る大脳辺縁系の扁桃体ともつながっている。

それ故、新生児模倣のような新生児の顔刺激に対する反応は、視床を介したP経路の神経信号による素早い入力に因っていると考えられる。他方、視床を介して高次の皮質に伝達されるM経路の神経信号は、環境適応的な判断がなされた後、再び視床にフィードバックされ、視床で素早く処理されたP経路信号で生じた情動の修正をするのである。このような処理は、神経系の成熟を必要とするので、６ヶ月齢以降の乳児の認知反応に現れると考えられる。

したがって、乳児の眼窩前頭皮質に近い前額部の脳血流量の変化が認められた、われわれの研究は、表情刺激に対する扁桃体を介して、眼窩前頭皮質が活性化する発達過程と、これまでの表情認知の発達研究の結果とを対応づけて理解することができる。すなわち、発達初期には、情動機能を支える辺縁系が優位に機能し、次第に高次皮質系が優位にはたらくようになると、表情情報の細部の意味の理解が深まることで、社会脳がいっそう発達するのである。

母子の絆は社会脳の発達を促す中核要因

近年の母子相互作用研究では、母子の二者関係における情動調節にかかわる愛着文脈要因が、脳機能発達に影響することに関心が向けられている（Schore 1994; Dawson & Fishcher 1994; Nelson 2000; Gerhardt 2004）。また、メイン（Main 1999）は、現在の乳幼児発達研究が、誕生初期の愛着経験の個人差と脳の体制化の変化の関係を探る段階に来ており、母子の絆と生理学的制御機能を結びつける研究は、これまでの臨床的な評価やかかわり方に大きな影響を与えていると述べている。

また、ショア（Schore 1994）は、母子相互作用における母親の役割の変化が、眼窩前頭領域の再構成を引き起こし、乳児に情動の自己制御システムの成長を促すと考えた。すなわち、母親は、満1歳までの乳児に対する重要な社会情動的刺激と位置づけられ、母親が、乳児の前頭眼窩領域の構造的発達を引き起こす役割を担っているのである。さらに、ショアは、母親が乳児の覚醒水準を上げることにより、乳児の脳の覚醒をもたらすドーパミンの分泌が促され、前頭前野領域の代謝が促進されると述べている。

このドーパミンの脳受容体が出生後に増殖するのは、環境要因が受容体形成に影響していると考えられ、このことが眼窩前頭境域の樹状突起の急速な成長と分化を促すと言われている（Hill et al. 1986）。また、ゴールドマン・ラキック他（Goldman-Rakcic et al. 1983）は、出生後の環境が、前頭前皮質のシナプス密度と樹状突起の成長に関係すると述べている。さらに、ハッテンロッカー（Huttenlocher 1990）は、シナプス密度が生後直後から減少する、いわゆる、神経ダーウィニズム現象を実証的に示している。したがって、生後1歳までの母子の絆をつくる社会情動刺激が、脳の構造と機能の発達を支配する中核要因であることは、このような神経過程の発達的変化の事実からも裏づけられる。

おわりに

以上に紹介したわれわれの一連の研究は、母子の絆の形成過程を通して、母親の感性情報を母性クオリアとして認知するようになることを、発達神経心理学的に検証したものである。さらに、新生児から1歳未満の乳児の神経回路を基礎にした母子の絆が、社会脳の兆しを促す働きがあることを、実証的に示した研究として位置づけることができる。

本論は、日本学術会議心理学・教育学委員会の「脳と意識分科会（委員長：苧阪直行氏）」の第5回分科会（2013年12月20日開催）で利島が話題提供した内容を詳細にしたものである。また、ここに紹介した一連の研究は、2000年から4年間の科学研究費補助金基盤研究（A）に因っている。また、利島は、これらの多くの研究にかかわってくれた堀（旧姓斉藤）由里と瀬戸山（旧姓青山）志緒里の両氏に共同執筆を依頼し本論を完成した。

一連の研究は、すべて所属大学および各研究を行った病院の倫理審査委員会の承認を得て実施した。また、各研究に参加した新生児ならびに乳児の保護者には、事前のインフォームド・コンセントを行い、研究協力の同意書を得て、各研究を実施した。

最後になったが、広島大学大学院医歯薬保健学研究院（医）小児科学の小林正夫教授、広島県立病院新生児科福原里恵部長、福山大学心理学科橋本優花里教授、東京大学先端技術研究センター近藤武夫准教授には、研究の実施とデータ分析に多大な支援を得たことに、共同執筆者一同厚く感謝申し上げたい。

6　子どもの認知的抑制機能と前頭葉

森口佑介

はじめに

13世紀のペルシャの詩人ルーミーは、その詩集『精神的マスナヴィー』の中で、“The intelligent desire self-control; children want candy.”と記している。いつの時代も、子どもは自分の行動や欲望を抑えきれないものらしい。子どもが自分の行動や欲求を抑えられないこと自体は、自分の周りの世界を能動的に探索し、さまざまな知識を得るためには重要なことである（森口 2014 などを参照）。しかし、いつまでも自由奔放な行動が許されるわけではない。学校教育にさしかかる児童期初期までには、ある程度の我慢を覚えること、行動を制御することも必要であろう。

発達心理学において、行動制御や自己制御は、大きく二つの視点で検討されてきた。一つは、情動的な側面に焦点を当てた研究である。この研究では、主に、気質や情動の制御などが検討され、その後の社会性の発達にいかにかかわるかが検討されている。もう一つの側面が、認知的な側面に焦点を当てた研究である。認知的な行動制御能力は、社会性の発達はもちろん、学力や社会的成功にも寄与するという（森口 2012）。こちらの側面については、近年欧米諸国を中心に急激に研究が拡大しているが、わが国においてはいまだ十分ではない。本章では子どもの行動制御の発達を、認知的抑制機能に焦点を当てて概観する。

認知的抑制機能

認知的な抑制機能（以下、抑制機能）とは、ある状況において、ある目標の到達のために、選択しやすい行動を意識的に抑止する能力である。これにより、その他の行動の選択が可能になる。抑制という言葉自体は、中枢神経系を構成するニューロンの振る舞いなども用いられるが、本章では、行動を制御するという意味で抑制という言葉を用いる。

多くの場合、ある行動を積み重ねることによって、その行動は他の行動よりも選択しやすくなる。たとえば、学校からの帰り道で、いつもはたい焼き屋がある四つ角で左に曲がっているとす

図6－1　ストループ課題（カラー口絵参照）

れば、その状況において左に曲がるという行動は優位な行動になる。ところが、ある日、帰り道に歯科医院に寄らなければならないとする。歯科医院は苦手だが、虫歯を放置しておくわけにもいかない。歯科医院は、いつもの四つ角を右に曲がらないといけないので、このとき、左に曲がるという優位な行動を抑止し、右に曲がるという行動を可能にするのが抑制機能である。

抑制機能を測定するための代表的な課題の一つとして、ストループ課題がある（Stroop 1935）。この課題はアメリカの心理学者ストループによって報告された。この課題では、成人の参加者は、紙やコンピュータのモニタ上の文字の色を答えるように教示される。文字の意味が、文字の色と同じ場合、参加者は容易に文字の色を答えることができる。たとえば、赤色の「あか」や、青色の「あお」という刺激を提示した場合、参加者はほとんど困難を示さない。しかしながら、文字の意味がその色と関係あり、しかも異なる場合においては、参加者は反応するのに時間を要する。たとえば、青色の「きいろ」という文字、赤色の「みどり」という文字の色を答える場合である。これは、私たちにとって、文字の意味を答える傾向が日常的に多く、優位な行動になっているためである。この課題を正しく遂行するためには、その優位な傾向を抑制しなければならない。

また、ウィスコンシンカード分類テスト（WCST）は、抑制機能のみを計測する課題ではなく、他のさまざまな認知的な制御機能を測定する課題として知られているが、幼児の研究とかかわってくるのでここで紹介しておきたい（Grant & Berg 1948）。この課題も古くから用いられている課題であり、形・数・色などの三つの属性を含むカードを用いる。この課題においては、成人の参加者は各試行1枚の分類用のカードと4枚の標的用のカードが提示される。参加者は分類用のカードを分けなければならないのだが、課題のルールは明示的には告げられず、検査者の反応を手がかりとして推測しなければならない。たとえば、形が正しいルールだとする。このとき、参加者がカードを同じ色だが異なった形をもつ標的用カードのところに分類したら、検査者は「不正解」とだけ反応し、同じ形で異なった色の標的用カードのところにカードを分類したら、「正解」とだけ告げる。そして、参加者が数試行で連続正答すると、検査者はルールを変え、別のルールが正解となる（たとえば、形ルールから数ルール）。この課題を正しく遂行するためには、どのルールに基づいて分類するかというプランニング能力や推論能力などのさまざまな認知機能が必要だが、前に使用したルールを抑制する能力も重要な役割を担っている。

これ以外にも、ゴー・ノーゴー課題やストップシグナル課題もしばしば用いられる。この課題では、画面上に連続で刺激が提示されるが、ある刺激が提示された場合にはボタン押しなどの反応をしなければならず（ゴー試行）、別の刺激が提示された場合にはボタン押しなどの反応を抑制しなければならない（ノーゴー試行）。ゴー試行の割合の方が多いためボタン押しの反応が優位になるのだが、その反応を抑制できるかどうかが検討される。非常に単純だが、もっとも広く用いられる課題の一つである。

認知的抑制機能の発達

では、抑制機能はいつ頃発達するのだろうか。まず、ストループ課題を子どもに用いた研究についてみてみよう。想像に難くないが、文字を読めない子どもにストループ課題を用いることはできない。ある研究では6歳から17歳の子どもを対象にストループ課題を実施したが、その結果は非常に複雑である（Leon-Carrion et al. 2004）。この課題で反応するまでに要する潜時を計測すると、6歳から8歳までの間に潜時は上昇し、その後青年期まで減少していくというパターンが見られる。反応エラーの割合については、10歳付近がもっとも多く、その後エラーが減少していくという結果が得られている。つまり、いずれの指標でも、年少の子ども（6歳児など）の方が、年長の子ども（8歳児など）よりも成績がよいのである。線形的な発達パターンは見られず、逆U字型の発達パターンが観察される。これは、文字を読む傾向が年少の子どもでは自動化されていないためだと考えられる。文字を読む速さを制御すると、年齢と課題の成績の間に線形的な関係が見られることも報告されている。

標準的なストループ課題を就学前の幼児には用いることができないので、幼児を対象にしたストループタイプの課題も提案されている。代表的なものは、昼・夜課題である。この課題では、月を描いたカードと太陽を描いたカードを用いる。幼児は、月のカードを提示されたら「昼」、太陽のカードを提示されたら「夜」と反応しなければならない。この課題の前提として、月のカードには「夜」、太陽のカードには「昼」と反応しやすいという点がある。そのような優位な傾向を抑制しなければならないのである。この課題では、3歳から5歳にかけて反応の正答率や反応潜時が有意に変化することが示されている（Gerstadt et al. 1994）。しかしながら、わが国ではこの課題はうまくいかないことが多いようである。筆者自身も経験したし、知り合いの日本人研究者も同様のことを言っていたが、日本人の幼児では課題の成績が3歳児であっても極めて高い。日本人幼児の抑制機能が欧米諸国よりも高いためにこのような結果が得られたという可能性も考えられるが、標準的な抑制機能課題を用いた場合、日本と西洋の幼児の間に文化差はあまり見られない（Moriguchi et al. 2012）。おそらく、月を見ると「夜」、太陽を見ると「昼」と反応する傾向が日本人幼児では強くないためではないかと考えられる。実際、筆者が研究を対象にした子どもの中には、太陽を見ると「朝」と答える子どももいた。

そのため、昼・夜課題以外のストループタイプの課題の方が日本人には適切である。もっとも単純な課題として、白・黒課題がある（Moriguchi 2012）。この課題では、幼児は白いカードを提示されたら「黒」と、黒いカードを提示されたら「白」と反応するように求められる。この課題において、3歳の子どもはカードの色を答えるという優位な反応を抑制することが難しいが、5、6歳頃までに成績が向上することが示されている。また、池田らが考案した大小ストループ課題も有用である（Ikeda et al. 2014）。この課題では、参加児は大きな丸い円には「小さい」、小さな丸い円には「大きい」と反応する必要がある。この課題の成績は幼児期から児童期にかけて発達的に変することが報告されており、より広い対象の年齢を扱うことができる。

次にWCSTについて、この課題の成績は児童期に著しい発達的変化を見せる。たとえば、小学1年生から6年生を対象にした研究では、この期間に課題の成績が劇的に向上することを示した（Chelune & Baer 1986）。この課題では、あるルールでの反応を連続して正解するとルールが変化するが、到達したルールの数が指標とされる。また、前に使用したルールへの固執的な誤りの数が、抑制機能の発達の一つの指標となる。この研究では、小学1年生から2年生までにこれらの成績が著しく向上し、それ以後は緩やかに変化し続けていくことが示された。また、10歳までには成人の参加者と同様の成績に到達することも示されている。

この課題も幼児を対象に使うことはできないので、幼児向けの課題としてディメンショナルチェンジカード分類課題（DCCS）が考案された（Zelazo et al. 1996）。この課題では、色と形などの二つの属性を含むカードを用いる。まず、「赤い花」と「緑の星」のカードを用意し、これを標的カードとする。参加児にこのターゲットとは色と形の組合せが異なる「赤い星」と「緑の花」を提示し、それらを分類するように求める。上述のWCSTとは、ルールの数と、教示方法が異なる。WCSTでは、検査者はルールを明示的に告げず、参加者は検査者の反応からルールを推測しなければならなかった。一方、DCCS課題においては、検査者は幼児に対して明示的にルールを告げる。たとえば、第1段階では、二つのルールのうち一つ（たとえば、色）でカードを分類するように教示する。この第1段階では5～6試行与えられるが、それに連続で成功すると第2段階に進む。第2段階では、一つ目とは異なるルール（たとえば、形）で分類するように教示する。

この課題では、就学前期における発達的変化が明確に見られる。2歳児は、第1段階も第2段階も通過できない。第1段階でランダムに、もしくはどちらか一方の標的にのみカードを分類する。3歳児は、第1段階は通過できるが、第2段階は通過できない。たとえば、第1段階で、色ルールでカードを分類すると、第2段階で形ルールを用いて分類すべきときにも、色ルールで分類してしまう。4歳になるとこの課題に通過できるようになり、5歳児はほぼ完ぺきに課題を遂行できる。さらに、アメリカ国立衛生研究所（NIH）のプロジェクトで使用された発展版DCCS課題では、3歳から10歳頃までに発達的変化が見られ、85歳まで使用可能であることが示されている（Zelazo et al. 2013）。

最後に、ゴー・ノーゴー課題だが、成人とほぼ同じ手続きでなされた研究では、7歳から9～12歳の間で著しい変化が見られるが、9～12歳から22歳の間にはあまり大きな変化が見られないことが示されている（Bedard et al. 2002）。また、幼児に成人と同じ課題を用いるのは難しいため、

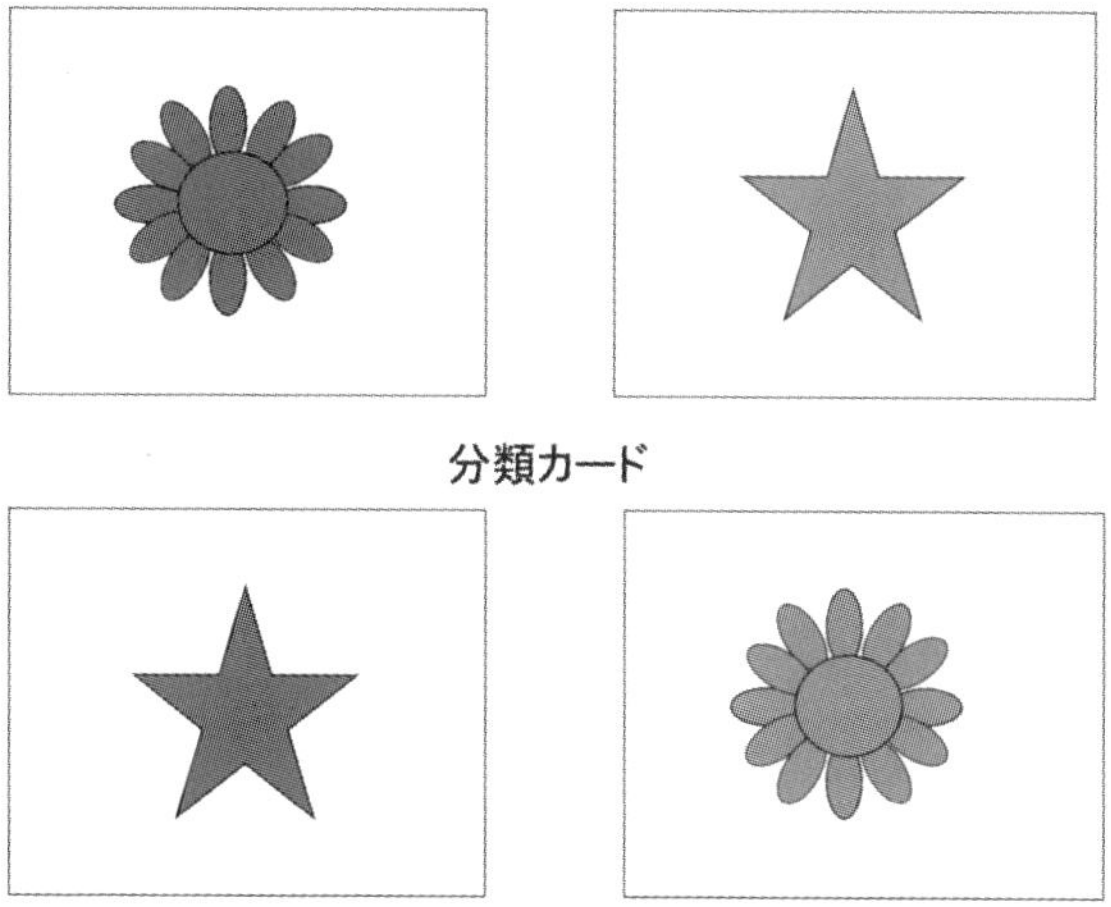

図6－2　DCCS 課題（カラー口絵参照）

幼児向けの課題が開発されている。ある課題では、いくかの箱が用意され、箱には2種類の絵（絵Aと絵B）が描かれている。この課題で、幼児は絵Aが描いてある箱にはステッカーが入っており、絵Bが描いてある箱にはステッカーが入っていないことが告げられ、ステッカーが入っている箱のみ開けるよう教示される。箱Aがゴー試行、箱Bがノーゴー試行というわけである。その結果、年少の子どもは両方の絵が描いた箱を見境なく開けるが、5歳頃までにステッカーが入っている箱のみを開けることができるようになる（Simpson & Riggs 2007）。ステッカーが入ってないノーゴー試行で箱を開ける反応を抑制できるのである。

ここで紹介した課題は比較的単純であり、12歳以降の子どもと成人の差が検出しにくいと考えられるので、より複雑な課題を用いた場合は結果が異なる可能性はある。それでも、抑制機能の発達を全体的に俯瞰すると、幼児期に著しい発達を見せ、10歳程度まで緩やかに発達が続き、12歳頃までに成人と類似したような成績を示すことが明らかになっている。

抑制機能の神経基盤

それでは、抑制機能の神経基盤についてみていこう。抑制機能にはさまざまな脳領域がかかわっているが、本稿では特に前頭前野を中心に見ていくこととする。抑制機能の神経基盤を探る初期の研究は、神経心理学的手法を用いたものが主であった。これは、脳腫瘍や事故などで脳の一部を損傷した患者を対象にした方法である。たとえば、前頭葉損傷患者は、ストループ課題において、エラーが多く反応時間も長いという結果が得られている（Stuss et al. 2001）。同様に、WCSTを前頭葉損傷患者に与えると、最初のルールに基づく分類は可能だが、ルールが変わると著しい困難を示すことが知られている（Milner 1963）。多くの患者が、最初のルールに固執してしまい、そのルールを抑制できないのである。神経心理学的手法は、脳と心の機能を探るうえで直接的で因果的な関連を調べられる方法だが、正確にどの部位が当該の認知機能にかかわっているのかを解明するのは難しい。

そのため、近年は機能的磁気共鳴画像法（ｆＭＲＩ）などの神経イメージング法を用いる研究が増えている。ｆＭＲＩなどの神経イメージング研究からは、ストループ課題遂行中に、前部帯状回や背外側前頭前皮質を含む広範な領域が賦活することが示されている（Zysset et al. 2001）。また、ゴー・ノーゴー課題においても前頭前野の重要性が示されている。ある研究では、ゴー試行とノーゴー試行を含むブロックと、ゴー試行だけを含むブロックを与えられた際の脳活動を比べた際に、前者のブロックにおいて、背外側前頭前野や下前頭領域が活動することが報告されている（Aron et al. 2004）。

もっとも、前頭前野だけで抑制機能が実現されるわけではなく、他の領域といかに連携するかが重要である。ムナカタらは、前頭前野の抑制プロセスを二つに分けた（Munakata et al. 2011）。一つは、ゴー・ノーゴー課題の反応などのように、抑制すべき対象や目標が明確な場合である。この場合は、前頭前野の領域が、大脳基底核などの活動を直接抑制する。もう一つは間接的な抑制プロセスである。二つの脳領域が同時に賦活し、競合しているとする。その際に、当該の状況における目標を前頭前野で表現すると、二つの脳領域のうち、その目標と関連する方の領域の活動が高まる。この活動の高まりによって、競合する別の脳領域の活動を抑制するという考えである。ストループ課題でいえば、目標が文字の色を答えることである場合、色を処理する脳領域の活動が高まることで、文字の意味を処理する領域の活動が抑制されるということになる。

近年は、前頭前野よりも前補足運動野の方が抑制機能において重要なはたらきをするという知見もあり、議論がつきないところである。アロンは右の前頭前野の一部領域と前補足運動野は両方とも行動の抑制にかかわっているが、どちらの領域が時間的に先行して賦活するかについては知見が混在していると述べている（Aron et al. 2014）。今後の研究の進展が待たれるところだが、以下では、前頭前野に焦点を当て、幼児期の抑制機能の神経基盤についてみていくこととする。

幼児における抑制機能の神経基盤

幼児の抑制機能の神経基盤に関する知見はこれまでほとんど報告されてこなかった。それは、ひとえに乳幼児を対象にした脳活動の計測が難しいためである。近年ｆＭＲＩを用いた研究も徐々に報告されつつあるが、医療上の必要のない幼児にあの暗い空間の中で過ごしてもらうのは難しいし、心が痛む。養育者が付き添える装置やシミュレーターなどを用いて子どもの不安感を取り除く試みはあるが、６歳以下の子どもにｆＭＲＩは推奨できないという指摘もあり、別の手段が必要となってくる。本稿では近赤外分光法（ＮＩＲＳ）を用いた研究を紹介する。

まず、ＮＩＲＳがどのようなものであるかについて簡単に説明する。この方法は、酸化ヘモグロビンと脱酸化ヘモグロビンの変化量を測定し、安静時と課題時で変化量が異なるかを検討するものである。この方法には、ｆＭＲＩなどの他の神経イメージングの手法に比べると空間分解能が悪く、脳波などに比べると時間分解能が悪いという短所がある。さらに、この手法で用いる近赤外光が脳の深部まで届かないため、大脳皮質の一部の活動しか計測できないという問題点がある。しかしながら、最大の長所は、比較的簡便に脳活動を記録できるという点で、乳幼児の認知機能と関連する脳活動を調べることができる。

DCCS課題を用いた研究

まず、筆者らが実施した研究について紹介しよう。筆者らが研究を開始する時点において、幼児の抑制機能の神経基盤に関する研究はほとんど実施されていなかった。そこで筆者らは、定型発達の幼児にDCCS課題を与え、その脳活動をNIRSで記録した。DCCS課題には二つの段階があり、3歳児は第1段階には通過できるが、第2段階において第1段階で用いたルールを使用し続けてしまう。3歳児のこのような固執的傾向は、前頭葉損傷の患者のWCST課題における傾向と類似しているため、筆者らはDCCS課題の成績と前頭前野の活動との間に関連があるという仮説を立て、その仮説を検討した。

まず、脳領域の同定だが、WCST課題のfMRI研究では、成人の参加者がルールを抑制する際に、左右の下前頭領域が賦活することが知られている（Konishi et al. 1998）。これらの知見をもとに、左右の下前頭領域に焦点を当てた（図6－3）。次に、課題だが、一般的なNIRS研究では、安静時の脳活動と、課題時の脳活動を比較するのが一般的である。しかしながら、幼児にとって、安静時に安静にすること自体が大きなタスクになってしまう。そのため、安静段階の代わりに、コントロール課題を実施した。コントロール課題では、参加児は何の図柄もない真っ白なカードを分類するように教示された。テスト課題では、色と形の属性をもったカードのうち、色もしくは形で分類するように教示された。

最初の研究では、3歳児、5歳児、成人にDCCS課題を与え、課題の成績と脳活動を計測した（Moriguchi & Hiraki 2009）。幼児と成人の課題はほぼ同じであったが、成人はコントロール課題ではなく、通常のNIRS研究と同様に安静段階が与えられた。この実験の結果、行動レベルでは、5歳児と成人の参加者はDCCS課題を間違えることなく遂行した。一方、3歳児は、半数程度が、誤ってカードを分類してしまった。先行研究通り、3歳から5歳にかけて抑制機能が発達することが確認された。

脳活動レベルでは、5歳児と成人は同様の活動を示した。彼らは、第1段階においても第2段階においても、コントロール課題（成人は安静段階）に比べて、両側の下前頭領域を有意に活動させた。先行研究と同様に、ルールの抑制の前後で、下前頭領域を賦活させていたのである。3歳児は、課題の成績によって脳活動が異なることが予想されたため、DCCS課題に通過するか否かで二つの群に分類し、通過した群を通過群、通過しなかった群を失敗群とし、両者を比較することとした。ただし、NIRSの測定指標は光路長とヘモグロビン変化の両者の影響を受ける

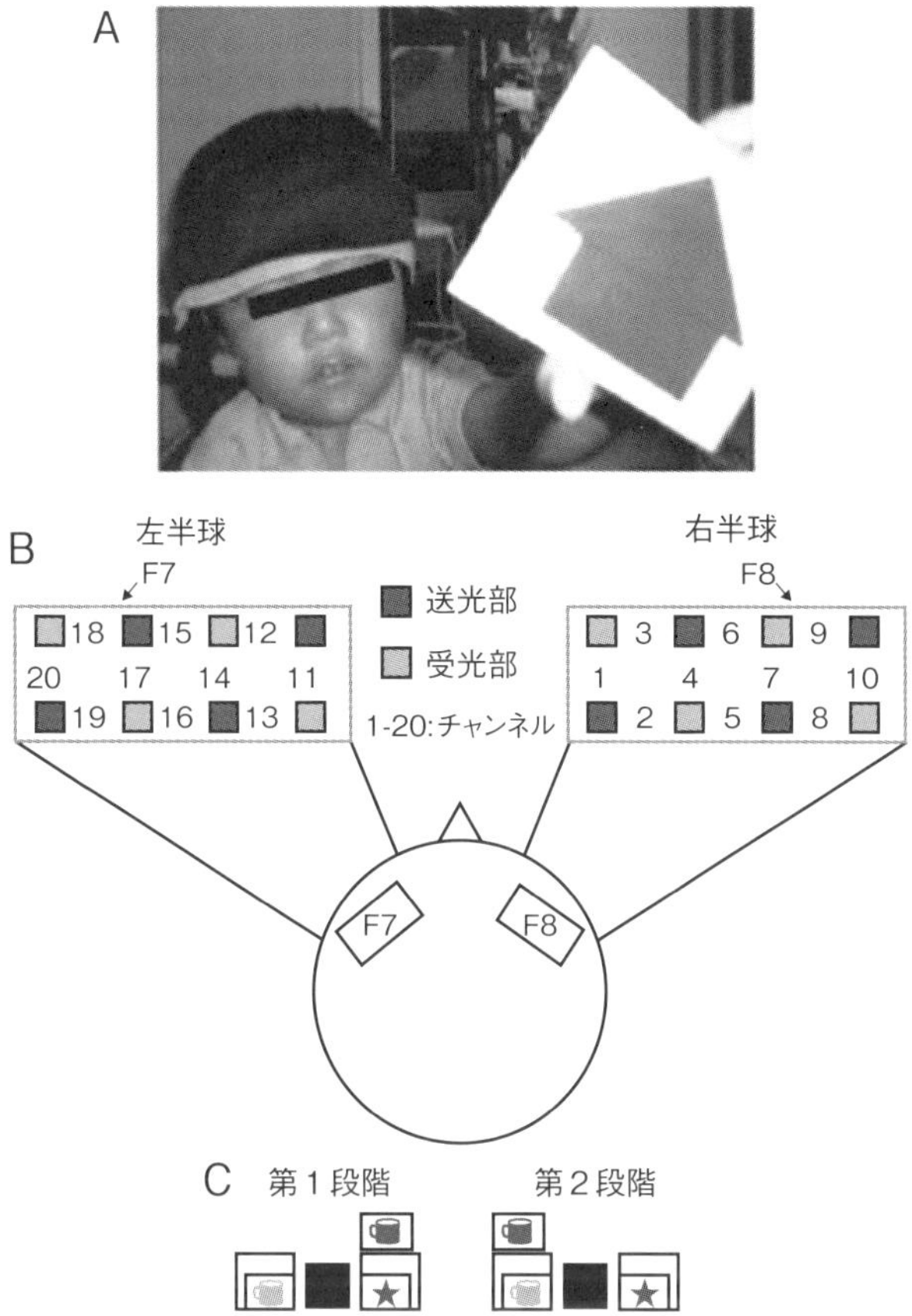

図6－3　実験状況（Moriguchi & Hiraki 2009 より転載。PANS is not responsible for the accuracy of this translation.）（カラー口絵参照）

（A）ＮＩＲＳプローブを付けた幼児。（B）ＮＩＲＳプローブは両側の下前頭領域に装着された。赤い部分は送光部、青い部分は受光部。数字はチャンネル。（C）実験で用いた刺激の例。

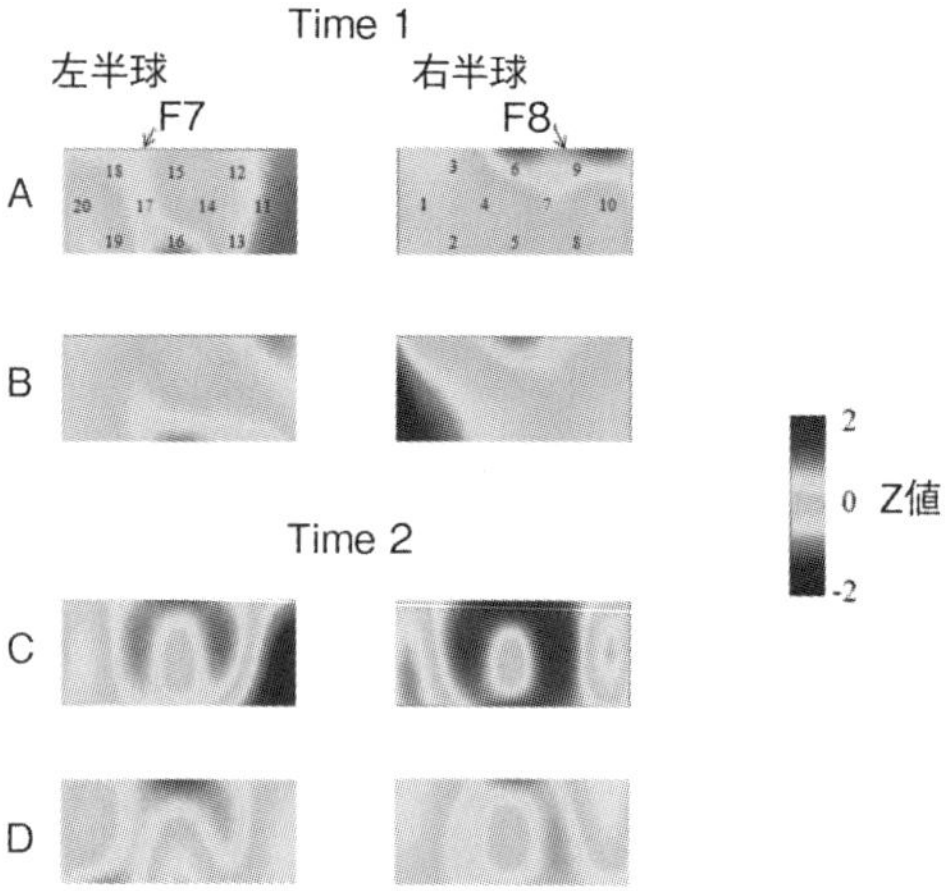

図６－４　Time 1（AB）および Time 2（CD）の通過群の脳活動
（Moriguchi & Hiraki 2011 より。Elsevier 社の許可を得て転載）
（カラー口絵参照）

コントロール課題と比べた際のテスト課題時の脳活動の平均データ。1-20 は NIRS プローブのチャンネルを意味する。（A）と（C）はプレスイッチ段階の、（B）と（D）はポストスイッチ段階の脳活動。赤い領域は強い活動を示す領域。

ため、参加者間の比較は難しいとされる。そのため、ここでは両群の脳活動の特徴を記述しておこう。通過群においては、第１段階・第２段階の両段階を通じて、右の下前頭領域において有意な活動が認められた（図６－４AB）。しかしながら、失敗群においては、下前頭領域の有意な活動は認められなかった（図６－５AB）。つまり、課題の成績と、右の下前頭領域の活動に関連があったのである。

そもそもここで見られた下前頭領域の活動は、ルールの抑制に関連しているのだろうか。もし下前頭領域の活動がルールの抑制に関連するのであれば、第１段階より

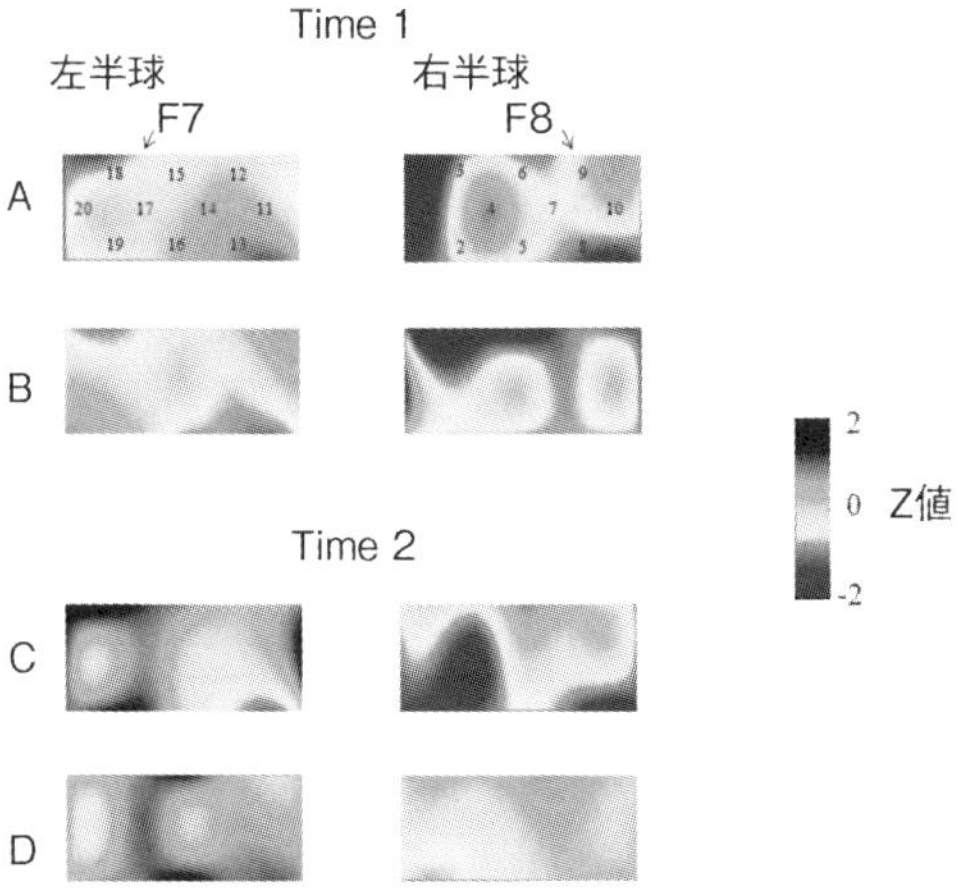

図6－5　Time 1（AB）および Time 2（CD）の失敗群の脳活動
（Moriguchi & Hiraki 2011 より。Elsevier 社の許可を得て転載）
（カラー口絵参照）

コントロール課題と比べた際のテスト課題時の脳活動の平均データ。1-20 は NIRS プローブのチャンネルを意味する。（A）と（C）はプレスイッチ段階の、（B）と（D）はポストスイッチ段階の脳活動。赤い領域は強い活動を示す領域。

も第2段階において強い活動が見られることが予測される。しかしながら、実際には、第1段階と第2段階において活動の差は見られなかった。この結果についてのわれわれの解釈は、第1段階における活動は、第2段階において正しくルールを抑制するための準備になっているというものである。両段階において持続的に右の下前頭領域を活動させることによって、正しいルールの抑制が可能となるのかもしれない。

しかしながら、上述のように、NIRSを用いた研究では被験者間の比較は難しいため、本当に下前頭領域の活動がルールの抑制とかかわっているかは明らかではない。被験者内における発達的変化を検討する必要がある。そのため、われわれは同じ子どもの発達を追跡する縦断研究を実施した（Moriguchi & Hiraki 2011）。具体的には、同じ子どもに、3歳半のとき（Time 1）と、4歳半のとき（Time 2）に研究に参加してもらい、同じ課題、同じ装置を用いて発達的変化を検討した。

この研究では、まず、通過群の脳活動に変化があるか否かを検討した。これは、Time 1の3歳児と5歳児の脳活動の違いに着想を得た。Time 1では通過群の幼児は右下前頭領域のみを活動させており、左の当該領域を活動させていない。一方で、5歳児や大人は両側の下前頭領域を活動させた。この結果から、通過群の3歳児が4歳になったときに5歳児と同様の脳活動を示す可能性が考えられた。さらに、Time 1で課題に失敗した幼児が4歳半時点で課題を通過することができるのか、また、できた場合に、脳活動はどのように変化するかという点についても検討した。

まず、課題の成績についてだが、Time 1とTime 2の失敗群の幼児の課題の成績を比較したところ、第2段階の成績が向上した。失敗群の幼児は、Time 2では全員DCCS課題を完ぺきに通過することができた。一年間の成長を感じる結果である。次に、通過群と失敗群の脳活動をそれぞれ分けて分析した。通過群においては、Time 1およびTime 2のいずれにおいても、DCCS課題時に右の下前頭領域の有意な活動が認められた。一方、左の下前頭領域においては、Time 1時には有意な賦活は認められなかったが、Time 2においては有意な活動が認められた。

つまり、Time 1においては、右の下前頭領域のみがＤＣＣＳ課題の第1段階および第2段階において活動していたが、Time 2においては、左右の下前頭領域が活動していたのである（図6－4ＣＤ）。この脳活動は、Time 1における5歳児の脳活動と類似している。つまり、ＤＣＣＳ課題時における脳活動の発達パターンは、右の下前頭領域から両側の下前頭領域の活動に変化する可能性が示されたかのように思える。

もしそうだとしたら、失敗群においても、同様の発達経路が見られるかもしれない。つまり、Time 1において課題に通過できない失敗群の幼児では、下前頭領域における有意な活動は認められなかったが、Time 2で課題に通過できるようになると、右の下前頭領域を活動させるのではないか。しかし、結果はわれわれの予想に反するものであった。失敗群の幼児では、Time 2において左の下前頭領域を第1段階においても第2段階においても有意に活動させていた。右の下前頭領域ではなく、左の下前頭領域だったのである（図6－5ＣＤ）。生体とは本当に複雑なものである。

この結果について、筆者は、右側の下前頭領域がデフォルトであり、それがうまくはたらかない場合に左側の下前頭領域が活動するのではないかと考えている。事実、前頭葉損傷患者を対象にした神経心理学研究では、左前頭領域を損傷した患者と右前頭領域を損傷した患者を比べた場合、右の前頭領域に問題を抱えていない前者の患者の方が、ＷＣＳＴにおける成績は比較的よいことが示されている（Stuss et al. 2000）。また、アロンも指摘するとおり、抑制機能においては右の下前頭領域が重要な役割を果たしている。筆者は同様の傾向が子どもにも当てはまるのではないかと考えている。つまり、優位な右側の前頭領域を活動させられる子どもは3歳頃にDCCS課題を通過できるが、右の前頭領域を活動させられない子どもは、4歳頃に左の前頭領域を活動させることで課題通過できるようになるという考えである。このような脳活動の左右差が何を反映しているかは現時点では明らかではないが、課題時の方略の違いを反映しているのかもしれない。

ゴー・ノーゴー課題を用いた研究

次に、筆者ら以外の研究について説明しておこう。4歳から6歳の幼児と成人を対象にゴー・ノーゴー課題を用いて抑制機能の脳内基盤を調べた研究がある（Mehnert et al. 2013）。この研究では、ゴー試行ではターゲットに対してボタンを押し、ノーゴー試行ではターゲット以外の刺激に対して反応を抑制するように求められた。ターゲットとなる脳領域は、前頭葉、頭頂葉、側頭葉を含む広範な領域である。この研究の結果、先行研究と一致して、行動レベルにおいては、成人の参加者は幼児よりも早く、また正確に反応することが示された。また、脳活動レベルにおいては、成人の参加者はゴー試行と比べて、ノーゴー試行において、右の前頭前野と頭頂葉を賦活させることが明らかになった。この結果は、fMRIを用いた先行研究の結果と一致している。

一方で、幼児においては、ゴー試行においても右の前頭葉と頭頂葉を賦活させていた。さらに、脳領域間の機能的結合も検討され、成人においては、前頭葉と頭頂葉間のような距離の遠い領域同士における機能的連関が認められた。幼児においては、成人と比べて、前頭葉内および頭頂葉内の比較的近い領域同士の機能的連関が認められた。つまり、成人は比較的遠い距離にある脳領域が機能的に連関しているのに対して、幼児においてはそのような連関は見られず、近い脳領域同士が機能的に連関しているのである。

ただし、この研究では、計測されたＮＩＲＳ信号は通常のＮＩＲＳ研究では見られない非常に複雑なパターンを示している。このようなパターンは、子どもの脳機能が未成熟なためだとも考えられるが、皮膚血流などの脳機能以外の信号を拾ってしまっている影響のためだとも考えられる。このような研究結果については慎重に解釈する必要がある。

ストループ課題を用いた研究

次に、ストループ課題を用いた研究である（Schroeter et al. 2002）。この研究には、7歳から13歳の児童と成人が参加した。この課題では、画面上の中央部に文字列が提示され、画面の下部にその文字の色についての記述があった。たとえば、画面中央部に“XXXX”（中立試行）や“Yellow”（不一致試行）と書かれており、画面下部に“Red”と文字の色について書かれてあった。

参加児の課題は、画面中央部の文字の色が、画面下部の文字の意味と一致するかどうかをボタン押しで判断することであった。この研究の結果、行動レベルでは児童は成人よりも反応時間が長いことが示された。エラー率には両者の間で差は見られなかった。また、児童と成人の両者において、不一致試行の方が、中立試行よりも、反応時間が長く、エラー率も高かった。先行研究通りのストループ効果が見られたのである。また、外側前頭前野の活動を計測したところ、児童と成人の両方において、左の前頭前野において、右の前頭前野よりも、強い活動が認められた。また、不一致試行と中立試行の脳活動の差分をとり（干渉効果）、児童と成人とで比較したところ、成人の方が、干渉効果が強いことが示された。

以上のように、研究の数はまだ十分ではないものの、幼児や児童を対象にした抑制機能の脳内機構の研究も増加しつつある。これらは定型発達児の研究であったが、近年は発達障害をもった子どもを対象にした研究が着目されている。以下で見ていこう。

自閉症スペクトラム児を対象にした研究

自閉症スペクトラム（ASD）児を対象にした研究について紹介しよう。先般出されたDSM－VではASDを含む精神疾患関連の項目に大きな変化があり、ASDは、社会的コミュニケーションおよび相互関係における持続的障害と、限定された反復する様式の行動、興味、活動の二つによって特徴づけられるようになった。近年はやや下火だが、ＡＳＤを認知的な側面から説明しようとする三つの仮説がある。一つは、他者の心の理解に困難を示すという心の理論から説明しようとする説（Baron-Cohen et al. 1985）であり、一般でも広く知られているものである。二つは、実行機能に障害を抱える点から説明しようとする実行機能説（Hill 2004）、三つは、中枢性統合説で、一貫した意味ある全体を作り出そうとする能力が弱いという立場である（Happé 1999）。一部の研究者らは、心の理論と実行機能は定型発達児でも非定型発達児でも関連があることを示しているし、この領域で影響力のあるハッペなどはどれか一つで多様なＡＳＤを説明することは難しいと述べており、これら三つのどれが正しいかを議論すること自体は不毛なのかもしれない（Happé et al. 2006）。本章ですべてを俯瞰するのは難しいため、実行機能説に絞って紹介していく（ＡＳＤについては本シリーズ第6巻1章「アレキシサイミアと社会脳」、実行機能については第1巻、第3巻を参照）。

実行機能障害は、ＡＳＤ児の、限定された反復する様式の行動、興味、活動という特徴と深く関連していると考えられる。これまでの研究は、ゴー・ノーゴー課題やストループ課題などの課題においては、ＡＳＤ児は比較的困難を示さないことを示している（Ozonoff & Strayer 1997）。こういった比較的シンプルな運動や発話の抑制ではなく、課題のルールなどの複雑な行動の抑制には困難を示すという報告もある。ある研究は、ＡＳＤ児はゴー・ノーゴー課題には到達できたものの、ゴー試行の手がかりとノーゴー試行の手がかりが逆転すると、成績が著しく低下することを示した(Ozonoff et al. 1994)。また、別の研究は、属性内シフト・属性間シフト課題を用いて、ASD者のルール抑制の弱さを示した(Hughes et al. 1994)。この課題では、参加者は、最初は、属性内シフトを求められる。たとえば、色は同じで形の異なった物体の弁別をさせられ(丸を選択したら報酬、四角を選択したら報酬無)、途中で正答の手がかりが逆転する。ASD者はこの属性内シフトには困難を示さなかった。その後、属性間シフト課題が与えられた。属性間シフト課題では、色と形で構成される刺激を、色もしくは形で弁別させられる。途中で正答の手がかりが変わった際に(たとえば、色から形に)、シフトできるかどうかが調べられる。この属性間シフトにおいて、ASD者は、健常者や学習障害者よりも成績が悪かった。

ルール抑制の典型的な課題であるWCSTにおいては、ASD者が古いルールを抑制するのが困難であるという報告がある一方で、WCSTには困難を示さないという結果を示す研究も少なくない(Ozonoff & Jensen 1999)。これは、WCSTにはさまざまな認知過程が含まれているためかもしれない。また、ASD児を対象にした実行機能の神経イメージング研究は十分ではないため、国立精神・神経センターの安村研究員らと筆者が共同で実施した研究では、ルールの抑制に特化したDCCS課題を用いた。研究対象が児童期初期のASD児と年齢をそろえた定型発達児であったため、少しルールが複雑な上級版DCCS(Zelazo 2006)を用いて検討した。脳活動はNIRSを用いて、ターゲット領域として上述の定型発達児と同じ下前頭領域を含んだ前頭領域の活動を計測した。

実験の結果、ＡＳＤ児が上級版ＤＣＣＳ課題において、定型発達児よりも、ルールの抑制に困難を示すことが明らかとなった（Yasumura et al. 2012）。さらに、ＮＩＲＳ計測の結果、右の下前頭領域においてグループ間の違いが見られた。定型発達児は、筆者らの幼児の研究結果と一致して、左右の下前頭領域をルールの抑制の際に強く活動させていた。ところが、ＡＳＤ児は左の下前頭領域を有意に活動させたが、右の下前頭領域の活動は弱かった。さらに症状が重い子どもほど、行動課題の成績が悪く、下前頭領域の活動も弱いことも示された。

別の研究グループは、高機能自閉症児にストループ課題とゴー・ノーゴー課題を与え、その際のおでこ下の前頭領域の脳活動を、ＮＩＲＳを用いて計測した（Xiao et al. 2012）。この研究はＡＳＤ児、注意欠陥多動性症候群児、および定型発達児が対象であった。その結果、ストループ課題においては、行動課題の成績においても、脳活動においても、グループ間に差が見られなかった。どのグループの子どもも、同じように課題を遂行し、同じように前頭前野を活動させていたのである。ところが、ゴー・ノーゴー課題においては異なった結果が得られた。この課題においては、行動レベルでは、ＡＳＤ児もＡＤＨＤ児もいずれも定型発達児よりも成績が悪く、ＡＳＤ児とＡＤＨＤ児間には差が見られなかった。また、脳活動においては、ＡＳＤ児もＡＤＨＤ児も、右の前頭前野において、定型発達児よりも、弱い活動が認められた。

以上の結果から、ＡＳＤ児は、抑制機能が必要とされるＤＣＣＳ課題や一部のゴー・ノーゴー課題に困難を示すこと、また、その際の前頭前野の活動が定型発達児に比べて弱いことが示された。ＡＳＤ児において右の下前頭領域や前頭前野の活動が弱いという結果は、抑制機能には右の下前頭領域が重要な役割を果たすという成人のｆＭＲＩ研究の結果と一致する。しかしながら、右の前頭前野周辺の領域が弱いことが、ＡＳＤの原因であることを意味するわけではない。筆者らの定型発達児を対象にした研究において、一部の子どもが右の下前頭領域を活動させず、左の下前頭領域を活動させて課題を遂行した。この研究はあくまで３～４歳児の幼児期の結果であり、児童期初期を対象にしたＡＳＤ児の結果とは時期が異なる。さらに、近年発達認知神経科学者のジョンソンがいうように、自閉症児における前頭葉の活動の弱さや実行機能の弱さは、発達障害の原因というよりは、ある種の媒介変数である可能性がある（Johnson 2012）。ジョンソンによれば、ＡＳＤ児は社会的認知能力の弱さが主たる原因であり、その社会的認知能力に問題を抱えている場合でも、実行機能や前頭葉がうまくはたらけば、その子どもがＡＳＤになるリスクは低い。前頭葉はさまざまな領域と連結をもつ領域なので、社会的認知能力の弱さを何らかの形で補償しうるというのだ。しかしながら、社会的認知能力に問題を抱えており、しかも実行機能に問題を抱える場合、そのような補償がうまくいかず、ＡＳＤになるリスクが高まるという。この仮説はまだ十分な証拠の支持を得ているわけではないが、今後検討していく価値があるであろう。

おわりに

最後に、今後の研究課題について触れておく。まず、近年もっとも注目を集めているのが抑制機能をいかに訓練するかという点だが、この点については別稿を参照されたい（森口 投稿中）。二つ目は、抑制機能の脳内機構がいかに変化していくかという問題である。筆者らの研究から、抑制機能課題中に、3歳時点では前頭前野の活動は弱く、5歳頃までに両側の前頭前野を活動させるようになることが示された。しかしながら、この発達的変化は、近年の脳機能の発達理論とはあまり一致しない。近年脳機能の発達理論では、ある特定の課題中の脳活動は、「全体的から局所的」という変化があることが知られている（Johnson 2011）。つまり、年少の子どもはさまざまな脳領域を使うことによって、非効率に課題を遂行するが、年長の子どもや大人はある特定の脳領域を使うことによって効率よく課題を解決するという考えである。この発達的変化は、児童期以降の子どもの前頭葉の発達にも当てはまることが知られている。筆者らの研究では、一部の幼児において、右側の下前頭領域の活動から両側の活動へと、「局所的から全体的」という変化が得られた。この点について、二つの可能性がある。一つは、幼児期初期から児童期までは「局所的から全体的」という変化であり、児童期以降に「全体的から局所的」という変化になるという考えである。もう一つは、本研究では脳の一部の領域の活動しか捉えていないために、本来は「全体的から局所的」という変化なのに、その変化を捉えきれていないという可能性である。今後はより広範な脳領域の活動を計測することで、この問題を検討する必要がある。

この点に関連して、広範な領域を調べることで、脳内のネットワークが全体的にどのように変化するかを検討する必要がある。成人の研究のところで触れたように、抑制機能には、前頭前野だけではなく、補足運動野や島皮質、大脳基底核などがかかわっている。ＮＩＲＳでは脳の深部の計測は難しく、皮質下の領域については検討が難しいが、まずはＮＩＲＳで可能な限りのネットワークを検討したうえで、他の手法を用いて、全体的に抑制機能の発達の脳内機構を探っていく必要があるだろう。

7 社会脳からみた児童虐待

友田明美

はじめに —— こころの成長発達と社会脳の発達と衰退

乳幼児期に家族の愛情に基づく情緒的な絆（アタッチメント）が形成され、安心感や信頼感の中で興味・関心が拡がり、認知や情緒が発達する。十分な栄養と睡眠により、身体発育のみならずこころの発達も促され、運動・感覚機能とともに言語機能も発達していく。乳幼児期から青年期を通じて、周囲の環境（人や物、自然）との関わりや学習により自発性や自立心が向上し、自己同一性とともに道徳性や社会性を獲得していく。こうした子どものこころの発達は、脳の各部位の成長発達が基盤となる。

生後の未熟な脳神経細胞が、乳幼児期から青年期にかけて、環境、経験、学習に大きく影響を受けながらシナプス形成し増加するのにともない、大脳全体・灰白質では9～15歳をピークとして容積が増加する（Lenroot et al. 2007）。その後はシナプス刈込みによる精緻化と皮質の髄鞘化の進展から神経回路がダイナミックに再編成され、成人にかけて脳が成熟するにつれて、容積は減少していく。発達・成熟のスピードは脳部位によって異なるため、容積がピークとなる年齢は異なるが、この過程はより高次の機能を担う部位では遅く始まる。たとえば前頭前野の発達は、思春期から成人早期にかけての認知機能や感情制御の発達と並行する。

しかしながら、生後の一連のこころと社会脳の発達の過程に衰退が隠されていることがある。それが児童虐待という環境要因によって引き起こされることも明らかになってきた。小児期のストレスは、髄鞘形成とシナプス形成・刈込みという出生後に起こる重要な脳発達に影響するからである。本章では、被虐待児の脳がいかに傷ついていくのか、さまざまなタイプの児童虐待が脳発達に及ぼす影響について、被虐待と脳発達の感受性期との関係も含めて概説する。

児童虐待と成人後の精神的トラブル、生涯の精神保健への大きな影響

少子化が深刻化する中、子どもの虐待は皆で考えていくべき重要な問題である。厚生労働省の2013年度の調査によると、全国の児童相談所が対応した児童の虐待対応件数は7万3765

件となり、児童虐待防止法施行前（１９９９年度）の約6倍に増えている。死亡事件も相次ぎ、２０１１年度には58人が死亡し、そのうち０歳児が４割強を占めていることがわかった。児童虐待が最初に医学的問題として取り上げられたのは約50年前で、当時は身体的虐待が対象であった。現在では、性行為やポルノ写真・映像にさらす性的虐待、暴言による心理的虐待、両親間の家庭内暴力（ＤＶ）曝露、子どもの養育を放棄してしまうネグレクトなど、さまざまなタイプの虐待が知られている（Teicher, Samson, et al. 2006; Tomoda et al. 2012）。児童虐待は発見が難しく正確な実態をつかむことは難しいが、乳幼児の被害が圧倒的に多いと推測されている。日本では児童虐待の防止などに関する法律が２００４年に改正された。この法律の意義は大きく、通告義務の対象者が確実に虐待を受けた児童だけでなく、虐待を受けた可能性がある児童や、明らかに虐待を受けたと自らが認める児童にまで拡大したことにある。厚生労働省の報告による年度別に見た児童虐待相談件数は、改正以後飛躍的に増加を続けた。一方で、現在も悲惨な児童虐待事件の報道は後を絶たず、見逃されているケースも数多く、依然として社会全体で早急に取り組むべき重要な課題となっている。

被虐待者たちが受けるトラウマの大きさは計り知れない。こうした児童虐待はトラウマとして子どもたちに重篤な影響を与え、その発達を阻害するようにはたらくことがある。すなわち、虐待は脳への「傷」を残す。そして虐待を受けた子どもたちはさまざまな「後遺症」に苦しむ。たとえば、幼児期には衝動や不安をコントロールできずに「キレ」やすかったり、人格が変わってしまう「解離」が起きたりする。思春期になると、抑うつ症状や心的外傷ストレス症候群（PTSD）の症状の一つとして、夜眠れない「過覚醒」が見られたり、自分だけが他者から認められないという被害妄想に駆られて問題行動を起こしたり、薬物やアルコールへの依存に陥ったりする。子ども時代に受けた虐待の影響は人生のあらゆる局面で現れる。

ラットなどを用いた動物実験では、成育初期に強いストレスを与えると、海馬などの発達に障害がもたらされることが１９８０年代より明らかとなっていた。これは、ストレスに反応して分泌されるコルチゾルが海馬の神経細胞を破壊するためである。コルチゾルは、ストレスに対処する能力を高めるために重要な役割を果たしているが、同時に免疫反応を抑制したり、繁殖機能の低下をもたらしたりと、生体にとって不利益な作用ももっている。海馬などの発達抑制（Andersen & Teicher, 2004）もその一つであるが、近年ＭＲＩを用いた脳の画像解析により、小児期に虐待を受けた経験をもつＰＴＳＤ患者でも、健常者と比較して海馬のサイズが小さくなっていることが確認された（Bremner et al. 1997）。さらに、情動や刺激の嫌悪性の評価などに重要なはたらきをもっている扁桃体や、理性的な判断など高次の精神機能を担う前頭前野などでも、虐待による変化が指摘されている。

著者らは米国ハーバード大学と共同で、虐待による長期的で極端なストレスが子どもの脳を傷つけるのではないか、という仮説を立てた。すなわち、虐待の影響は、段階的に連鎖していくのではないかと考えた。まず、児童虐待はストレスとなり、そのストレスが生理学的・神経体液性反応を引き起こす。次に、それらの反応が脳発達に影響を与え、そして、精神疾患の発症につながると考えた。小児期逆境的体験の種類やその数、そして、個人の遺伝的要因や年齢的要因が脳発達に影響し、やがて、うつやＰＴＳＤなどの精神疾患を引き起こすのではないか。これまで、大量のストレスホルモンが脳の発育に影響を与えることは知られていたが、虐待のストレスによって、脳にどのような影響が出るかは解明されていなかった。

著者らの検討では、小児期の虐待で受けた身体的な傷がたとえ治癒したとしても、発達過程の〝こころ〟に負った傷は簡単にはいやされないことがわかってきた（友田 2012）。すなわち性的虐待や厳格体罰、暴言虐待、両親間のＤＶ曝露がヒトの脳に与える影響を調べたところ、虐待によって脳の容積や髄鞘化が変容することが明らかになった（Andersen et al. 2008; Choi et al. 2009; Teicher et al. 2004; Teicher, Samson, et al. 2006; Tomoda, Navalta, et al. 2009; Tomoda et al. 2012; Tomoda et al. 2011）。

児童虐待への曝露と衝動抑制障害、薬物・アルコール乱用、非社会的パーソナリティー障害、全般性不安等を含む精神疾患との関連性は、すでに広く知られている。7万人以上を対象とした疫学調査で、精神疾患の多くは児童虐待に起因することがわかり、児童虐待をなくすと、薬物乱用を50％、うつ病54％、アルコール依存症65％、自殺企図67％、静脈注射薬物乱用を78％減らすことができるという結果が出た。これは、医療費の削減にもつながる。また、虐待への曝露と薬理的な関係も見られている。被虐待歴がある人は、被虐待歴がない人に比べ、抗不安薬を処方されるリスクが2・1倍、抗うつ薬では2・9倍、向精神薬では10・3倍、気分安定薬では17・3倍とされる。さらに、被虐待経験者は、老化のマーカーであるテロメアの侵食が見られ、寿命も平均に比べ20年も短いなど、医学的な影響も見られている（Anda et al. 2006; Teicher 2010）。

性的虐待による脳への影響

著者らは、総勢554名からスクリーニングして、小児期に性的虐待を受けた経験がある米国人女子大生23名と、年齢・民族・利き手・被験者の生活環境要因（両親の収入、職業、学歴など被験者の出生後の脳の発達に影響を及ぼすと考えられるさまざまな要因）をマッチさせた「まったく被虐待歴がなく精神的トラブルを抱えていない」健常対照女子大生14名とを被験者とし、脳形態（脳皮質容積）の違いをボクセル・モルフォメトリー（Voxel Based Morphometry：VBM）とフリーサーファー法（大脳表面図に基づくニューロイメージング解析）を用いて比較検討した（Tomoda, Navalta, et al. 2009）。

被虐待群では、健常対照群に比べて両側の一次視覚野（17〜18野）の有意な容積減少を認めた（図7－1）。特に際立った容積減少を認めた部位は、左の舌状回（17野）と下後頭回（18野）であった。また別の解析手法となるフリーサーファー法でさらに詳細に検討したところ、左半球の

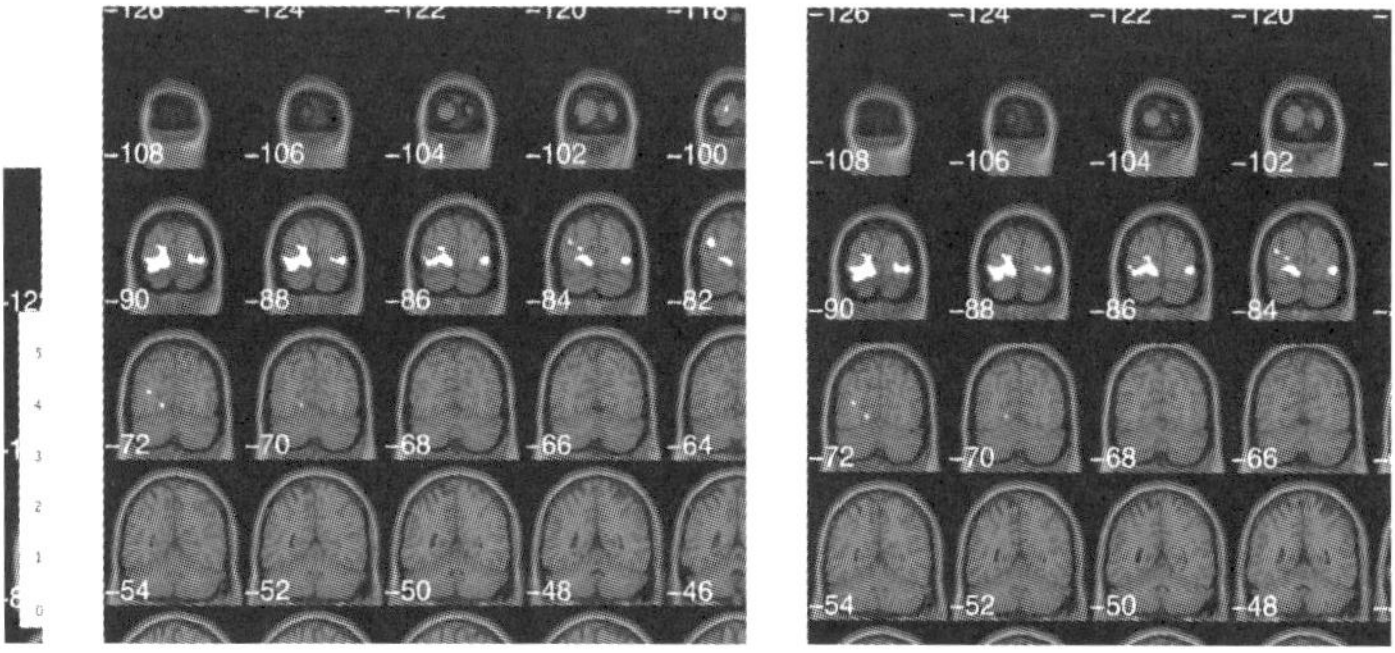

図７－１　VBM 法による性的虐待経験者の脳皮質容積減少

（Tomoda, Navalta et al. 2009 より引用）（カラー口絵参照）

高解像度ＭＲＩ画像（Voxel-Based Morphometry: ＶＢＭ法）による、小児期に性的虐待を受けた若年成人女性群（23 名）と健常対照女性群（14 名）との脳皮質容積の比較検討。被性的虐待群では両側一次視覚野（17-18 野）に有意な容積減少を認めた。（カラーバーはＴ値を示す。）

視覚野全体の容積が８％も減少していた。その詳細は視覚野を構成する左紡錘状回の容積が18％、左中後頭回の容積が９・５％減少していた。また被虐待群では右半球の視覚野全体の容積も５％減少していた。特に、右舌状回の容積が８・９％減少していた。

これらの結果は、思春期発来前の11歳頃までに虐待を受けた被験者で著しく際立っていた。しかも、11歳までに性的虐待を受けた期間と視覚野の容積減少の間には有意な負の相関を認め、虐待を受けた期間が長ければ長いほど一次視覚野容積が小さいことがわかった。また被虐待者では、視覚性課題に対する記銘力が低下していることは報告されていたが、視覚性記銘力も一次視覚野容積と強い正の関連が認められた。

情動系脳や高次脳ではなく、視覚野に影響が及ぶと考えられる要因は、これまで述べた被虐待者たちは、虐待の中でも単一な性的虐待だけを受けた者を意図的に選んで集めたものだからである。すなわち、異なる虐待カテゴリーの被験者は相互に重複していない。また、単種類の被虐待経験は一次的に感覚野の障害を引き起こすが、より多くのタイプの虐待を一度に受けると大脳辺縁系に障害を引き起こし、脳へのダメージはより複雑になり、深刻化すると考えられる。

ストレスが脳に及ぼす影響が小児期と思春期では違うことから、脳発達には感受性期があり、時間軸を考慮することが必要だと思われる。人生の中で起こるさまざまな経験を通して脳は形作られるが、ヒューベルとウィーゼルによると、出来事の影響が特に強い感受性期と、出来事が脳発達の基盤となり脳の性能を永久に変える臨界期とがある。ガレイらは、ヒトの一次視覚野のシナプス密度は生後8ヶ月でピークに達し、生後11歳頃までにはシナプス密度が成人レベルまで徐々に減っていく、と報告している。すなわち、視覚的な経験がヒトの視覚野の発達に影響を及ぼすのは11歳頃まで、と考えてよいだろう。思春期前の脳の発達期に重大なトラウマを受けたことで、被虐待児の一次視覚野に何らかの変化が生じたと考えられる。

暴言虐待による脳への影響

母親から「ゴミ」と呼ばれたり、「お前なんか生まれてこなければよかった」というような言

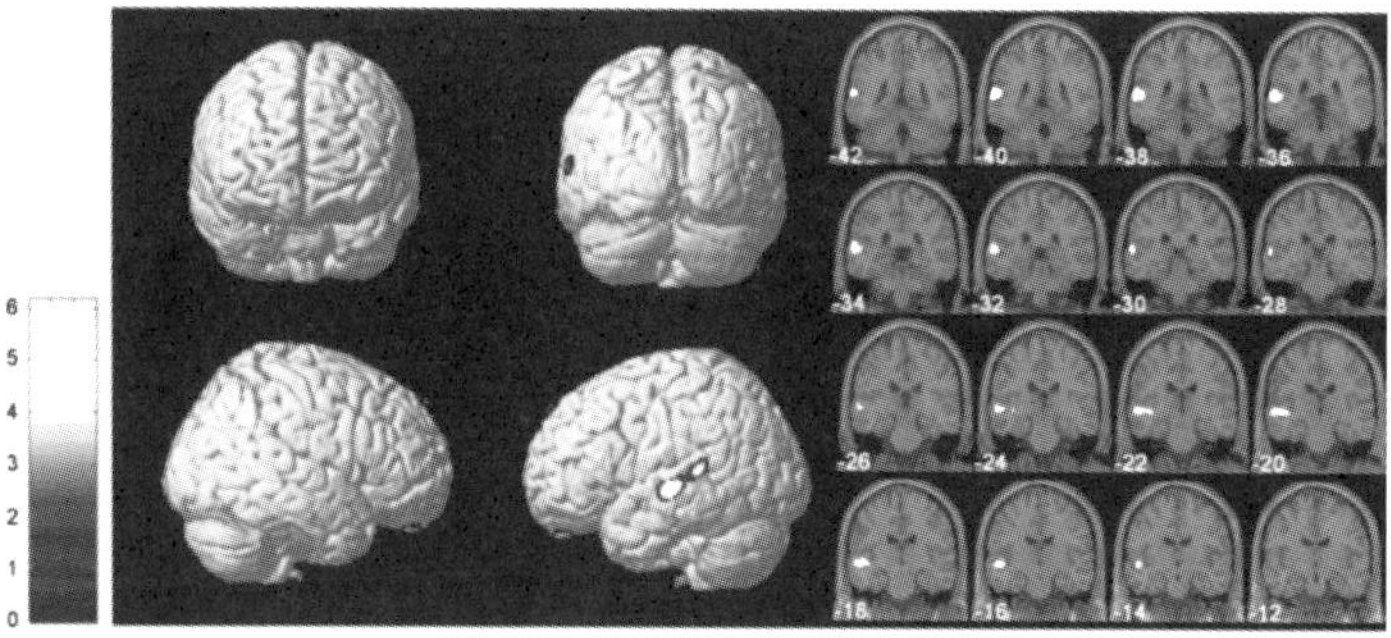

図７－２　VBM 法による暴言虐待経験者の脳皮質容積増加

（Tomoda et al. 2011 より引用）（カラー口絵参照）

ＶＢＭ法による小児期に暴言虐待を受けた若年成人群（21 名）と健常対照者群（19 名）との脳皮質容積の比較検討。被暴言虐待群では左聴覚野（22 野）に有意な容積増加を認めた。（カラーバーはＴ値を示す。）

葉を浴びせられるなど、物心ついた頃から暴言による虐待を受けた被虐待者たちを集めて、脳を調べた結果、スピーチや言語、コミュニケーションに重要な役割を果たす脳の聴覚野という部分が変形していることがわかってきた（Tomoda et al. 2011）。

１５００人の被暴言虐待者を対象とした調査では、聴覚野の一部である左上側頭回（22野）灰白質の容積が増加していた（図７－２）。また暴言の程度をスコア化した評価法（Parental Verbal Aggression Scale）による検討では、同定された左上側頭回灰白質容積は母親（β ＝ .54, p ＜ .0001）、父親（β ＝ .30, p ＜ .02）の双方からの暴言の程度と正の関連を認めた（図７－３）。すなわち、殴る、蹴るといった身体的虐待や性的虐待のみならず、暴言による精神的虐待も発達過程の脳に影響を及ぼす可能性が示唆された。一方で、両親の学

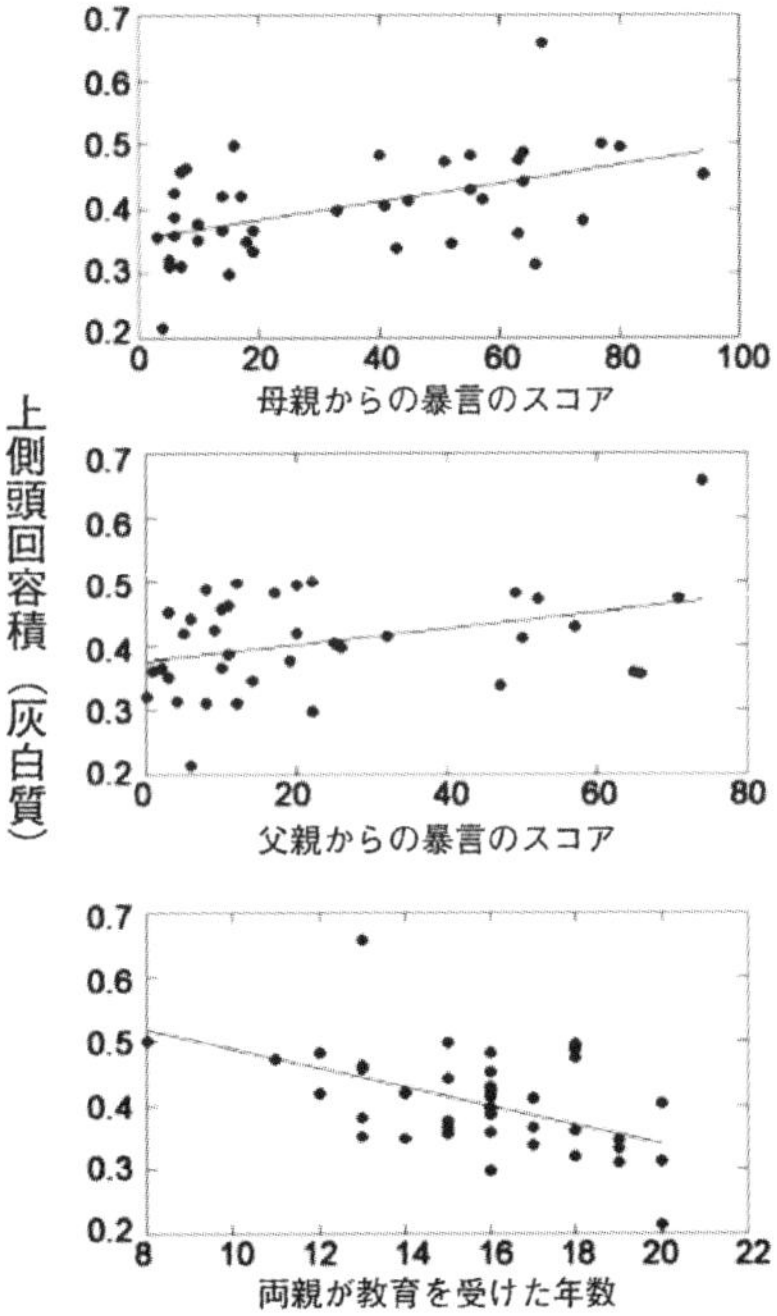

図7－3　左上側頭回灰白質容積と母親（上図）、父親（中図）からの暴言の程度、および両親の学歴（下図）との関連

（Tomoda et al. 2011 より引用）

歴が高いほど同部の容積は小さいことがわかった（$\beta = -.577, p < .0001$）（図7－3）。

優位半球（左脳）の上側頭回の後部から角回にかけて聴覚野または聴覚性言語中枢（ウェルニッケ野）があるとされている。また、同部位は会話、言語、スピーチなどの言語機能に関して鍵となる場所でもある。被暴言虐待者脳の拡散テンソル画像（Diffusion Tensor Image：ＤＴＩ）解析でも、失語症と関係している弓状束、島部、上側頭回を含めた聴覚野の拡散異方性の低下が示されている（Choi et al. 2009）。以上の結果から、親から日常的に暴言や悪態を受けてきた被虐待児においては、聴覚野の発達に影響が及んでいることが推察された。

言葉の暴力は、身体には傷をつけないが脳に傷をつける。驚くべき発見であった。性的虐待の脳への影響同様、暴言虐待を受けた経験が情動系脳や高次脳ではなく、聴覚野に影響が及ぼすと考えられる要因は、これまで述べた被虐待者たちは、虐待の中でも単一な暴言虐待を受けた者を意図的に選んで集めたものであるからである。

厳格体罰による脳への影響

厳格な体罰を受けてきた１５００人の調査では、こころを司っている脳の前頭前野が影響を受けることがわかった（Tomoda, Suzuki, et al. 2009）。小児期に長期間かつ継続的に過度な体罰（頬への平手打ちやベルト、杖などで尻を叩くなどの行為）を年12回以上かつ3年以上、4～15歳の間に受けた18～25歳の米国人男女23名と、利き手・両親の学歴・生活環境境要因をマッチさせた「体罰を受けずに育った同年代の健常な」男女22名を調査し、VBMを用いて脳皮質容積の比較検討を行った。

厳格体罰経験群では前頭前野の一部で、感情や思考、犯罪抑制力にかかわっている部位である内側前頭皮質のサイズが小さくなっていた（図7－4）。この部分が障害されると、うつ病の一つである感情障害や、非行を繰り返す行為障害などにつながるといわれる。体罰としつけの境界は明確ではない。親はしつけのつもりでも、親のストレスが高じた結果が過剰な体罰になってしまう。厳格体罰は虐待であるという理解が広まったことが最近の虐待数の増加につながっているのではないかと思われる。

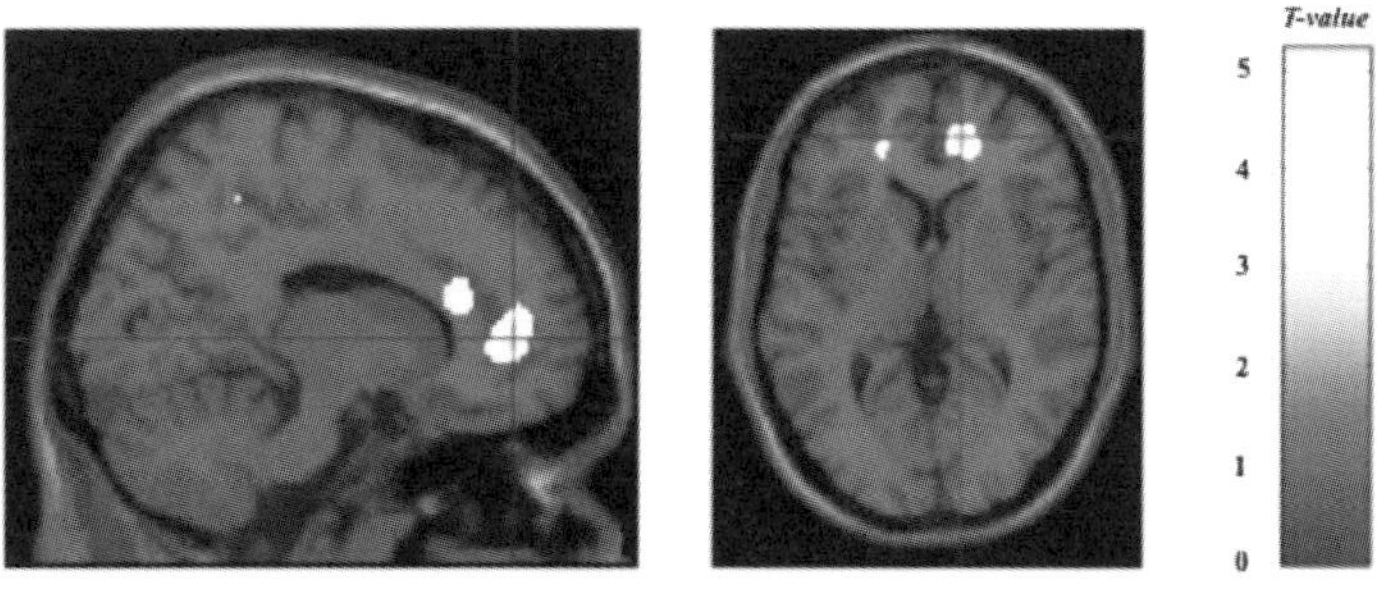

図7－4　VBM法による厳格体罰経験者の脳皮質容積減少

（Tomoda, Suzuki, et al. 2009 より引用）（カラー口絵参照）

VBM法による小児期に厳格体罰を受けた若年成人群（23名）と健常対照群（22名）との脳皮質容積の比較検討。被厳格体罰群では右前頭前野内側部（10野）、右前帯状回（24野）、左前頭前野背外側部（9野）に有意な容積減少を認めた。（カラーバーはT値を示す。）

両親間のＤＶ目撃による脳への影響

夫婦間の暴力（ＤＶ）を目撃させる行為が心理的虐待の一つにあたることが、児童虐待防止法でも定義されている。ＤＶ曝露の被害を受けた子どもにはさまざまなトラウマ反応が生じやすく、知能や語彙理解力にも影響があることが知られていた。著者らもハーバード大の女子大生を対象に同じような研究を行い、小さいときに両親の夫婦喧嘩を見て育った人たちのグループは、ＩＱと記憶力の平均点が低いことを確かめている。しかしながら、ＤＶに曝されて育った子どもたちの脳への影響に関する報告はわずかである（Choi et al. 2012）。

著者らは、小児期にＤＶを目撃して育った経験が発達脳にどのような影響を及ぼすのかを検討した（Tomoda et al. 2012）。小児期に、継続的に両親間のＤＶを目撃するという状況に長期間（平均４・１年間）あった18～25歳の米国人男女22名と健常対照者男女30名を対象に脳皮質容積の比較検討をしたところ、ＤＶ目撃群では健常対照群に比べて右の視覚野（ＢＡ18野：舌状回）の容積や皮質の厚さが顕著に減少していた（図７－５）。

今回の検討で、ＤＶに曝されて育った小児期のトラウマが視覚野の発達に影響を及ぼしていることが示唆された。また、両親間の身体的な暴力を目にしたときよりも、両親間の言葉の暴力に

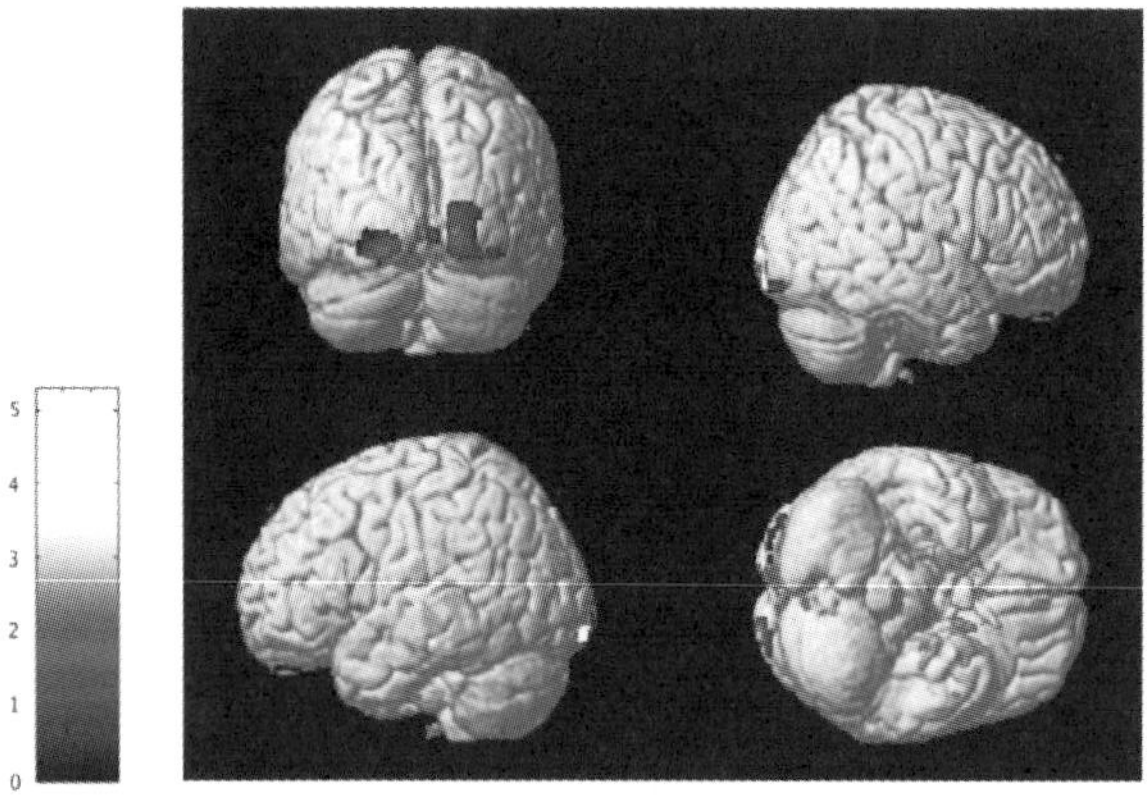

図7－5　VBM 法による DV 目撃経験者の脳皮質容積減少

（Tomoda et al. 2012 より引用）（カラー口絵参照）

VBM 法による小児期に両親間の家庭内暴力（DV）を目撃した若年成人群（22 名）と健常対照群（30 名）との脳皮質容積の比較検討
ＤＶ目撃群では右舌状回の容積が 6.1％も有意に減少していた。（カラーバーはＴ値を示す。）

接したときの方が脳へのダメージは約6倍になるという意外な結果も得られた。ＤＶ曝露による悪影響が視覚野に一番出やすい時期は、11～13歳であることがわかった。

被虐待と脳発達の感受性期との関係

脳の発達は環境因子に強く影響されるが、脳の発達過程には、特に言語や視覚などの能力が発達する特異な時期がある。この時期は感受性期（Sensitive Period）として知られている。性的虐待を受けた時期の違いによる被虐待者の局所脳灰白質容積を重回帰分析で検討したところ、被虐待ストレスによってさまざまな脳部位の発達がダメージを受けることには、脳部位によってそれぞれに時期が違った感受性期があることが示唆された。具体的には、海馬は幼児期（3～5歳頃）に、脳梁は思春期前（9～10歳）に、さらに前頭葉は思春期以降（14～16歳頃）と最も遅い時期のトラウマで、重篤な影響を受けることがわかってきた（Andersen et al. 2008）。

こうした虐待による脳の変化はどうして起こるのか。小児期のトラウマ体験が、特に感覚系が活動的にはたらく視覚野や聴覚野などの領域の発達に影響を及ぼしていることが示唆される。一連の脳の変化の発生機序として、被虐待者の発達する脳が外界の刺激に過剰に反応して障害をきたしやすくなっており、その結果として脳の活動性能力が落ち、脳構成要素である軸索、デンドライト、グリアを含めたネットワークの形成不全が起こっている可能性が考えられる。

被虐待児のこころのケアの重要性

被虐待児たちが「脳」と「こころ」に受けた傷は、決して見過ごしてよいものではないし、現代においては、成人になってからの「不適応」やさまざまな人格障害の原因となりうることを忘れてはならない。タイチャーらは、そういった子どもたちに適切な世話をし、激しいストレスを与えないことも大切なことだと述べている（Teicher, Tomoda, et al. 2006）。彼らへの愛着の形成とその援助やフラッシュバックへの対応とコントロール、解離に対する心理的治療などが必要となってくる。そうすれば左右両半球の統合もうまくいき、子どもは攻撃的にならずに情緒的に安定していき、他人に同情・共感する社会的な能力も備わった大人になるだろう。この過程が、ヒトという社会的動物である私たちに複雑な対人関係を可能にするだけでなく、創造的能力を開花させるものだと信じたい。

虐待は脳への「傷」を残す。しかし、このような「脳の傷」が決して「治らない傷」ではなく、癒やされうることを強調したい。たとえば、母子分離によってストレス耐性が低くなった仔ラットでも、その後に十分な養育環境に変えてやることでストレス耐性は回復する。人間においても、可能な限り早期に虐待状況から救出し、手厚い養育環境を整えてやることが、子どものこころの発達には重要であろう。また、成人を対象とした先行研究では、認知行動療法によって脳の異常が改善されると報告されている（de Lange et al. 2008）。この点をふまえて、被虐待児たちの脳の異常も多様な治療で改善される可能性があると考えられる。被虐待児たちの精神発達を慎重に見守ることが重要である。

これまでの先行研究では、単一のタイプの虐待よりも複数のタイプの虐待を受けた被虐待者の方が精神病性の症状への進展リスクがより大きいとされている（Anda et al. 2006）。前述したが、単独の被虐待経験は一次的に感覚野の障害を引き起こすが、より多くのタイプの虐待を一度に受けると大脳皮質辺縁系に障害を引き起こす。すなわち、複数のタイプの虐待を受けた場合、脳へのダメージはより複雑になり、深刻化する。
ヒトの脳は、経験によって再構築されるように進化してきた。虐待によって生じる脳の変化はいかなるものなのか、という問いの解明に近年の脳画像診断法の進歩が貢献している。それによると、児童虐待は発達するヒトの脳機能や神経構造にダメージを与えることがわかってきた。しかしこれは、幼い頃に激しい情動ストレスを経験したがために、脳に分子的・神経生物学的な変化を生じ、「非適応的な」ダメージが与えられてしまったと考えるべきではない。むしろ、虐待状況という特殊な環境に対して、神経の発達をより「適応的な」方向に導いたためとは考えられないだろうか？　危険に満ちた過酷な世界の中で生き残り、かつ、子孫をたくさん残せるように、脳を適応させていったのではないだろうか？

しかしながら、小児期に受ける虐待は脳の正常な発達を遅らせ、取り返しのつかない傷を残しかねない。簡単に確かめられる傷跡ではないだけに見逃されがちであるが、身体の表面についた傷よりも根は深く、子どもたちの将来に大きな影響を与えてしまう可能性がある。極端で長期的な被虐待ストレスは、子どもの脳をつくり替え、さまざまな反社会的な行動を起こすように導いていく。少子化が叫ばれる現代社会で、大切な未来への芽を間違った方法で育めば、社会は自分たちの育てた子どもによって報いを受けなくてはならないだろう。

虐待を受けた子どもが、親になると自分の子どもに虐待を行うという虐待の「世代間連鎖」が知られている。連鎖を断ち切るためには、早いうちに虐待の現場から引き離し、社会的支援を行っていくことが必要である。子どもの脳は発達途上であり、可塑性という柔らかさをもっているため、早いうちに手を打てば、回復することもわかっているからである。

まずは安定して生活できる場を確保する。そのためにも里親、特別養子縁組、児童養護施設や児童自立支援施設など、社会的養護とそれを支援する法整備が必要である。そこで時間をかけて、愛着の形成を行う。子どもたちは「親試し」といって、赤ちゃん返りをしたり、新しいお母さんを噛んだりして、本当に自分の親になってくれるか試しながら徐々に愛着が戻ってくる。もちろん、生活支援や学習支援も必要である。そして専門的な治療が必要になってくる。フラッシュバックや解離に対する心理的な治療、専門家によるトラウマの曝露治療などを慎重に、時間をかけて行う。さまざまな専門家が連携して、早く対応することが重要である。

心理療法の一つである箱庭や描画などを用いた遊戯療法は、子どもが語ることのできない、子どもを取り巻く環境や過去（被虐待経験）について、捉えようとするアプローチである。そして、子どもだけでなく、親に対するアプローチが極めて重要である。

箱庭においては、子どもが自発的に自由に表現をするため、子どもの自己治癒力が活性化されることが期待される。また、子どもの内的世界が表現され、その理解によって子どもをより深く理解することができる。臨床心理士（セラピスト）は、完成された作品だけを見るのではなく、その作品が制作される過程をつぶさに観察し、その意味を汲み取らなければならない。大切なのは、言葉にならないイメージの表現や感覚で、作品のまとまりや空間の使い方、物の配置の仕方など、子どもの表現そのものを、「味わおう」とする態度が求められる。箱庭の中の世界がどのようなものであるのか（動物が死んでいる、アイテムの配置がいびつであるなど）、言語化されていない家族関係がそこに投影されることがある。その点で、子どもと制作の場を共有することが極めて重要な治療である。

最近では、被虐待経験者に見られる疾患は「生態的表現型（ecophenotype）」と呼ばれている（Teicher & Samson 2013）。発症年齢の低さ、経過の悪さ、多重診断数の多さ、そして、初期治療への反応の鈍さが特徴的に見られる。これらに気づくことが、全体の治療経過を高め、また、精神病理学の生物学的基礎研究を促進することにつながると思われる。当然ながら虐待を減少させていくためには、一つの職種だけではなく多職種と連携し、また、子どもと信頼関係を築き、根気強く対応していくことから始めなければいけない。

おわりに ―― 次世代の子どもたちのために私たちができること

児童虐待への曝露が社会脳に及ぼす影響について脳科学的観点から視えてきたことを概説した。児童虐待は見逃されているケースも数多く、依然として社会全体で早急に取り組むべき重要な課題となっている。虐待の影響は急性期に生じるものと、精神障害など思春期・青年期になって徐々に影響が出てくるものがあり、早期発見・早期介入は重要である。被虐待児を発見したら安全な環境を確保したうえで、トラウマとアタッチメント障害からの回復へのアプローチ、治療を行う。また社会的養護の中で、信頼できる周りの大人の存在を通して、適切な自己イメージを形成させることが援助となるであろう。

8　加齢とワーキングメモリ

苧阪満里子

はじめに

加齢とともに日常生活の中でもの忘れが増えるなど、目標とする行動のための一時的な記憶であるワーキングメモリ（working memory）の機能が低下することが知られている。ワーキングメモリは、目標行動に必要な情報を心の中に保持しておきながら行動を進める保持と処理の並列処理を可能とするためのはたらきをもち、前頭葉を中心にそれを支える脳の機能をもつ（苧阪 2002）。

ワーキングメモリ内の情報を処理したり保持したりする制御機能を担うと考えられている中央実行系（central executive, Baddeley 1986）は、制限された容量を効果的に使うために、何に注意を向け当面不必要な情報をいかに抑制するかといった注意の制御が求められる。注意の制御が効率的に働かなければ、必要でないことに注意が向かい、憶えるべき内容を忘れる「もの忘れ」が生じることになる。

「もの忘れ」が頻繁に生じる原因の一つは、ワーキングメモリに極めて厳しい容量の制約があるためである。そのため、買い物をすることや、約束の時間に待ち合わせ場所に行くには、保持と処理の並列的処理が求められるが、途中で偶然知り合いに出会うなどの妨害にあえば、とたんにそれらの目標の遂行が影響を受けることになる。

また、ワーキングメモリに保持していた情報は、目標が終了すれば消去されねばならない。ワーキングメモリにいつまでももとの情報が消えずに残っていると、次の情報を新たに保持することの妨げになるため、記憶すべき内容を適切に更新することも重要である。

ここでは、このようなワーキングメモリの注意の制御機能に注目して、高齢者のワーキングメモリの特徴について、行動データと脳内機構の特徴から考えてみたい。

ワーキングメモリ課題の遂行

加齢による脳の構造的変化については、脳全体の萎縮が指摘されているが、なかでも縮小傾向が顕著なのは両側の前頭前野である（Raz 2004）。前頭前野の委縮は灰白質（gray matter）だけでなく、白質（white matter）にも認められることが指摘されている（Madden et al. 2004; Resnick et al. 2003）。さらに記憶の保持に関わる海馬にも縮小が認められる。このような構造的変化とともに、コリン作動性神経伝達物質やドーパミンの放出が低下することが指摘されている（Sarter & Bruno 2004）。

こうした脳の構造的・機能的変化にともない、高齢者では認知能力が低下することが報告されている（Craik & Salthouse 2000; Salthouse 1996）。ワーキングメモリの低下も指摘されるが、なかでも実行系機能の低下が顕著であることが指摘されている（Cabeza 2001; Mayr et al. 2001; Smith et al. 2001; West 1996）。

さて、実行系機能の加齢による低下を調べるには、高齢者にワーキングメモリ課題を行わせて、その遂行の特徴を調べる必要がある。ここでは、ワーキングメモリのはたらきを測定するリーディングスパンテスト（reading span test, RST, 以下ＲＳＴと略す）を用いた例についてみてみたい。ＲＳＴについては、本シリーズ7巻『小説を愉しむ脳』の6章「読書における文の理解とワーキングメモリ」に詳しく説明したので、そちらを参照していただきたい。ここでは、テストの内容について説明するに留めたい。

このテストは、文を読みながらどれほどの情報を保持できるかを測定するテストである（苧阪 2002）。そのために、文を口頭で読みながら文中の特定の単語を記憶することが求められる。

上の表に高齢者で使用しているRSTの2文条件での例文を示す。文中のアンダーラインのついた単語がターゲット語であり、実験参加者は文を読みながらターゲット語を憶えなければならない。

この例文は、2文の例を示している。高齢者のRSTの評価値の変化を詳細に測定するため、若年者に採用しているRSTよりも文を少しだけ短くした高齢者版を用いた（苧阪 2009)。

RSTスパン得点は、文を読みながらいくつまで単語を記憶できるかというワーキングメモリの評価値である。2文を読みながら、それぞれの文章に出現するターゲット単語を記憶できる場合には、スパン得点は2・0となる。若年者では、2文から始めて次第に読む文の数を増加させていくが、高齢者の場合には、2文から始めると困難を生じる場合があるため、1文条件（1文を読んで、文中の1単語を憶える）から始めた。

高齢者 RST　例文

2 文条件

裏庭に、今年初めて<u>バラ</u>の花が咲いた。

元旦に<u>神社</u>にお参りに行った。

ターゲット語：バラ、神社

図8－1に年齢段階によるRSTスパン得点の分布を示す。65歳から85歳までのRSTスパン得点は、加齢により少しずつ減少する傾向が認められている。比較のために測定した60〜64歳のスパン得点の平均値は2・36であったが、70歳以上になると2・15を下回る。さらに、80歳になると2・0を下回る。この値は、彼らが2文を読んで2つの単語を記憶するのが困難であること

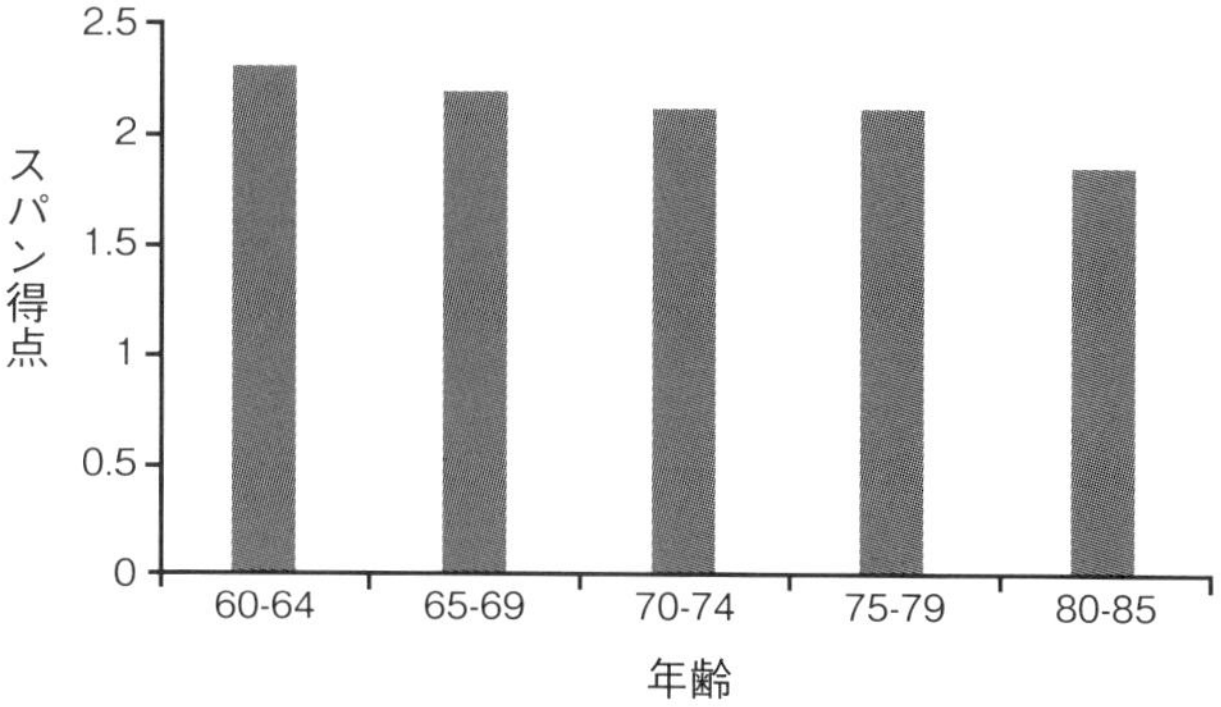

図８－１　高齢者の RST：年齢別のスパン得点

を示している。1文条件はできているので、文を読むことに困難を生じているのではない。1文条件に比べて2文条件が難しいのは、1文目に出現したターゲット語を憶えながら次の文を読み、さらにその中の1単語を記憶しなければないことにある。つまり、保持しながら処理を進めるワーキングメモリのはたらきが困難になっているのである。

RSTとともに、記憶の評価テストの一つである単語スパンテスト（word span test）を実施したところ、60歳から85歳までの平均値は3・36であり、80〜85歳の高齢者の平均値でも3・0を超え、3単語を記憶することができることがわかる。単語スパンテストは、単語を記憶することに集中することを求める課題であり、ワーキングメモリのような保持と処理の並列処理は要求されない。単語スパンテストでは単語を音韻的に記憶することが重要であるが、このような処理はワーキングメモリの下位システムである音韻ループ（phonological loop.

Baddeley 1986）において保持されると考えられる。このように音韻ループには加齢の影響は少ない一方、ＲＳＴの評価値が低下するのは、特定の単語を記憶しつつ文を読むという二重課題の遂行に困難を生じているためである。これは、ワーキングメモリの中央実行系における注意制御が低下することに起因するものと考えられる。

高齢者のエラーの特徴

高齢者の中央実行系のはたらきの低下には、どのような特徴があるのだろうか。その特徴を明らかにするため、高齢者がＲＳＴの実施中に示すエラーに注目して検討した。

報告すべきターゲット語以外の文中単語を報告する

高齢者はＲＳＴ成績の低下だけでなく、単語報告のエラーが若年者とは質的にも異なる特徴があることがわかった。高齢者のエラーには、本来報告すべきターゲット語以外の文中単語を報告する試行内エラーが増加している。

一日中テレビを見ていたので、買い物に行けなかった。

この文では、ターゲット語は「買い物」である。しかし、間違って「テレビ」を報告する例である。

このような試行内エラーは若年者にも認められ、記憶すべき単語に注意を向けることができないことに起因するものと考えられる。というのは、それ以外の単語を誤って再生することはできているのであり、彼らが記憶することができないわけではない。

RSTでは、単に文を読むだけでなく、特定の単語に注意を向けてそれを焦点化する必要がある。この焦点化がうまくできないと、誤った情報を記憶することになり、侵入エラーを引き起こすのである。

注意を焦点化することができれば、その単語だけに注意を向けることが可能となり、記憶すべき情報量も少なくてすむ。しかし、そうでない場合には多くの情報に分散的に注意を向けることになり、不要な情報の取り込みが課題遂行を一層妨げることになる。

高齢者の侵入エラーには、試行内エラーが多いが、同時に試行外の単語を間違えて報告する試行間エラーも出現する。たとえば、前の試行で出現したターゲット語や、あるいはそれ以外の単語を報告する例である。RSTでは、一つの試行が終了すると、記憶していた内容をリセットして、次の試行に準備しなければならない。すでに終了して不必要なった情報は更新しなければならない。この更新が十分でないと、新たな試行にも影響がおよぶことになるのである。

全文を再生する

高齢者のエラーのもう1つの特徴として、ターゲット語の単語だけをうまく抽出することができない特徴もあげられる。句全体を再生したり、文節ごと再生したりするようなエラーである。なかには一文全体を読み上げてしまうこともある。次のような例である。

正月は家族と一緒に旅行した。

右の文で、ターゲット語は「家族」であるが、これを再生するのに、「正月は家族と一緒に旅行した」と文全体を報告するのである。ターゲットの「家族」を報告するときに、「家族」だけを取り出すことができずに、それに続く内容をそのまま報告しているのである。

一文全体を記憶するのは、負荷が大きいと考えられる。高齢者では記憶の低下が問題視されがちであるが、予想に反して不必要な情報も含めて記憶しているようである。結果として、記憶した内容を口頭で再生する時に文全体を再生してしまい、再生している間にターゲット語を忘れてしまうことになる。

文を理解するには、単語を切り離した状態で保持するのではなく、文全体がその意味の解釈を受けて統合されるものと考えられる。高齢者は、文の読みとその統合過程は可能なものの、それに加えて特定の単語を取り出して保持するという課題を与えられた時に、特定の単語に注意を移動させてそれを焦点化することに困難を示している。

高齢者のワーキングメモリの脳内機構

高齢者のワーキングメモリのはたらきを支える脳の仕組みを知るため、ＲＳＴを実施中に脳の中でどのような処理が行われているのかを機能的磁気共鳴画像法（functional magnetic resonance imaging：ｆＭＲＩ）により検討した結果をもとに紹介したい。

ＲＳＴ遂行中に活動増強を示す脳領域については、若年者を対象とした結果を紹介した本シリーズ7巻の「読書における文の理解とワーキングメモリ」を参照されたい。若年者がＲＳＴを遂行しているときには、前頭葉の背外側前頭前野（dorsolateral prefrontal cortex：ＤＬＰＦＣ）、前部帯状皮質（anterior cingulate cortex：ＡＣＣ）、そして上頭頂小葉領域（superior parietal lobule：ＳＰＬ）が重要な役割を担うと考えられた。ＤＬＰＦＣは、記憶すべき対象に向けられた注意を維持すること、ＡＣＣは記憶すべき対象とそうでない対象がある時にそれをキャッチして不必要な情報を抑制するときに役立つと考えられる。またＳＰＬは、記憶すべき対象に注意を移行する役割を担っているようである。これらの領域が中心となり、中央実行系の制御を可能にしていると考えられる（Osaka & Osaka 2007）。

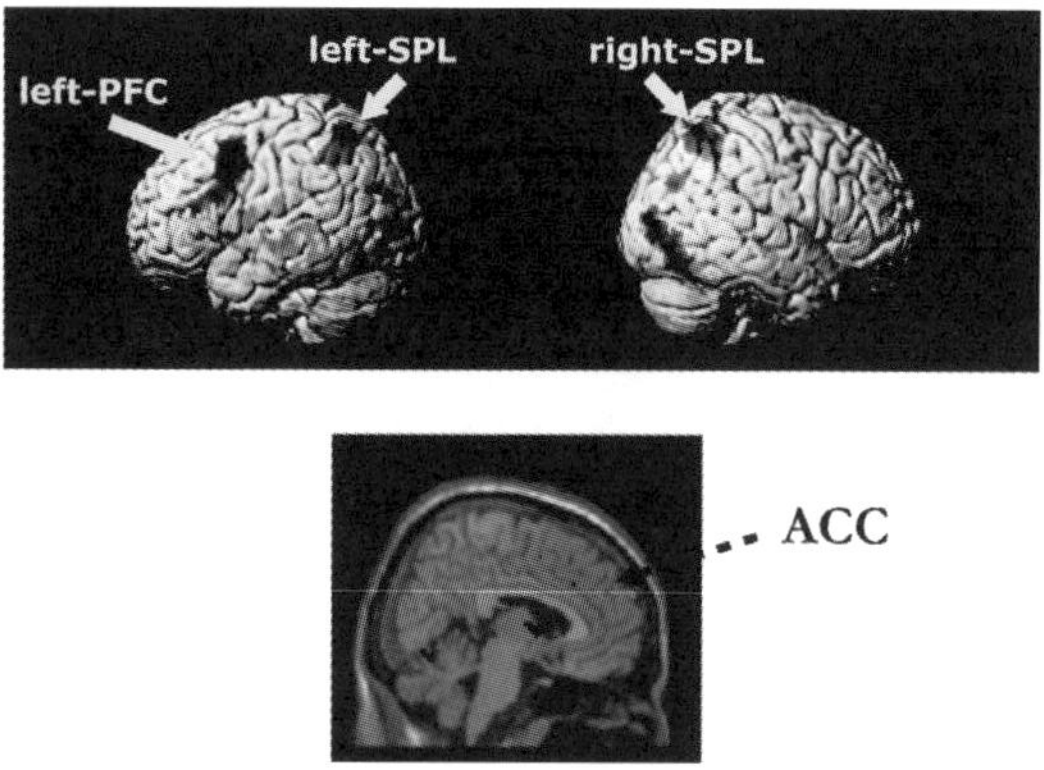

図８－２　ＲＳＴ遂行中の高齢者の脳画像例（脳の外側面と内側面）
（カラー口絵参照）

さて、高齢者を対象としてＲＳＴを用いたｆＭＲＩ測定には、3文を読んで3単語を憶える課題を用いた。この課題を遂行中の脳活動を図８－２に示す。

図８－２のように、高齢者のｆＭＲＩの脳画像には、左半球の前頭前野に活動が確かめられる。これは、若年者がＲＳＴを実施している時の前頭前野の活動領域と一致しており、文を読みながら単語を記憶するための注意の保持過程を反映しているものと考えられる。しかし、高齢者のＲＳＴ遂行中の脳活動には、若年者に認められたＡＣＣの活動が認められなかった（Osaka et al. 2012a; Osaka et al. 2012b）。

脳の注意制御に関しては、ＤＬＰＦＣがトップダウンな注意維持の役割をする一方で、ＡＣＣは刺激のコンフリクトを検出してそれに対処する役割を担っていると考えられている（Braver et al. 2001; MacDonald et al. 2000; Smith & Jonides 1999）。ＲＳＴの遂行中には、ターゲット語と文中の他の単語との間に、どの単語に注意を向けるべきかについて認知的コンフリクトが生じる。文中には複数の単語があり、記憶すべきターゲット語へ干渉することが考えられるのである。こうしたコンフリクト状況をすばやく検出して注意の制御を行うには、ACCのはたらきが必要であると考えられるのである。

高齢者のRST遂行中の脳活動に、ACCの活動がほとんど認められなかったことは、記憶すべき単語に注意をうまく切りかえることができなかったことを示している。このことを裏付けるように、行動データには多くの侵入反応がみられた。これは、中央実行系の機能的弱化によりコンフリクトへの感受性が低下して、それが抑制機能の低下を引き起こしたと推察できる。これらの要因が、試行内外の侵入エラーや、全文再生などを引き起こすと考えられる（苧阪 2014）。

こうした結果に加えて図に示すように、高齢者のRST遂行中の脳活動には、左右半球の頭頂領域の活動が認められた。若年者ではRST遂行中には主に左半球の活動が認められるのに対して、高齢者では左半球のみならず、右半球にも認められたことは興味深い。このような言語半球とは反対側の対象領域における活動は、高齢者においてしばしば報告されている。この一つの解釈としては、高齢者の脳の活動の脆弱化を補償する（compensation）ため、反対側半球で活動が高まることを示しているという。これを支持するデータには、認知課題の遂行成績と反対側半球の活動増強の間には正の相関関係が認められることなどが報告されている（Cabeza et al. 2002; Reuter-Lorenz 2002; Otsuka et al. 2008）。頭頂領域が注意の制御と関連することはいくつかの研究から示唆されているが、高齢者の両側半球のＳＰＬの増強は、低下した注意制御を補足するはたらきと関連していると考えられそうである（苧阪 2009）。

前頭前野の構造的萎縮だけでなく、頭頂領域における加齢による構造的変化が、両領域のネットワークの機能的結合低下を引き起こす可能性もある。というのは、頭頂領域と前頭領域の両領域間には機能的結合があることが指摘されており、頭頂領域の活動が前頭前野と協同して課題目標に対処しているとの報告もある（Cabeza & Nyberg 2000）。両領域の機能的結合の低下は、情報の符号化過程および検索過程におけるはたらきを、ともに低下させると考えられる（Cabeza et al. 1997; Persson et al. 2006）。これはワーキングメモリの符号化過程と検索過程にも同様に影響を及ぼし、その遂行を妨げる一要因となる。認知症の一つであるアルツハイマー型認知症では、特に頭頂領域の委縮が顕著であり、それが注意の制御機能不全を引き起こすと考えられる。

注意制御を強化する

ここまで紹介したように、高齢者は多くの情報の中から、必要な情報に注意を向けながら当面不必要な情報を抑制制御することに困難を示している。このことは、彼らのＲＳＴ実施中の脳活動に、若年者のようにＡＣＣの活動が認められないこととも符合する。というのは、ＡＣＣはコンフリクト状況において必要な情報に適切に注意を向け、そうでない情報を抑制制御するはたらきに関与するものと考えられているためである。こうしたACCの特徴は、色名を用いたストループ課題中にその増強が認められることからも検証されている。そのコンフリクト状況での脳活動を測定した研究によれば、色名単語と色が一致しない時にACC領域の活動増強が認められるとされており、ACCの活動が両者の不一致により生じるコンフリクトと関連して引き起こされたものと考えられている（MacDonald et al. 2000）。それに対して、前頭前野のDLPFCは、色名単語と色が一致している時にもそうでない時にも活動増強を示すことから、特定の対象に注意を向けることに対応しているものと考えられている。

このような研究結果をもとにわれわれは、高齢者が認知的コンフリクト状況において注意を適切に制御できるように、コンフリクト状況での注意制御のための訓練を導入した課題を試みた。ここでは、認知的ストループ課題を用いて、注意の制御、特に抑制制御をうまく行えるように訓練を行った（Osaka et al. 2012b）。

図8－3に訓練のために独自に作成したストループ図版を示す。図8－3は、色名と色の不一致、動物（アニマル）の画像と名前の不一致、オブジェクトと名称の不一致、さらに空間位置と文字の不一致の例を示し、いずれも認知的コンフリクトを引き起こす刺激である。色名の例では、その文字を読み上げるのではなく、文字の色名を口に出して報告するのである。またアニマルとオブジェクトの例では、実験参加者は文字を読み上げるのではなく、動物とオブジェクトの名前

を口頭で報告するのである。空間位置とその単語との不一致条件では、上、下、左、右の文字が中央の四角の位置に対して、文字と一致しない空間位置に記述されている。ここでも参加者は、文字を読むのではなく、空間位置を口頭で報告するのである。このように複数の種類の課題を設けた理由は、一つの課題を続けて実施することにより、飽きが生じて注意を集中できなくなることを妨げるためである。また、複数の刺激に取り組むことで興味を持続するねらいもある。空間的刺激を加えたのは、注意制御は言語性の刺激のみならず、空間的位置情報の制御にも必要であると考えたことによる。

コンフリクト状況での注意制御を強化することを目標として、ストループ課題を用いた強化訓練を実施した。ストループ課題は各刺激とともに、一枚の紙に不一致の文字あるいは図が49個並べて描かれていた。参加者はそれぞれに対して単語ではなく、色、動物や対象、あるいは空間的位置を口頭で報告することを繰り返すのである。途中に休憩をはさみながら、それぞれの図について10回ずつ繰り返した。この時に口頭報告にかかった時間は、最初の試行に比べて、最後の試行ではいずれの図についても短縮が認められた。

次にこうした認知的コンフリクト場面において注意制御する強化することを目的とした強化課題の前後で実施した課題を紹介したい。

課題は、フォーカスRSTを用いておこなわれた。フォーカスRSTは、本シリーズ第7巻でも紹介したので、ここでは簡単に紹介する。

図8－3　４種類のストループ図版（上から色、アニマル、オブジェクト、空間位置の各ストループ検査）（カラー口絵参照）

F-RST、NF-RST(高齢者版)の例文

F-RST

遠く離れた友人に二年ぶりに手紙を書いた。

フォーカス語：　手紙　　ターゲット語：　手紙

NF-RST

遠く離れた友人に二年ぶりに手紙を書いた。

フォーカス語：　手紙　　ターゲット語：　友人

上に例文を示す。例文のように、文理解に重要な単語であるフォーカス語が、記憶すべきターゲット語と一致する場合と、フォーカス語以外の単語がターゲット語になっている場合（不一致）を設定して、前者をフォーカスRST（F－RST）、後者を非フォーカスRST（NF－RST）とした。

この例文のフォーカス語は、「手紙」である。F－RSTでは、このフォーカス語である「手紙」がターゲット語である。一方、NF－RSTでは、ターゲット語は「手紙」ではなくて、文中の他の単語である「友人」である。

F－RST、NF－RSTを用いた理由は、前者に比べて後者は認知的コンフリクトに直面することが予想されるためである。というのは、文を読んでいるときには、読み手は、文の理解にとって、重要な内容に注意を向けがちである。このような重要な情報に注意を向けることは自ずから予想されることであり、ほとんど無意識的に注意が向けられると考えられる（苧阪 2006: Osaka et al. 2007）。そうであればF－RSTでは、注意を向けた対象、すなわちフォーカス語がターゲット語であるので、それを記憶することは容易であ

る。それに対して、NF－RSTでは、ターゲット語がフォーカス語ではないので、ひとたびフォーカス語に向けた注意を移行（shift）して、ターゲット語に向け直さなければならない。また、先に注意を向けたフォーカス語は、抑制しなければならない。この時に、フォーカス語と、ターゲット語の間に強いコンフリクトが生じると予想されるのである。

強化訓練に先立ち、高齢者が2種類のRSTを遂行したところ、その遂行成績には差が認められた。ターゲット語を再生する正答率はF－RSTよりもNF－RSTで低下し、エラーはNF－RSTにおいて多く出現することが確認されたのである。さらに、NF－RSTの実施中のエラーの多くは、フォーカス語のエラーが多かった。

この結果は、7巻で紹介した若年者の結果と一致するものであった。加齢により注意制御は低下するものの、1文を読んでその文の重要な内容に注意を向けることは高齢者の結果からも確認できたのである。

この2種類のRSTを、図8－4に示すように強化の前後にランダムに出現するように実施した。実験の前後での成績を比較してみると、正答率の上昇が認められた。図8－5に行動成績を示す。正答率の上昇はF－RST、NF－RSTの2条件ともに認められた。一方、反応するまでにかかった時間を測定してみると、NF－RSTでのみ反応時間の短縮が認められた。

この結果から、コンフリクト状況での注意の制御を強化したことにより、両条件での反応の正答率が上がったことがわかる。しかも、より強いコンフリクト状況に直面するNF－RSTでは、

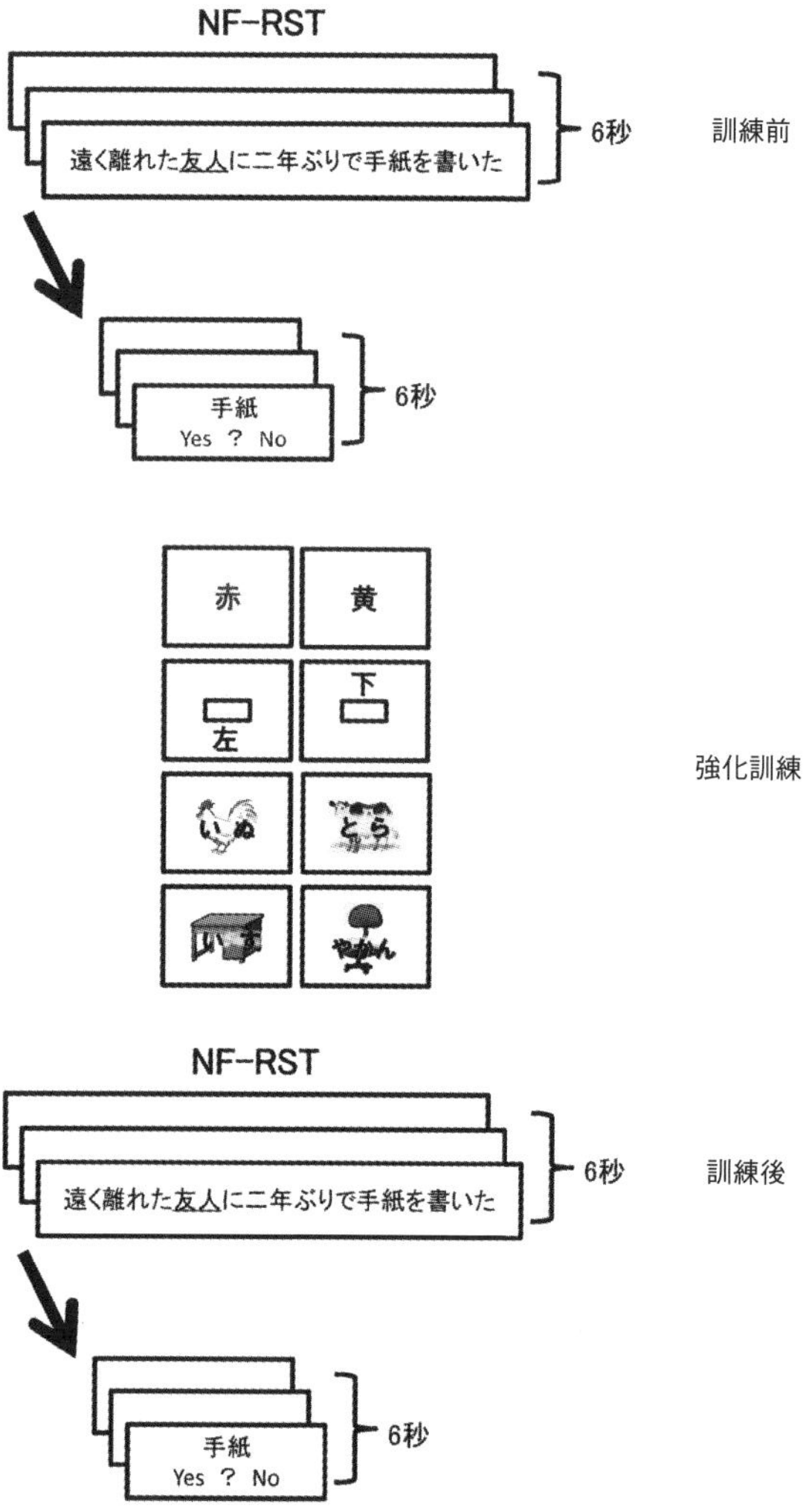

図８－４　強化訓練実験の概要（カラー口絵参照）

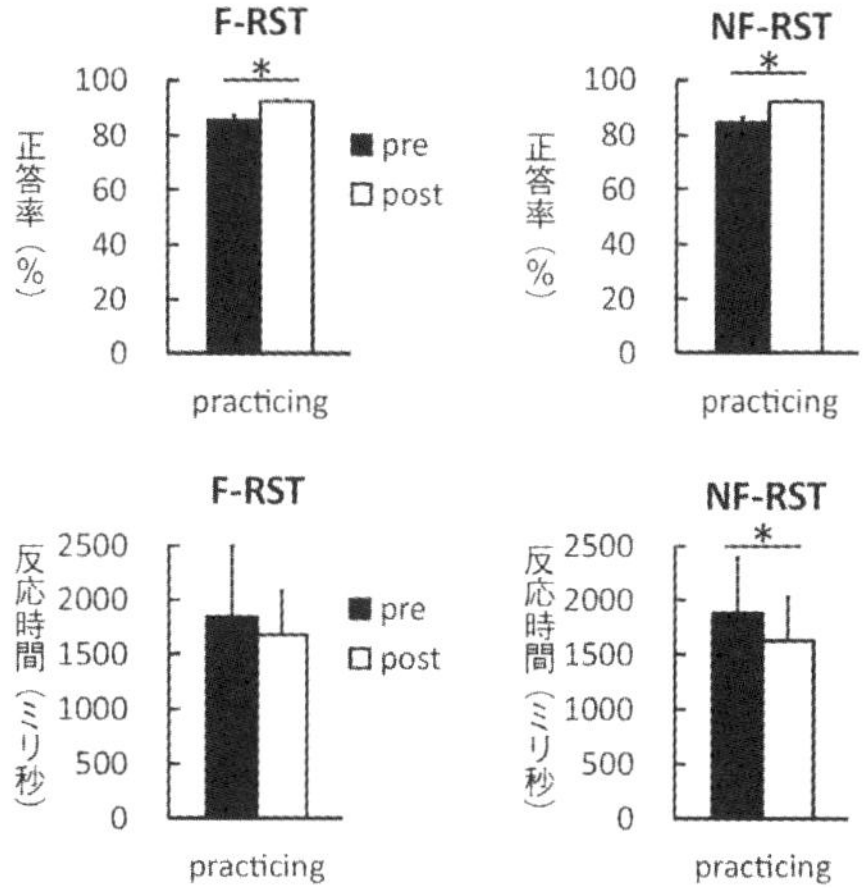

図８－５　強化前後での行動指標の変化

正答に至るまでの時間の短縮も認められていることから、ここでの強化の効果が、コンフリクト状況における注意の制御を促進していることがわかる。

もちろん、後半の測定では2回目に実施することになるのであるから、慣れにより成績が向上することが考えられる。そこで、訓練をするグループとは別の高齢者を統制群として、彼らには、図と文字が一致している図版を用いて、その名前を口頭で読み上げることを実施した。しかし、統制群では強化群のような変化は認められなかった。統制群でも後半の試行は2回目の実験であるので、練習の効果が認められることが予想された。しかし、注意を特別に制御する必要のない試行を繰り返したことで、逆に疲労を高めたのかもしれない。

強化前後の脳活動の変化

ストループ課題を用いて強化をした前後には、脳活動を比較するためＲＳＴを用いた実験遂行中の脳活動を測定した。次にこの脳活動の変化について見てみたい。

図８−６と図８−７には、強化後に強化前よりも活動の増強が認められた主な領域を示す。図８−６は、左半球の外側面を示す。外側面に示すように、強化後の活動の増強はＦ−ＲＳＴではほとんど認められていないのに対して、ＮＦ−ＲＳＴにおいて活動増強が認められている。強い活動の増加が認められているのは、下頭頂小葉（inferior parietal lobule：ＩＰＬ）である。加えて、前運動野（premotor）と下前頭回（inferior frontal gylus：ＩＦＧ）にも、活動増強が認められる。

図８−７は、脳の内側面の図を示す。内側面では、ＡＣＣの活動が訓練後に増強しているのが確認できる。また、左半球のＤＬＰＦＣ、下頭頂小葉（ＩＰＬ）や楔前部（precuneus）などの活動が増強しているのがわかる。

先述のように高齢者がＲＳＴを遂行しているときには、脳のＤＬＰＦＣの活動は認められるものの、ＡＣＣの活動がほとんど認められなかった。しかし、強化をした後では、課題遂行時にＡＣＣが活動増強しているのが確認できたのである。

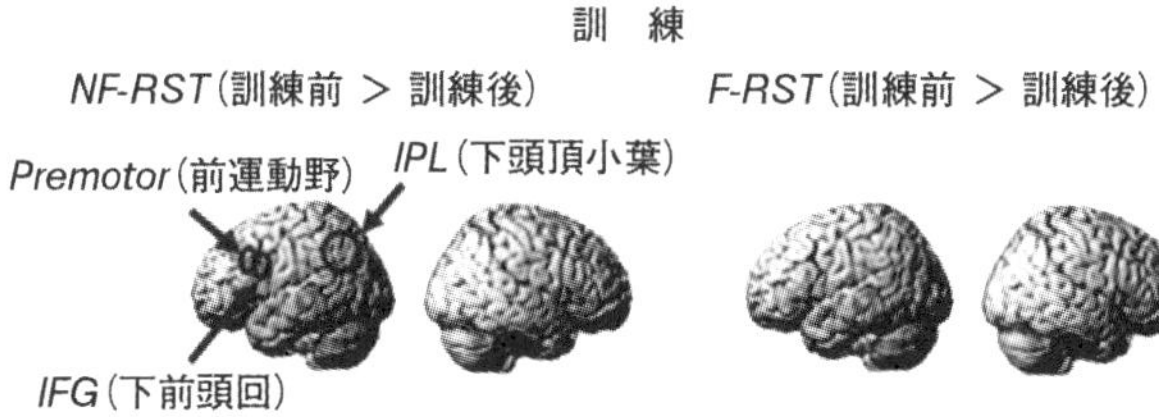

図８－６　ストループ課題を用いた強化訓練前後の脳活動の比較（外側面）
（カラー口絵参照）

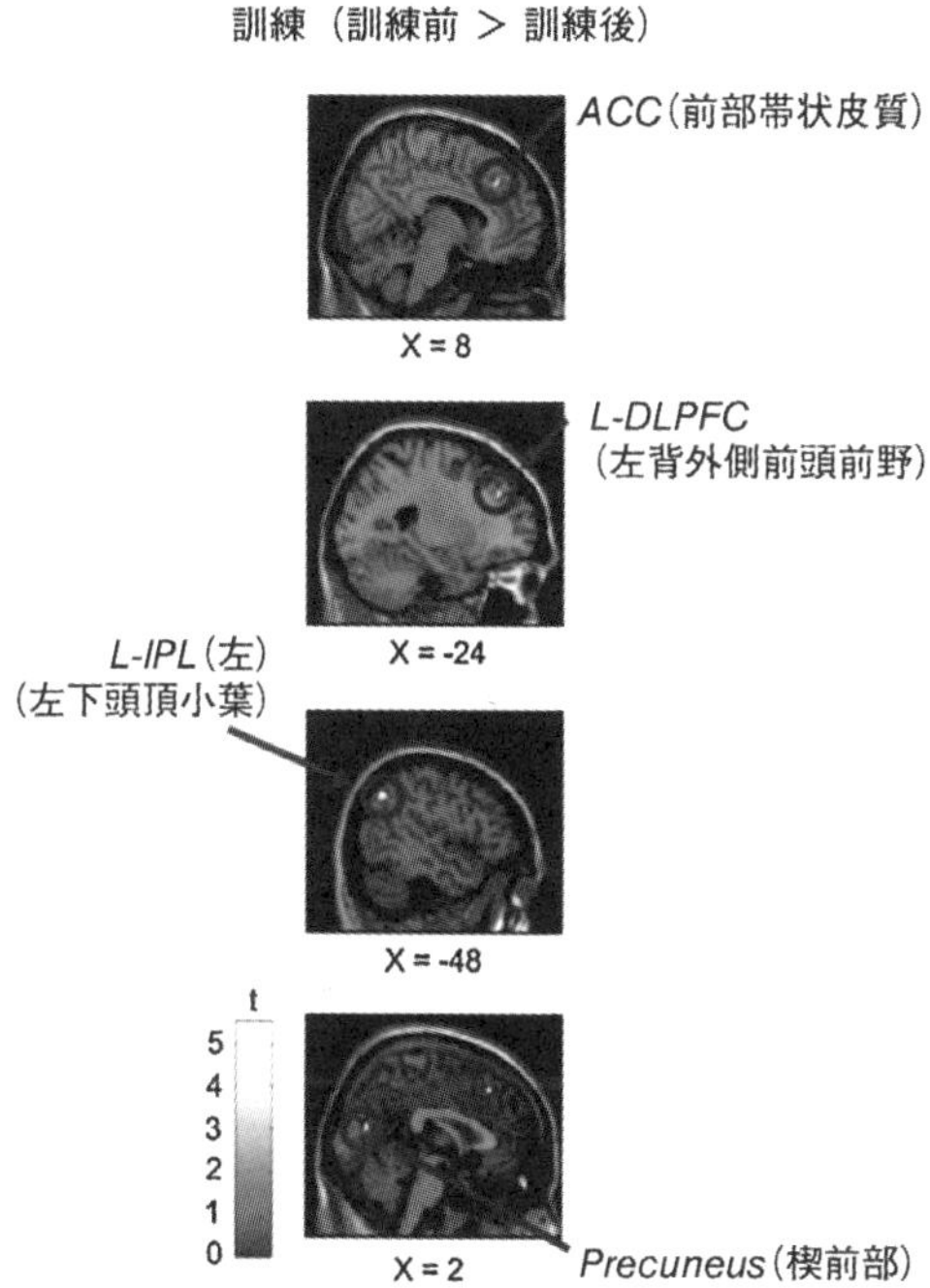

図８－７　ストループ課題を用いた強化訓練前後の脳活動の比較（内側面）
（カラー口絵参照）

ＡＣＣは、注意を向ける対象が複数ある時に、何に注意を向けるとよいのか、何を抑制すべきか、いわゆるコンフリクト状況を反映すると考えられている。ストループを使った訓練では、コンフリクト場面において何に注意を向けるか、その制御が求められていた。青色で書かれた文字単語の「赤」という文字を読んで、自動的に活性化する「赤色」という意味表象に対して、課題目標はそれとは異なる色名、すなわち「青」を報告しなければならないのである。これは他の課題である動物や物体の絵あるいは空間的位置の場合でも同様である。こうした訓練では、コンフリクト状況での注意の転換が求められるのである。

コンフリクト状況での注意の転換は、強化前後で実施した課題では、Ｆ－ＲＳＴよりもＮＦ－ＲＳＴにおいて特に必要とされた。行動データとともに脳活動の増強が、特にＮＦ－ＲＳＴにおいて認められたのは、このようなコンフリクト状況における注意制御が可能となったことを裏付けているように考えられる。記憶すべき対象の候補が複数あるコンフリクト状況において、記憶すべき単語に的確に注意を向けることができたものと考えられる。

ＡＣＣと同様に活動の増強が認められたＩＰＬの領域については、注意を焦点化している対象から他の対象へと再方向化（re-orientation）するなど注意の移行などに関連する領域であることが報告されている（Corbetta et al. 2008）。

ＩＰＬ領域の活動増強は、ＡＣＣと同様にＮＦ－ＲＳＴの条件で特に活動を見せており、Ｆ－ＲＳＴでは特段の活動増強は認められなかった。Ｆ－ＲＳＴでは、ターゲット語がフォーカス語であるために、注意が自ずからフォーカス語に向かい、他の単語に移行させる必要がないのに対して、NF－RSTでは、フォーカス語からターゲット語へと注意の移行が必要であり、IPLの活動が必要であったと考えられる。訓練後にIPLの活動増強が認められたのは、こうした注意の移行が可能となったものと考えられる。

また強化後には、左半球のIFGやDLPFCにも活動の増加が認められている。IFGやDLPFCが活動増強を示したのは、ACCとIPLのはたらきにより、記憶すべき対象に注意を向けることができるようになり、両領域がその注意を維持するはたらきを担っていることを反映しているものと考えられる。

実験参加者からは、実験後に次のようなコメントが多く述べられている。「最初、ターゲット語を記憶しようとしたが、どの単語を記憶してよいかわからなかった」という。彼らは、ターゲット語を記憶する時にその単語にうまく注意を向けることが難しかったのである。F－RSTとNF－RSTの2種類のRSTがあることは気づいてはいない様子であった。F－RSTでは、文のフォーカス語に注意が向くので、その単語を記憶することは容易である。しかし、NF－RSTでは、ひとたび注意を向けた単語からさらに異なる単語に注意を向けなおさなければならない。強化前には、このコンフリクト状況での対応が特に難しく、うまく制御できないままに試行を終えていたものと推察される。しかし、強化の後では、コンフリクト場面での制御を経験していたので、それほど意識することもなくコンフリクト状況を把握して、対処することができるようになったものと思われる。行動データでの反応時間が短縮したことは、このことを裏付ける結果であろう。

おわりに

目標達成までの間だけある事柄を記憶するワーキングメモリの中央実行系のはたらきは、加齢とともに徐々に低下することがわかった。

特定の対象に適切に注意を向けなければならない場面で、複数の候補がありコンフリクト状況におかれると、一層に困難を示すようである。ここでは、中央実行系のはたらきのなかでもコンフリクト状況での注意制御が重要であることを示した。

ここで紹介したF－RSTやNF－RSTのような二重課題において要求される中央実行系の制御は、とても複雑なように思われるかもしれない。しかし、私たちは、日常場面でこれに直面する場面は多い。たとえば、レストランでおいしそうなメニューが並ぶなか、一つを決定するにも迷ってしまうなど、コンフリクトに直面することは頻繁にある。その時、昨日食べたものや、明日の食事の予定などの情報を適宜検索しながらメニューを決定している。こうした場面においても、ワーキングメモリの注意の制御を頻繁に使っているのである。

日常生活はこうした注意の制御を必要とする行動の連続である。その時にワーキングメモリをうまく使うことができれば、それはワーキングメモリに必要な脳領域の活動を引き起こすことになる。こうした注意制御の繰り返しは、ワーキングメモリに関わる脳を健全に維持することにつながるものと考える。

9 認知症者と社会脳

池田 学

はじめに

認知症でみられる症状は、認知障害、精神症状・行動障害ならびに神経症状に大別される。認知症を呈する背景疾患はさまざまであるが、アルツハイマー病（Alzheimer's disease：ＡＤ）、血管性認知症、レビー小体型認知症（dementia with Lewy body：ＤＬＢ）、前頭側頭葉変性症などの根治療法がない疾患の他、慢性硬膜下血腫、特発性正常圧水頭症などの根治の可能性がある疾患もある。認知症の半数以上はＡＤといわれており、したがって、認知症の中心的症状として誰もが思い浮かべるのは記憶障害である。しかし、記憶障害などの認知機能の低下を呈するだけで認知症と診断されることはない。これまで、多くの認知症に関する診断基準で用いられてきたの

表９－１　健常高齢者、MCI、軽度ADにおける精神症状（Hwang et al. 2004）

	健常高齢者 (N=50)		MCI (N=28)		軽度 AD (N=124)		MCI vs. 健常高齢者	MCI vs. 軽度 AD
	N	(%)	N	(%)	N	(%)	p (Fisher's)	p (Fisher's)
幻覚	0	(0)	0	(0)	7	(6)	NS	NS
妄想	0	(0)	1	(4)	32	(26)	0.359	0.010
興奮	0	(0)	5	(18)	42	(34)	0.005	0.116
うつ	4	(8)	11	(39)	62	(50)	0.002	0.403
不安	1	(2)	7	(25)	43	(35)	0.003	0.379
多幸	0	(0)	3	(11)	10	(8)	NS	NS
無関心	1	(2)	11	(39)	63	(51)	0.000	0.301
脱抑制	2	(4)	5	(18)	26	(21)	NS	NS
易刺激性	2	(4)	8	(29)	47	(38)	0.003	0.392
異常行動	0	(0)	4	(14)	34	(27)	0.014	0.226
	Mean	SD	Mean	SD	Mean	SD	p (Dunnett T3)	
NPI 合計得点	0.6	4.3	7.4	8.4	10.4	11.4	0.001	0.304

は、「一度正常に達した知的機能が後天的な脳の障害によって持続性に低下し、日常生活や社会生活に支障をきたすようになった状態」という定義である。さらに、昨年出版されたアメリカ精神医学会によるＤＳＭ－５（ＤＳＭ－５・精神疾患の診断・統計マニュアル）においては、認知機能障害の一つに社会的認知（情動認知と心の理論）の低下が取り上げられ、この社会的認知など１つ以上の認知機能に以前の水準からの有意な低下が認められ、自立を阻害するようになれば、認知症（Major Neurocognitive Disorder）と診断されることになった（American Psychiatric Association 2013）。

診断技術の進歩と認知症予防に対する期待から、認知症の前駆状態を高頻度に含む軽度認知障害（mild cognitive impairment：ＭＣＩ）が注目されている。ＭＣＩとは、簡単に言えば、何らかの認知機能（多くは記憶障害）が同年齢の健常高齢者よりも有意に低下しているが、日常生活には明らかな支障をきたしていない状態である。しかし、この段階から、さまざまな精神症状や行動障害が認められることが明らかになりつつある。たとえば、初期ADとMCI、健常高齢者の精神症状を比較した研究では、MCIの段階からアパシー（無関心）と抑うつはAD群と同等に出現していることが示された（Hwang et al. 2004）（表9－1）。また、MCIにほぼ相当する概念であるDSM－5における軽度認知障害（mild neurocognitive disorders）の社会的認知における症状として、「行動または態度における微妙な変化から社会的な手がかりを認識したり、顔の表情を読んだりする能力の減少、共感の減少、外向性または内向性の増加、抑制の減少、微妙あるいは一時的なアパシーまたは落ち着きのなさなど、しばしば人格変化として記述される」と紹介されている。社会認知障害は、これまで他の認知機能障害と比較すると評価尺度も少なく研究そのものも遅れていたが、本シリーズでも繰り返し紹介されているように、神経画像診断の進歩や新しい評価尺度の開発が目覚ましく、近い将来、認知症の早期診断のツールとしても社会認知の障害が注目されるようになると思われる。

後方型認知症と前方型認知症（図9－1）

本章では、海馬・脳の後方の病変が中心のADと、扁桃体・脳の前方部の病変が中心の前頭側

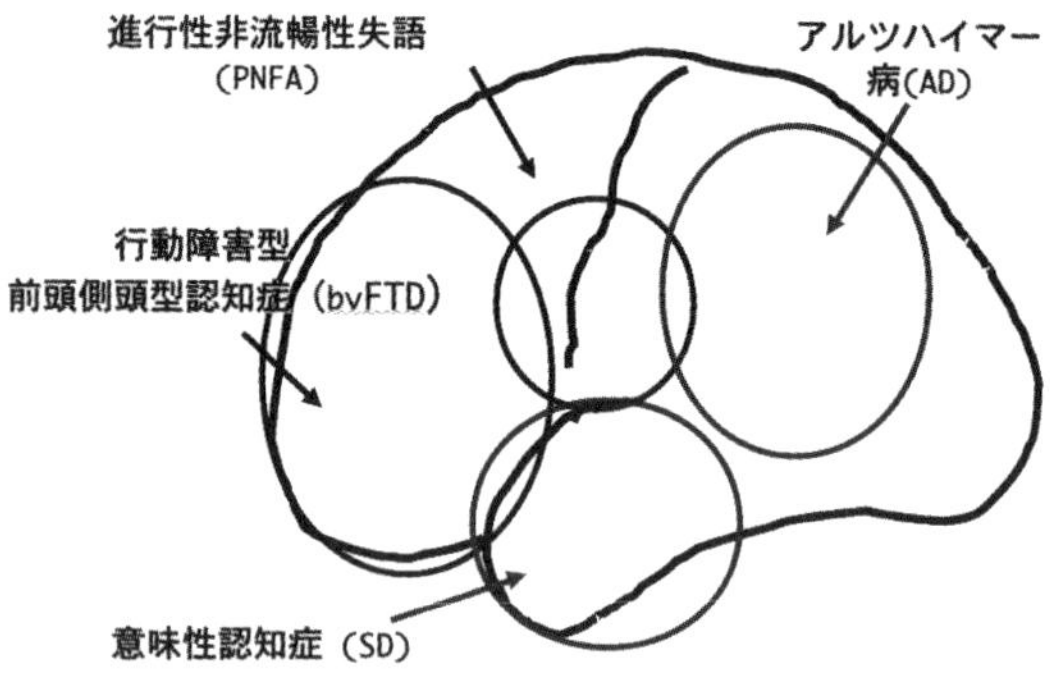

図９－１　前頭側頭型認知症のサブタイプとアルツハイマー病の主要病変部位
（池田 2010 より一部改変）

頭型認知症（frontotemporal dementia：ＦＴＤ）の社会適応を対比して紹介してみたい。

ＡＤは認知症の中で頻度が最も高い変性疾患である。病理学的には、アミロイドβ蛋白、続いてリン酸化タウ蛋白といった異常蛋白が蓄積し、これらの病変によって神経細胞が脱落する。病初期から海馬を中心とした側頭葉内側が萎縮し、進行すると側頭頭頂葉（脳の後方領域）、さらには脳全体にび慢性の萎縮が見られるようになる。症状としては初期から近時記憶障害が目立ち、続いて見当識障害や実行機能障害、視空間認知障害がみられる。アパシーや物盗られ妄想も高頻度に出現する。

前頭側頭型認知症（神経病理学的検討に限って、前頭側頭葉変性症という用語を使用することが多い）は、明らかな精神症状や行動障害、言語障害を主徴とし、前頭葉、前部側頭葉に病変の主座を有する、古典的ピック病をプロトタイプとした変性性認知症を包括した疾患概念である。前頭側頭型認知症は最初に侵される領域に対応して出現する臨床症状に基づき、行動障害が目立つ行動障害型前頭側頭型認知症（behavioral variant of FTD：ｂｖＦＴＤ）、失語と行動障害が前景に立つ意味性認知症（semantic dementia：ＳＤ）、失語が前景に立つ進行性非流暢性失語（progressive non-fluent aphasia：ＰＮＦＡ）の３型に分類される。多くが65歳未満に発症する。

アルツハイマー病の社会適応

従来から、アパシーは、意欲の低下、自発性の減退などがみられるため、うつ病の症状の一つの側面として考えられてきた。一方、マリン（Marin 1991）はアパシーを行動面、認知面、感情面のモチベーション（自発性）が低下して、感情、情動、興味、関心が欠如した状態であると定義し、中核症状としては、発動性の低下、興味の低下、情動の鈍麻をあげ、高齢者でのアパシーは背景に脳器質性疾患の存在を考えることを提唱した。その後、抑うつとアパシーは独立した症状群として考えられるようになってきている。アパシーは初期の認知症において、もっとも高頻度にみられる精神症状として知られている。たとえば、図９－２は熊本大学神経精神科の認知症外来を受診した連続例のうち、日常生活動作がほぼ自立している軽症例におけるアパシーの頻度を示したものであるが、前頭葉そのものに病変を有するＦＴＤで80％以上、ＡＤや血管性認知症

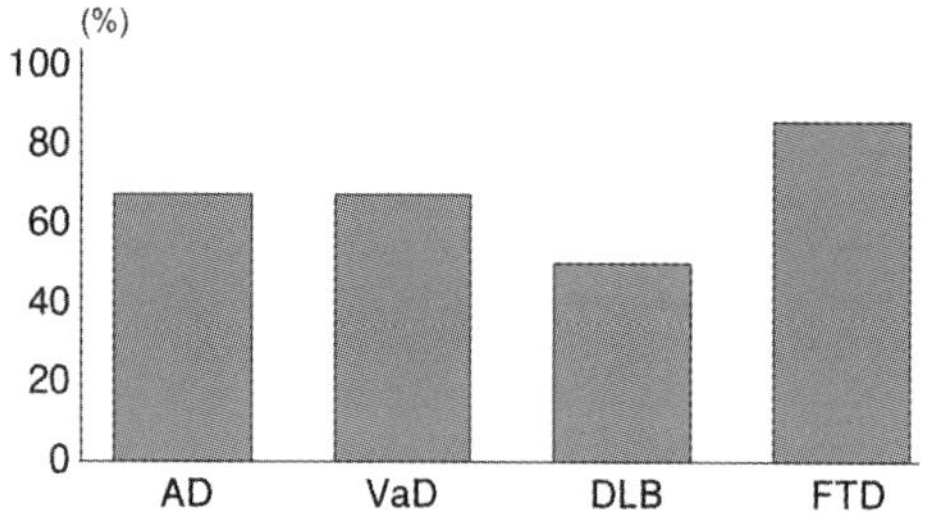

図9－2　認知症疾患別のアパシーの頻度

NPIの下位項目「無為・無関心」で得点した者の割合。
NPI: Neuropsychiatric inventory（認知症の精神状態評価尺度）

（vascular dementia：ＶａＤ）においても60％以上にアパシーが出現している。アパシーは初期認知症者の社会生活を考える上でも極めて重要である。高齢夫婦の二人暮らしや独居の高齢者が増加し、コミュニティのネットワークも脆弱になりつつある日本では、何らかの原因で高齢者にアパシーが始まると、社会から孤立し認知機能の障害が進むだけでなく、身体機能の低下も進んでしまい、ますますアパシーが悪化する。このような悪循環が始まっても初期であれば、デイサービスやデイケアにおいて専門職が適切に介入しリハビリを実施することによって、アパシーから二次的に派生した廃用症候群は回復させることができる（池田 2010）。

上述したようにＡＤにおいては、他の認知症と同様に、初期からアパシーが出現し、社会からの孤立傾向がゆっくりと始まる。進行に伴って、自分や家族のことに関する関心も薄れてくる。しかし、このような社会性の低下は、必ずしもアパシーという直接的な要因に基づくものだけではない。心理社会的要因や他の認知機能障害の影響も大きいと考えられる

（池田 2014b）。ＡＤ患者は、発症した頃から同じ話を繰り返していることを家族や友人から何度も指摘されているはずである。恥をかきたくないといった羞恥心から、次第に受け身のコミュニケーションが多くのなるのかもしれない。認知症が少し進行すれば、記憶障害だけでなく、時や場所に関する見当識障害がみられるようになり、日常会話をさらに困難にすることになる。自分のおかれた状況、すなわち時間や場所の把握が困難になれば、住み慣れた環境から離れた場合の他者とのコミュニケーションがいかに難しいかは容易に想像することができる。

見当識や近時記憶の障害により現状の把握が精一杯となり、多くの会話は過去の仕事や出来事が中心になる。認知症者が「話しについていけない」と訴えることがしばしばある。現在進行形の会話や視覚からの情報を、取り敢えず必要がなくなるまで（その話題が終わるまで）把持できないワーキングメモリの障害、直前の出来事すら想い出すことのできない近時記憶障害によることも多い（ワーキングメモリについては本書8章を参照）。外見や口調で善玉悪玉の区別がつきやすく、物語の筋も比較的推測しやすいテレビの時代劇は認知症者に人気のプログラムであるが、認知症がある程度進行すると、物語の一連の流れを把持しておくことができなくなったり番組の始めの頃の内容を想い出すことができなくなったりして。「おもしろくなく」なってしまう。

アルツハイマー病において保たれる社会性

一方で、初期ＡＤであれば、５〜10分程度話したくらいでは異常に気づかれないことはしばしばある。後述するような相手の気持ちを推察し、その行動を予想する能力（心の理論：Theory of mind）（Premack & Woodruff 1978）や、相手に共感する能力は通常保たれていることによると思われる（Kipps & Hodges 2006; Rankin et al. 2006）。一般には空気を読むと言われるような能力は、かなり進行するまで保たれていて、その場を上手に取り繕うという意味で〝取り繕い反応〞（田邉 2000）などと呼ばれることもある。これは、他者への意識が十分保たれていることを示していると考えることもできる。他の認知症同様、ＡＤにおいても病識は次第に薄れてくるので、自己意識に比べて、相対的に他者理解が保たれた状態なのかもしれない。

記憶と情動

健常人と同じように、情動を喚起するような出来事は、記憶を強化することがわかっている。

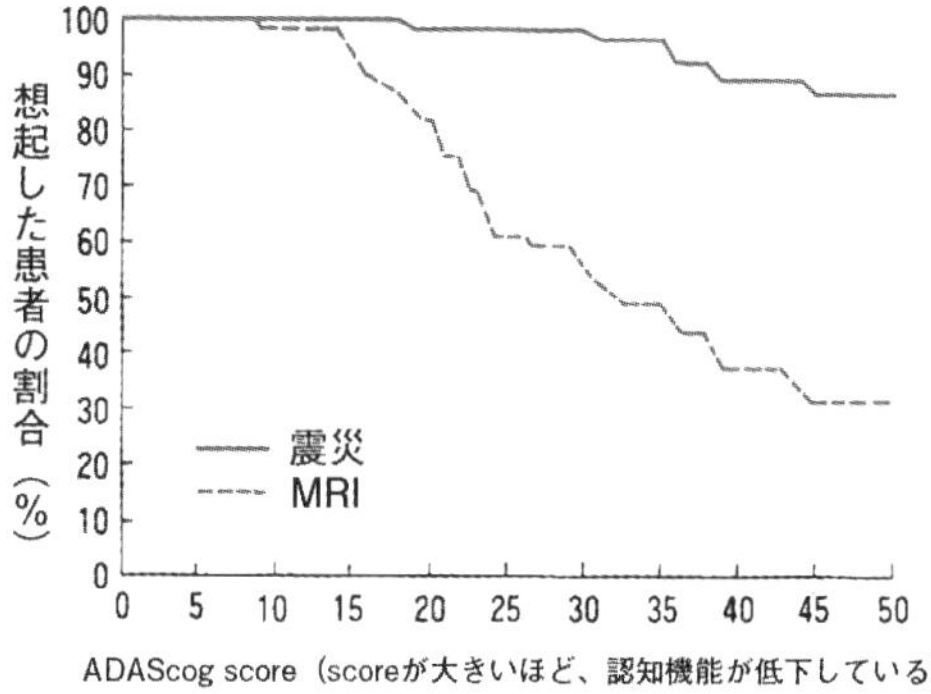

図9－3　地震とＭＲＩに関する記憶とアルツハイマー病患者の重症度
（Ikeda et al. 1998）

ADAScog: Alzheimer's Disease Assessment Scale-cognitive subscale
アルツハイマー病を中心とした、認知症のための認知機能評価尺度。

我々は、阪神大震災を経験したＡＤ患者の記憶を検討したことがある（Ikeda et al. 1998）。神戸を中心とした地域の在宅患者で、信頼できる家族ないし介護者を有し、震度４以上の揺れを自宅で体験し、なおかつ地震以降にＭＲＩ検査を受け、研究の同意を得た者51名を対象とした。震災に関する記憶とＭＲＩ検査に関する記憶の評価は同時に行われたので、震災と評価日の間隔の平均は59・2日、ＭＲＩ検査と評価日の平均間隔は17・5日と差があった。51人中44人（86・3％）のＡＤ患者が震災を憶えていたが、ＭＲＩ検査を憶えていたのはわずか16人（31・4％）であった。さらに、ＭＲＩ検査を憶えていたＡＤ患者のうち震災のことを忘れていた患者は一人もいなかったのに対して、ＭＲＩ検査を忘れていたが震災のことは憶えていた患者は28人もいた。軽度の認知障害しか伴っていないＡＤ患者でさえもＭＲＩ検査を想い出すことができなかったが、一方で、重度の認知障害を伴う患者が震災についてはしばしば想い出せることが明らかになった（図9－3）。

この研究は、強い恐怖を伴う震災に遭遇したAD患者のほとんどが、日常生活では著しい記憶障害を呈していたにもかかわらず、地震そのものや彼らの周りで起こった出来事を憶えていることを明らかにした。震災を想起できなかったAD患者の比率は疾患が進行するほど増加したが、進行した認知症患者の中にもなお震災を想い出すことができる者が多数いた。MRI検査との差は両体験に伴う情動喚起の程度の違いによって説明可能であろう。MRI検査も時には一過性のパニックないし不安に関連した反応を引き起こすことはあるが、大震災の体験はしばしば強い精神的な反応を引き起こすことが知られている。

ADでは、その病初期から海馬の萎縮が認められることがMRIを用いた定量的な研究から明らかにされてきた。さらに、海馬に隣接する扁桃体も比較的早期から萎縮してくることが知られている。このような病初期よりの扁桃体や海馬の障害が、AD患者の記憶と情動の関係にどのように影響しているのかを調べるため、上記震災体験患者の扁桃体と海馬の体積を測定した（Mori et al. 1999）。上記の研究で用いた通常のMRI検査とは別に、扁桃体や海馬の体積測定が可能な方法（SPGR法）でMRI検査を実施した36名の海馬と扁桃体の体積をMRI画像を用いて測定し、それらの体積と情動記憶との関係を検討した。震災の記憶に関する半構造化されたインタビューの合計得点と海馬および扁桃体の体積との相関を検討したところ、この合計点と海馬の体積および扁桃体の体積との間には有意な相関を認めた。この結果は、震災の記憶は海馬と扁桃体の両方と関連していることを示している。そこで、情動記憶に影響を及ぼすと考えられる、年齢、全脳体積、認知症の重症度、などを交絡因子として扁桃体体積と海馬体積を同時に独立変数とした多変量線型重回帰分析で検討したところ、扁桃体の体積は、どの交絡因子の組み合わせにおいても、常に震災の記憶に対する有意な予測因子であったが、海馬の体積はどの交絡因子の組み合わせで解析しても有意な予測因子ではなかった。また震災自体の記憶、震災に関する個人的な出来事の記憶、震災に関する一般的知識について、それぞれの記憶ごとに海馬および扁桃体の体積との関連を検討したところ、扁桃体体積は、震災自体の記憶と震災に関する個人的な出来事の記憶の有意な予測因子であったが、震災に関する一般的知識に対しては一貫して有意な予測因子ではなかった。以上の結果から震災のような強い情動を伴う出来事の記憶およびこれに関する個人的な出来事の記憶には海馬よりも扁桃体の働きが重要であると考えられた。

上述した研究は、阪神大震災という強い情動喚起を伴う自然災害の体験を利用した臨床研究である。したがって、被験者の震災時の環境を統制することや情動の喚起度を確認することは不可能であった。そこで数井ら（Kazui et al. 2000）は、実験的に情動的な要素を付加することによって情動価以外の要素を統制した記憶課題を用いて情動記憶の研究を進めた。ＡＤ患者群と、年齢、性別、教育年数に差のない健常高齢者群に対して、紙芝居のごとく写真を1枚ずつ提示しつつ物語を読み進め、その物語の内容を後に再生させる課題（Cahill et al. 1994）を実施した。写真は全

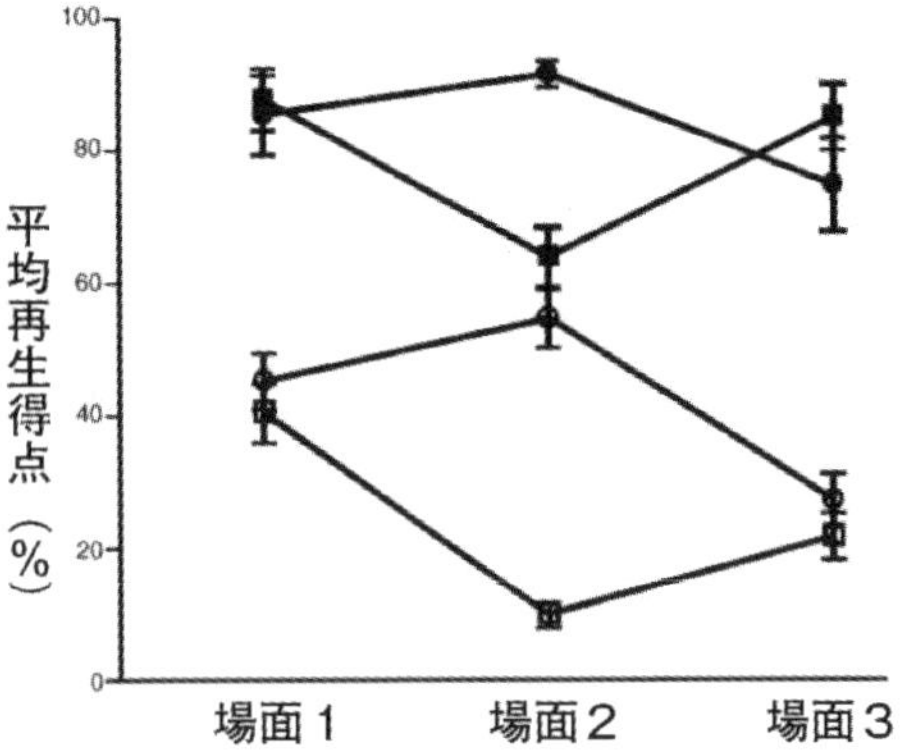

図９−４　情動性物語と中性物語の想起に関する成績（Kazui et al. 2000）

○アルツハイマー病患者が情動性物語を読んだ場合；□アルツハイマー病患者が中性物語を読んだ場合；●健常コントロールが情動性物語を読んだ場合；■健常コントロールが中性物語を読んだ場合

部で11枚あり、物語には情動を喚起する内容を含む情動性物語と情動喚起を伴わない中性的な物語（以下、中性物語）の２つが用意された。情動性物語と中性物語はともに３つの場面からなっており、第１場面と第３場面は情動性物語と中性物語で同一で、かつ情動喚起が起こらない内容となっている。第２場面のみ、情動性物語では情動を喚起する内容、中性物語では情動的に中性の内容となっている。物語の印象度の平均はＡＤ群では情動性物語が２・４±０・９、中性物語が１・５±１・１、対照群では情動性物語が３・０±０・９、中性物語が１・８±１・２であった。ＡＤ患者でも健常者と同様に情動性物語の方が中性物語よりも情動を喚起することが確認された。再生検査の成績を場面ごとに合計した結果が図９−４である。軽症のＡＤ患者では全体の記憶の量は健常者よりも低下しているものの、情動喚起による記憶の増強効果は健常人と同等であることが示された（本シリーズ第7巻5章「文章が創発する社会的情動の脳内表現」参照）。

本章で紹介してきた情動記憶に関連する研究の結果は、臨床的にも重要な示唆を与える。すなわち、重度のAD患者が強い情動喚起を伴う地震の体験や震災にかかわる個人的な体験を記憶しているという事実は、重度の認知症患者が外傷体験を憶えていることもあるという事実を裏付けるものである。不適切な介護や虐待を受けた認知症患者が、しばしば施設入所後も長期間にわたって怯えた態度を持続させたり虐待した介護者を憶えていたりすることが経験的に知られている。逆に、快適なケア環境が認知症患者の精神的な安定を導くことの理論的根拠の一つになりうるのではないかとも考えられる。しかし、実験条件の困難さ（記憶に対して、不快な刺激の与える影響の方がはるかに大きい）（Kensinger 2009）などから、快適な刺激と記憶の強化に関する研究は進んでいない。

前頭側頭型認知症と心の理論

行動障害型前頭側頭型認知症（ｂｖＦＴＤ）は前頭葉に著明な萎縮を呈し、病初期より特徴的な性格変化と社会的行動の障害を呈することが知られている。中心となる症状は前頭葉の障害よって生じ、その出現機構は、前頭葉そのものの機能低下によるものと、前頭葉からの後方への抑制障害によって、その部位の本来の行動パターンが露呈する症状に分けることができる（池田2014a）。脳の後方は進行するまで保たれることが多く、日常生活動作自体は比較的保たれるのが典型的である。ADなど他の認知症と比べると、記憶や視空間認知機能は保存されており、幻覚や妄想もほとんどみられず、bvFTDの中心となる症状は行動障害である。また、FTDでは発達障害でみられるような顕著な常同・強迫行動が初期からみられる（Shigenobu et al. 2002）。2011年に発表された最近の診断基準においても、早期からの「A 脱抑制行動」、「B 無関心・無気力」、「C 共感または同情の欠如」、「D 保続・常同・儀式的行動」と「E 口唇傾向や嗜好の変化」、「F 実行機能の障害もしくはエピソード記憶または視空間認知機能の保持」の6項目が設定され、このうち3項目の症状を呈していれば、臨床的にはbvFTDを強く疑うことになる（表9－2）(Rascovsky et al. 2011)。「脱抑制行動」「共感または同情の欠如」といった社会認知に関する項目が、診断基準の主要項目に含まれている認知症は他に存在しない。

これらの症状のかなりの部分は、「心の理論」形成が困難になっていることと深くかかわっていることが想定されている。「心の理論」とは、自分以外の他者にも自分と同じような心というものがあることを前提としたうえで、他者の心の認知的状態について想定・想像する能力であり、したがってそこから導かれる他者の行動をも想定できる能力である。単に一方向性に他者理解に向かう推察が働くだけでなく、自身をも理解する能力が前提条件となる。したがって、「心の理論」課題を十分に通過できないということは、社会的に他者の内的状態を推察できないだけではなく、同時に「自己認知」が希薄化している可能性をも強く示唆することになる（大東 2010）。ヒトでは、自閉症スペクトラムを中心に研究が進んでおり、本シリーズ6巻『自己を知る脳・他者を理解する脳』で自閉症スペクトラムの対人的なコミュニケーション障害の背景にあると考えられる心の理論が詳しく解説されているので参照されたい（守口 2014）。心の理論の検査課題としてよく知られているのは、「サリーとアンの課題」で、「1　Aという子供はバスケットを持っていて、Bという子供は箱を持っている。2　Aはボールを自分バスケットにボールを入れる。3　Aはその後、散歩に出かけた。4　その間に、Bはボールをバスケットから取り出し、自分の箱に入れた。5　戻ってきたAはボールで遊びたいと思った。さて、Aはボールがどこにあると思うでしょう。」という一次誤信念課題の一つで、バスケットを探すというのが正答である（Baron-Cohen et al. 1985）。他者が自分と異なる信念（見解）を持っていることを想像できる能力が求められるが、一般には4歳頃に課題は正答できるようになると考えられている。二次誤信念課題の一つである「アイスクリーム屋の課題」は、1　AとB二人の子供が公園にいる。そこにはアイスクリーム屋のトラックが止まっているが、Aはお金がない。2　アイスクリーム屋は昼からもずっと公園にいると言ったので、Aは家にお金を取りに帰った。3　Aが帰った後で、アイスクリーム屋は教会の方がもっと売れるだろうと思い立ち、Bに教会へ行くと告げて移動してしまう。4　移動の途中で、アイスクリーム屋はたまたまAと出会う。Aは「どこに行くの？」

（表９－２ 続き）

F. 神経心理プロフィール：遂行／生産的な機能が障害され，記憶や視空間機能は比較的保持される（以下のすべてを認める）：

F1. 遂行機能課題の障害

F2. エピソード記憶が比較的保たれる

F3. 視空間機能が比較的保たれる

Ⅲ. Probable bvFTD

以下（A～C）が必ず存在しなくてはならない．

A. Possible bvFTD の診断基準を満たす

B. 有意な機能低下を示す（介護者の報告が Clinical Dementia Rating Scales または Functional Activities Questionnaire スコアによる）

C. bvFTD に一致する画像所見（以下のうち１つは認める）：

C1. MRI ないし CT における前頭葉ならびに／または側頭葉前方部の萎縮

C2. PET ないし SPECT における前頭葉ならびに／または側頭葉前方部の糖代謝低下や血流低下

Ⅳ. FTLD 病理を伴う Definite bvFTD（以下の A に加えて B か C かのどちらか１つを認める）

A. Possible bvFTD もしくは Probable bvFTD の診断基準に合致

B. 生検もしくは剖検により FTLD の病理所見を認める

C. 既知の病的遺伝子変異が確認される

Ⅴ. 除外基準（A と B があるものは除外される．C は possible bvFTD ではみられてもよいが probable FTD ではみられてはならない）

A. 障害パターンが他の非変性性の神経系もしくは内科的疾患によって説明できる

B. 行動障害が精神疾患で説明できる

C. バイオマーカーが AD もしくは他の神経変性疾患を強く示唆する

表9－2　行動障害型前頭側頭型認知症の改訂臨床診断基準
(International Consensus Criteria for Behavioral Variant FTD; FTDC)
(Rascovsky et al. 2011 より)

Ⅰ. 神経変性疾患

次のような症状が必ず存在しなくてはならない

A. (患者をよく知る者によって提供される) 現症または既往歴により, 行動ならびに / または認知の緩徐進行性の悪化を示す.

Ⅱ. Possible bvFTD

以下の行動 / 認知の症状 (A~F) のうち3つが必ず存在しなければならない. それらの症状は単発または稀な出来事ではなく, 持続的または繰り返し認める必要がある.

A. 早期からの行動の脱抑制 (以下のうち1つは認める):
　A1. 社会的に不適切な行動
　A2. マナーや礼節の低下
　A3. 衝動的, 短絡的, または不注意なふるまい

B. 早期からのアパシーまたは無気力 (以下のうち1つは認める):
　B1. アパシー
　B2. 無気力

C. 早期からの同情 (sympathy) または共感 (empathy) の低下 (以下のうち1つは認める):
　C1. 他者の要求や感情に対する反応の減少
　C2. 社会的興味や他者との交流, 人間的な温かさの減少

D. 早期からの保続的, 常同的, または強迫的 / 儀式的な行動 (以下のうち1つは認める):
　D1. 単純な反復動作
　D2. 複雑な, 強迫的または儀式的な行動
　D3. 常同言語

E. 口唇傾向や食行動の変化 (以下のうち1つは認める):
　D1. 食嗜好の変化
　D2. 過食, 飲酒または喫煙量の増加
　D3. 口唇による探索または異食

と尋ねたので、アイスクリーム屋は「教会に行く。」と答える。5　一方、BはAの家に行き、母親からAがすでにアイスクリームを買いに出かけたことを聞いた。さて、BはAがどこへアイスクリームを買いに行ったと考えたでしょう。」といった課題で、公園が正答である（Perner & Wimmer 1985）。「Bは〝AがXと思っている〟と思っている」という入れ子構造の課題で、6歳以降にならないと理解できないと考えられている。社会的失言検出課題（Faux pas test）は、より難度が高い心の理論課題で、9～11歳の間に理解できるようになると考えられている（Baron-Cohen et al. 1999）。たとえば、〈AはBの誕生日におもちゃの自動車をプレゼントしました。数ヵ月後、二人がいっしょに遊んでいた時、Aがその自動車を落として壊してしまいました。Bは「気にしないで。この自動車は好きでなかったんだ。誰か僕の誕生日にプレゼントしてくれたんだ。」と言いました。さて、誰か何か言ってはいけないことを言いましたか〉という課題で、傍線の部分が社会的失言である。まなざし課題とは、目とその周辺だけを表示した写真を呈示して、写真の人物の感情と心理状態を認識する能力を評価する（人物の心理状態として適切と考えられる単語を選択する）課題で、思春期（Baron-Cohen et al. 1997）あたりで獲得できる能力と考えられている。

上述したように、FTDの呈する社会的な対人交流の障害、興味の狭小化、常同・強迫行動は、自閉症スペクトラムと共通点が多い。ホッジスらケンブリッジ大学のグループは、これらの知見から、FTDの社会的行動障害の背景に心の理論の障害があると考え、さまざまな検討を行って

表9－3　FTDにおける心の理論課題と関連課題の成績（Kipps & Hodges 2006）

一次誤信念課題	＋
二次誤信念課題	＋
社会的失言課題	＋＋
認知的	＋＋
情動的	＋＋＋
共感	＋＋＋
まなざし課題	＋＋
社会的ルール	－
社会的冒涜	＋＋
モラルと習慣の区別	＋＋
心理状態を表す動詞	＋
表情認知	＋＋
脱抑制	＋＋＋
遂行機能	－～＋＋＋

＋軽度に障害，＋＋中等度に障害，＋＋＋重篤に障害，－成績低下なし

いる。たとえば、ｂｖＦＴＤ群、ＡＤ群、健常者群に、一次誤信念課題、二次誤信念課題、社会的失言検出課題、まなざし課題を実施し、ｂｖＦＴＤ群ではすべてにおいて成績が低下していたのに対して、ＡＤ群では二次誤信念課題のみで成績低下がみられたと報告した（Gregory et al. 2002）。そして、ＡＤ群での二次誤信念課題における成績低下は、上記の「アイスクリーム屋課題」でもその必要性が明らかなように、課題の遂行に必要とされるワーキングメモリの障害によると考察している。また、ｂｖＦＴＤにおける心の理論課題の成績低下と腹内側前頭部の萎縮の程度と強く相関すること、包括的な精神症状評価尺度である神経精神症状評価（Neuropsychiatric Inventory：ＮＰＩ）（Cummings et al. 1994）のスコアと

より洗練された心の理論課題（二次誤信念課題と社会的失言検出課題）の成績が負の相関を示すことを明らかにした。その後の報告も加えて、彼らはＦＴＤにみられる心の理論課題の障害を表９−３のようにまとめている（Kipps & Hodges 2006）。さらに、彼らは、動画を呈示し、文脈の中で皮肉（当て擦り）が認識できるかどうかを調べることができる社会的推論への気づきテスト（The Awareness of Social Inference Test：ＴＡＳＩＴ）（McDonald et al. 2007）をｂｖＦＴＤ群、ＡＤ群、コントロール群に実施し（Kipps et al. 2009）、ｂｖＦＴＤは他の２群と異なり、正直な発言の意図するところは理解できるのに、当て擦りの発言（身振りや声調で判断しなければ理解できない）は理解できないことを明らかにした。皮肉の意図や情動認知は、とくに右側の外側眼窩皮質、島回、扁桃体、そして側頭極をめぐる回路と関係があることを示した。

「最近外来を受診した62歳女性は、多幸的な様子が数年前からみられていたが、姉の葬儀の最中に大声で笑い声をあげ悲しむ様子をまったく見せなかったことから異常に気づかれ、後日ｂｖＦＴＤと診断された。」いわゆる脱抑制的行動であるが、親族の心理状態を察することができないだけでなく、自分の行動が周囲にどう映るかということも理解できない、あるいは関心がないことが背景にあると思われる。

前頭側頭型認知症と共感

「心の理論」とならんで研究が進んでいる「他者を理解し気持ちを共有する際の、自己 - 他者の関係のあり方である共感（empathy）」についても、ＦＴＤで障害が報告されている。上述した認知的な文脈で用いられる「心の理論」に比べると「共感」はより情動的な文脈で用いられることが多いが、共感の中でもより自他の意識が働いている認知的共感と非意識的・自動的な感情的共感に区別されることが多い。ランキンら（Rankin et al. 2006）は、ｂｖＦＴＤ群、ＳＤ群、ＰＮＦＡ群の他、ＡＤ群、大脳皮質基底核変性症群、進行性核上性麻痺群といった神経変性疾患において、共感の神経基盤を認知的共感と感情的共感の下位尺度を含む対人反応性指標（The Interpersonal Reactivity Index：ＩＲＩ）（Davis 1983）とＭＲＩを用いた脳形態解析法の一つであるボクセル・モルフォメトリー（Voxel-based morphometry）による解析を用いて検討した。その結果、認知的共感と感情的共感は共にｂｖＦＴＤとＳＤで低下しており、右側の側頭極、紡錘状回、尾状核、下脳梁回と関連があることが明らかになった。アイリッシュら（Irish et al. 2013）は、ＳＤの左側頭葉優位萎縮例と右側頭葉優位萎縮例を比較して、両群で社会的情動的機能障害を認めるものの、右側頭葉優位萎縮例で、表情からの情動認知がより困難で、ＩＲＩの共感的関心（他者の情動状態に気づく能力）が著しく低下していることを示した。

　また、シェイら（Hsieh et al. 2013）は、認知症における共感の喪失が介護者に与える影響を、ＩＲＩや親密なきずなを測定する尺度（Intimate Bond Measure：ＩＢＭ）（Wilhelm & Parker 1988）を用いて検討している。その結果、ｂｖＦＴＤ群では、共感の欠如が思いやりのある夫婦の関係性の喪失につながっており、ＡＤ群ではそのような傾向はみられず、ＳＤはその中間で重症度が増すにつれ介護負担が増大するという結果であった。「通院中の56歳男性は初期ｂｖＦＴＤであるが、食事の時間や散歩に出かける時間などが厳格に決まっていて（時刻表的生活）、それが乱されると興奮する。妻が風邪をひいて高熱で寝込んでいるのに、いつもの決まった時刻になると夕食を平然と要求したため、妻は介護意欲がいっぺんに喪失したと面接で語った。」妻の心理的状態を察することができず、そのことが強固な常同行動を抑制できない一つの要因にもなっていることがわかる。そして、夫婦の関係性にも深刻な影響を及ぼしている。

　ＦＴＤでは、このような共感欠如や脱抑制、衝動性などによって犯罪を起こしやすいことが指摘されている（Mendez 2010）。「52歳の男性は、仕事に対する意欲の低下、食行動の変化、常同行動によって、ごく初期のＦＴＤが疑われ、大学病院に検査入院をすることになった。男女で隔日の入浴日を設けていたが、彼は毎日入浴することにこだわり、しばしば病棟規則を破ろうとした。入浴が一日おきであり、女性の入浴日には脱衣室にも入ってはいけないことは十分理解していたにもかかわらず、平然と女性の入浴日にも着替えを用意して脱衣室を訪れた。看護師が、女性の入浴日には入り口で監視を始めたところ、別の階にある産婦人科の浴室に入っているところを発見され大きな問題となった。ＭＲＩでは両側前頭葉に限局性の萎縮を認め、ＳＰＥＣＴではこれらの部位に加えて側頭葉前方部や尾状核にも血流低下を認め、初期ｂｖＦＴＤと診断された。」

前頭側頭型認知症における記憶と情動

上述した記憶の情動による強化について、怒りや恐れといった陰性の情動刺激と情動的には中立の刺激を用いてＦＴＤ群とＡＤ群、健常コントロール群を比較した検討がある（Kumfor et al. 2013）。数井ら（Kazui et al. 2000）の報告と同様に、ＡＤ患者でも健常者と同様に情動性物語の方が中性物語よりも情動を喚起し、記憶の増強強化も同程度に認めることが示された。一方、ＦＴＤでは、このような情動による記憶の増強効果はみられなかった。そして、ボクセル・モルフォメトリーによる解析の結果、海馬、楔前部や後部帯状回といったエピソード記憶に関与する神経基盤とは異なり、情動の記憶増強効果には右の眼窩前頭皮質と脳梁下皮質が関与することを明らかにした。そして、ＦＴＤにみられるアパシーなどの社会からの引きこもりの背景の一部に、過去の経験の情動的側面が想い出せないことにあるのではないかと想定している。すなわち、最近配偶者や家族と激しい口論があったとしても、配偶者や家族ほど詳しく内容を覚えていないために人間関係がぎくしゃくしてしまうのではないかと考察している。

おわりに

ＡＤにおいては、情動喚起による記憶の増強強化を利用すれば、軽症の認知症患者に対する記憶のリハビリテーションが有効に実施できる可能性も示唆している。震災の体験や研究で用いた情動刺激は不快なものであったが、快い情動喚起による記憶の増強効果の検討が進めば、認知面のリハビリテーションが可能になるかもしれない。

一方、ＦＴＤの人格変化、脱抑制などの重篤な障害は、かなりの部分が「心の理論」の障害や共感の欠如で説明されつつある。今後、自閉症スペクトラムや血管障害例からの知見と合わせて検討することにより、これらの機能の神経基盤、すなわち社会脳について、より詳細な検討が可能になると思われる。また、ＦＴＤの行動の背景にあるこれら社会認知の障害を介護者や周囲に啓発することにより、ＦＴＤ患者のより高いＱＯＬ（生活の質）が実現することが期待される。

社会脳シリーズ　苧阪直行 編

1 社会脳科学の展望——脳から社会をみる
四六判272頁
本体2800円

2 道徳の神経哲学——神経倫理からみた社会意識の形成
四六判274頁
本体2800円

3 注意をコントロールする脳——神経注意学からみた情報の選択と統合
四六判306頁
本体3200円

4 美しさと共感を生む脳——神経美学からみた芸術
四六判198頁
本体2200円

5 報酬を期待する脳——ニューロエコノミクスの新展開
四六判200頁
本体2200円

6 自己を知る脳・他者を理解する脳——神経認知心理学からみた心の理論の新展開
四六判336頁
本体3600円

7 小説を愉しむ脳——神経文学という新たな領域
四六判236頁
本体2600円

8 成長し衰退する脳——神経発達学と神経加齢学
四六判408頁
本体4500円

以下続刊

9 ロボットと共生する社会脳——神経社会ロボット学

＊表示価格は消費税を含みません。

編者紹介

苧阪直行（おさか　なおゆき）

1946年生まれ。1976年京都大学大学院文学研究科博士課程修了、文学博士（京都大学）。京都大学大学院文学研究科教授、文学研究科長・文学部長、日本学術会議会員などを経て現在、京都大学名誉教授、社会脳研究プロジェクト代表、日本ワーキングメモリ学会会長、日本学術会議「脳と意識」分科会委員長、日本学士院会員

主な著訳書

『意識とは何か』（1996、岩波書店）、『心と脳の科学』（1998、岩波書店）、『脳とワーキングメモリ』（2000、編著、京都大学学術出版会）、『意識の科学は可能か』（2002、編著、新曜社）、*Cognitive Neuroscience of Working Memory*（2007、編著、オックスフォード大学出版局）、『ワーキングメモリの脳内表現』（2008、編著、京都大学学術出版会）、『笑い脳』（2010、岩波書店）、『脳イメージング』（2010、編著、培風館）、『オーバーフローする脳』（2011、訳、新曜社）、『社会脳科学の展望』（2012、編、新曜社）、『道徳の神経哲学』（2012、編、新曜社）、『注意をコントロールする脳』（2013、編、新曜社）、『美しさと共感を生む脳』（2013、編、新曜社）、『報酬を期待する脳』（2014、編、新曜社）、『自己を知る脳、他者を理解する脳』（2014、編、新曜社）、『小説を愉しむ脳』（2014、編、新曜社）

社会脳シリーズ8
成長し衰退する脳
神経発達学と神経加齢学

初版第1刷発行　2015年3月30日

編著者　苧阪直行
発行者　塩浦　暲
発行所　株式会社　新曜社
101-0051　東京都千代田区神田神保町3－9
電話（03）3264－4973（代）・FAX（03）3239－2958
e-mail : info@shin-yo-sha.co.jp
URL : http://www.shin-yo-sha.co.jp

組　版　Katzen House
印　刷　新日本印刷
製　本　イマヰ製本所

ISBN978-4-7885-1427-0 C1040

執筆者紹介（執筆順）

ウタ・フリス（Uta Frith）【1章（共著）】
ユニバーシティーカッレジ・ロンドン名誉教授　1968年ロンドン・キングスカレッジ（精神医学）Ph.D.　専門は発達神経科学

クリストファー・D・フリス（Christopher D. Frith）【1章（共著）】
ユニバーシティーカッレジ·ロンドン名誉教授（ウェルカムトラストセンター·ニューロイメージング部門）1969年ロンドン・キングスカレッジ（精神医学）Ph.D.　専門は社会認知の脳科学

金田みずき（かねだ　みずき）【1章（共訳）】
京都大学大学院文学研究科研究員・大阪大学大学院人間科学研究科特任研究員　2006年京都大学大学院文学研究科博士課程（心理学専修）研究指導認定退学　博士（文学）。専門は言語性ワーキングメモリ

苧阪直行（おさか　なおゆき）【1章（共訳）】
京都大学名誉教授　1976年京都大学大学院文学研究科博士課程（心理学専攻）修了　文学博士。専門は意識の認知神経科学

多賀厳太郎（たが　げんたろう）【2章】
東京大学大学院教育学研究科教授　1994年東京大学大学院薬学系研究科博士課程修了　博士（薬学）。専門は発達脳科学

大塚由美子（おおつか　ゆみこ）【3章】
UNSW Australia リサーチアソシエイト　2007年中央大学大学院文学研究科博士後期課程（心理学専攻）修了　博士（心理学）。専門は知覚発達心理学

北　洋輔　（きた　ようすけ）【4章（共著）】
国立精神・神経医療研究センター精神保健研究所知的障害研究部治療研究室室長　2011年東北大学大学院教育学研究科博士課程修了　博士（教育学）。専門は発達障害学および認知神経科学

軍司敦子（ぐんじ　あつこ）【4章（共著）】
横浜国立大学教育人間科学部准教授　2001年総合研究大学院大学生命科学研究科（生理学専攻）修了　博士（理学）。専門は神経生理学

利島　保（としま　たもつ）【5章（共著）】
広島大学名誉教授　1972年広島大学大学院教育学研究科博士課程後期（教育心理学専攻）単位取得退学　文学博士。専門は発達神経心理学

堀（斉藤）由里　（ほり（さいとう）ゆり）【5章（共著）】
仙台青葉学院短期大学こども学科准教授　2007年広島大学大学院教育学研究科博士課程後期（教育人間科学専攻）修了　博士（心理学）。専門は発達神経心理学

瀬戸山（青山）志緒里（せとやま（あおやま）しおり）【5章（共著）】
国立精神・神経利用研究センター病院第一精神診療部心理療法士　2010年広島大学大学院医歯薬学総合研究科（展開医科学専攻）修了　博士（医学）。専門は発達神経心理学

森口佑介（もりぐち　ゆうすけ）【6章】
上越教育大学准教授・科学技術振興機構さきがけ研究者　2008年京都大学大学院文学研究科博士課程（行動文化学専攻）修了　博士（文学）。専門は発達認知神経科学

友田明美（ともだ　あけみ）【7章】
福井大学子どものこころの発達研究センター教授　1987年熊本大学医学部医学科修了　医学博士。専門は小児発達脳科学

苧阪満里子（おさか　まりこ）【8章】
大阪大学大学院人間科学研究科教授・大阪大学脳情報通信融合研究センター教授（兼任）1979年京都大学大学院教育学研究科博士課程修了　教育学博士。専門はワーキングメモリ、言語理解

池田　学（いけだ　まなぶ）【9章】
大阪大学大学院医学研究科博士課程（精神医学）修了　博士（医学）。専門は老年精神医学、神経心理学

人名索引

ナ行

ハ行

マ行

ラ行

ワ行

事項索引

―――――― 数字・A to Z ――――――

2歳児　17
3歳児　6
4歳児　8
4ヶ月児　78
8ヶ月児　78
10／20座標　60
24a　34
24b　34
24c　34
24野　34
25野　34
32野　35
33野　34
ACC（前部帯状皮質）　x, 34, 48, 255, 256, 266
AD（アルツハイマー病）　xxv, 273, 277, 279, 293
ASD（自閉症スペクトラム障害）　xviii, 98, 221, 223
BA32（傍帯状皮質）　34
BOLD　53, 55
bvFTD（行動障害型前頭側頭型認知症）　277, 285, 291, 293
cCZ（尾側帯状帯）　38, 48
DLB（レビー小体型認知症）　273
DLPFC（背外側前頭前野）　x, xxii, 209, 255, 266
DSM-5　274
EEG（脳波）　52
ERP（事象関連電位）　xvii, 52, 89, 124
fMRI（機能的磁気共鳴画像法）　48, 53
fNIRS（機能的近赤外分光法）　89
FTD（前頭側頭型認知症）　xxv, 275, 285, 293, 295
IFG（下前頭回）　266
IPL（下頭頂小葉）　266, 269
MEG（脳磁図）　52
MPFC（内側前頭前野皮質）　xv, 1, 22, 48, 56
MRI構造画像　60
N170　90, 125
N290　90
NIRS（近赤外分光法）　50, 53, 54, 115, 124, 157
OFC（眼窩前頭葉皮質, 前頭眼窩皮質）　x, 154
P300　125
P400　90
PFC（前頭前野）　x, 237, 249
PNFA（進行性非流暢性失語）　277, 293
pSTS（後部上側頭溝）　xv
PTSD（心的外傷ストレス症候群）　xxii, 230
QOL（生活の質）　296
rCZa（吻側帯状帯前部領域）　37, 39, 48
rCZp（吻側帯状帯後部領域）　37, 46, 48
RST（リーディングスパンテスト）　xxiv, 249
――スパン得点　250

サ行

タ行

ナ行

――――――――ハ行――――――――

マ行

ヤ行

ラ行

ワ行

引用文献

「社会脳シリーズ」刊行にあたって

Cacioppo, J. T., & Berntson, G. G. (Eds.) (2005). *Social Neuroscience*. London: Psychology Press.

Cacioppo, J. T., Berntson, G. G., Adolphs, R., Carter, C. S., Davidson, R. J., McClintock, M. K., McEwen, B. S., Meaney, M. J., Shacter, D. L., Sternberg, E. M., Suomi, S. S., & Taylor, S. E. (Eds.) (2002). *Foundations of Social Neuroscience*. Cambridge: MIT Press.

Cacioppo, J. T., Visser, P. S., & Pickett, C. L. (Eds.) (2006). *Social Neuroscience*. Cambridge: MIT Press.

Decety, J., & Cacioppo, J. T. (Eds.) (2011). *The Oxford Handbook of Social Neuroscience*. Oxford: Oxford University Press.

Decety, J., & Ickes, W. (Eds.) (2009). *The Social Neuroscience of Empathy*. Cambridge: MIT Press.

Dumbar, R. I. M. (2003). The social brain: Mind, language, and society in evolutionary perspective. *Annual Review of Anthropology, 32*, 163-181.

Harmon-Jones, E. & Beer, J. S. (Eds.) (2009). *Methods in Social Neuroscience*. New York: Guilford Press.

Harmon-Jones, E., & Winkielman, P. (Eds.) (2007). *Social Neuroscience*. New York: Guilford Press.

苧阪直行 (2004). デカルト的意識の脳内表現 —— 心の理論からのアプローチ. 哲学研究, 578号, 京都哲学会.

苧阪直行 (2010). 笑い脳 —— 社会脳からのアプローチ. 岩波科学ライブラリー 166, 岩波書店.

Taylor, S. E. (Eds.) (2002). *Foundations in Social Neuroscience*. Cambridge: MIT Press.

Todorov, A., Fiske, S. T., & Prentice, D. A. (Eds.) (2011). *Social Neuroscience*. New York: Oxford University Press.

Zelazo, P. H ., Chandler, M., & Crone, E. (Eds.) (2010). *Developmental Social Cognitive Neuroscience*. London: Psychology Press.

社会脳シリーズ８『成長し衰退する脳 ── 神経発達学と加齢学』への序

Andersen, S. L., Tomoda, A., Vincow, E. S., Valente, E., Polcari, A., & Teicher, M. H. (2008). Preliminary evidence for sensitive periods in the effect of childhood sexual abuse on regional brain development. *Journal of Neuropsychiatry and Clinical Neurosciences, 20*, 292-301.

Baron-Cohen, S., Leslie, A.M., & Frith, U.(1985). Does the autistic child have a theory of mind? *Cognition, 21*, 37-46.

Cabeza, R.,& Dennis, N. A. (2013). Frontal lobes and aging: Deterioration and compensation, In D. T. Stuss & R. T. Knight (Eds.), *Principles of frontal lobe function* (2nd ed), New York: Oxford University Press.

Dennett, D. C. (1978). Beliefs about beliefs. *Behavioral Brain Sciences, 1*, 568-570.

Fantz, R. L. (1961). The origin of form perception. *Scientific American, 204*, 66-72.

Fromholt, P., Mortensen, D. B., Torpdahl, P., Bender, L., Larsen, P., & Rubin, D. C.(2003). Life-narrative and word-cued autobiographical memories in centenarians: Comparisons with 80-year-old control and dementia groups. *Memory, 11*, 81-88.

Happé, F. G. E., Winner, E., & Brownell, H.(1998). The getting of wisdom: Theory of mind in old age. *Developmental Psychology, 34*, 358-362.

Hedden, T., & Gabrieli, J. D. (2004). Insights into the ageing mind: A view from cognitive neuroscience. *Nature Reviews Neuroscience, 5*, 87-96.

池田学 (2014). 前頭側頭葉変性症の症候学．池田学（編）日常臨床に必要な認知症症候学．新興医学出版社.

Huttenlocher, P. R.(1990). Morphometric study of human cerebral cortex development. *Neuropsychologia, 28*, 517-527.

Logie, R. H., Horne, M. J.,& Petit, L. D. (2015). When cognitive performance does not decline across the lifespan. In R. H. Logie & R. G. Morris (Eds.), *Working memory and ageing*, Hovwe: Psychology Press, pp.21-47.

Morishita, H., Miwa, J. M., Heintz, N., & Hensch, T. (2010). Lynx1, a cholinergic brake limits plasticity in adult visual cortex. *Science, 330*, 1238-1240.

大槻進・段俊恵・鈴木一正 (1997). 加齢に伴う終脳外套の体積の変化——前頭葉比率, 昭和医学会雑誌, *57*,127-131.

Osaka, M., Otsuka, Y., & Osaka, N. (2012a). Verbal to visual code switching improves working memory in the elderly: An fMRI study. *Frontiers of Human Neuroscience, 6*, 24, 1-7.

Osaka, M., Yaoi, K., Otsuka, Y., Katsuhara, M., & Osaka, N. (2012b). Practice on conflict tasks promotes executive function of working memory in the elderly. *Behavioural Brain Research, 233*, 90-98.

苧阪満里子 (2015). 物忘れの脳科学. 講談社（ブルーバックスB-1874).

Osaka, N., Yaoi, K., Minamoto, M., Osaka, M. (2012c). Second-order false belief task needs working memory in normal adults: An event-related fMRI study based on theory of mind. *Society for Neuroscience Abstract*, New Orleans, BBB 20-907, 19.

苧阪直行 (2014). ワーキングメモリ研究の動向——高齢者を中心に. 老年精神医学雑誌, *25*,491-497.

大塚喜結・苧阪直行 (2005). 高齢者のワーキングメモリ——前頭葉仮説の検討. 心理学評論, *48*, 518-529.

Rascovsky, K., Hodges, J. R., Knopman, D. et al. (2011). Sensitivity of revised diagnostic criteria for the behavioural variant of frontotemporal dementia. *Brain, 134*, 2456-2477.

Saito, Y. , Kondo, T., Aoyama, S., Fukumoto, R., Konishi, N., Nakamura, K., Kobayashi, M., & Toshima, T. (2007). The function of the frontal lobe in neonates for response to a prosodic voice. *Early Human Development, 83*, 225-230.

Simion, F., Macchi Cassia, V., Turati, C., & Valenza, E. (2001). The origins of face perception: Specific vs non-specific mechanisms. *Infant and Child Development, 10*, 59-65.

Sullivan, K., Zaitchik, D.,& Tagerflusberg, H. (1994). Preschoolers can attribute 2 nd-order beliefs. *Developmental Psychology, 30*, 395-402.

Tomoda, A., Navalta, C. P., Polcari, A., Sadato, N., & Teicher, M. H. (2009). Childhood sexual abuse is associated with reduced gray matter volume in visual cortex of young women. *Biological Psychiatry, 66*(7), 642-648.

Vogeley, K., Kurthen, M., Falkai, P., & Maier, W.(1999). Essential functions of

the human self model are implemented in the prefrontal cortex. *Consciousness and Cognition, 8*, 343-363.

1　メンタライジング（心の理論）の発達とその神経基盤

Allison, T., Puce, A., & McCarthy, G. (2000). Social perception from visual cues: Role of the STS region. *Trends in Cognitive Sciences, 4*, 267-278.

Allman, J. M., Hakeem, A., Erwin, J. M., Nimchinsky, E., & Hof, P. (2001). The anterior cingulate cortex. *The evolution of an interface between emotion and cognition. Unity of Knowledge: The Convergence of Natural and Human Science, 935*, 107-117.

Avis, J., & Harris, P. L. (1991). Belief-desire reasoning among Baka children: Evidence for a universal conception of mind. *Child Development, 62*, 460-467.

Bachevalier, J., Meunier, M., Lu, M. X., & Ungerleider, L. G. (1997). Thalamic and temporal cortex input to medial prefrontal cortex in rhesus monkeys. *Experimental Brain Research, 115*, 430-444.

Baldwin, D. A., & Moses, L. J. (1996). The ontogeny of social information gathering. *Child Development, 67*, 1915-1939.

Barch, D. M., Braver, T. S., Akbudak, E., Conturo, T., Ollinger, J., & Snyder, A. (2001). Anterior cingulate cortex and response conflict: Effects of response modality and processing domain. *Cerebral Cortex, 11*, 837-848.

Barnes, C. L., & Pandya, D. N. (1992). Efferent cortical connections of multimodal cortex of the superior temporal sulcus in the rhesus monkey. *The Journal of Comparative Neurology, 318*, 222-244.

Baron-Cohen, S., Leslie, A. M., & Frith, U. (1985). Does the autistic child have a theory of mind? *Cognition, 21*, 37-46.

Bertenthal, B. I., Proffitt, D. R., & Cutting, J. E. (1984). Infant sensitivity to figural coherence in biomechanical motions. *Journal of Experimental Child Psychology, 37*, 213-230.

Berthoz, S., Armony, J. L., Blair, R. J. R., & Dolan, R. J. (2002). An fMRI study of intentional and unintentional (embarrassing) violations of social norms. *Brain, 125*, 1696-1708.

Blakemore, J. -S., Wolpert, D. M., & Frith, C. D. (1998). Central cancellation of self-

produced tickle sensation. *Nature Neuroscience, 1*, 635-639.
Bloom, P. (2000). *How Children Learn the Meanings of Words*. Cambridge, MA: MIT Press.
Bonda, E., Petrides, M., Ostry, D., & Evans, A. (1996). Specific involvement of human parietal systems and the amygdala in the perception of biological motion. *The Journal of Neuroscience, 16*, 3737-3744.
Bottini, G., Corcoran, R., Sterzi, R., Paulesu, E., Schenone, P., Scarpa, P., Frackowiak, R. S. J., & Frith, C. D. (1994). The role of the right hemisphere in the interpretation of figurative aspects of language. A positron emission tomography activation study. *Brain, 117*, 1241-1253.
Botvinick, M., Nystrom, L. E., Fissell, K., Carter, C. S., & Cohen, J. D. (1999). Conflict monitoring versus selection-for-action in anterior cingulate cortex. *Nature, 402*, 179-181.
Brunet, E., Sarfati, Y., Hardy-Baylé, M.-C., & Decety, J. (2000). A PET investigation of the attribution of intentions with a nonverbal task. *NeuroImage, 11*, 157-166.
Bush, G., Luu, P., & Posner, M. I. (2000). Cognitive and emotional influences in anterior cingulate cortex. *Trends in Cognitive Sciences, 4*, 215-222.
Butterworth, G. (1991). The ontogeny and phylogeny of joint visual attention. In A. Whiten (Ed.), *Natural Theories of Mind: Evolution, development and simulation of everyday mindreading* (pp. 223-232). Cambridge, MA: Blackwell.
Butterworth, G., & Jarrett, N. (1991). What minds have in common is space: Spatial mechanisms serving joint visual-attention in infancy. *British Journal of Developmental Psychology, 9*, 55-72.
Byrne, R. W., & Whiten, A. (1988). *Machiavellian Intelligence*. Oxford: Clarendon Press.（藤田和生・山下博志・友永雅己（訳）(2004). マキャベリ的知性と心の理論の進化論 ── ヒトはなぜ賢くなったか. ナカニシヤ出版.）
Calvert, G. A., Campbell, R., & Brammer, M. J. (2000). Evidence from functional magnetic resonance imaging of crossmodal binding in the human heteromodal cortex. *Current Biology, 10*, 649-657.
Campbell, R., MacSweeney, M., Surguladze, S., Calvert, G., McGuire, P., Suckling, J., Brammer, M. J., & David, A. S. (2001). Cortical substrates for the perception of

face actions: An fMRI study of the specificity of activation for seen speech and for meaningless lower-face acts (gurning). *Cognitive Brain Research, 12*, 233-243.

Caron, A. J., Caron, R., Roberts, J., & Brooks, R. (1997). Infant sensitivity to deviations in dynamic facial-vocal displays: The role of eye regard. *Developmental Psychology, 33*, 802-813.

Carpenter, M., Nagell, K., & Tomasello, M. (1998). Social cognition, joint attention, and communicative competence from 9 to 15 months of age. *Monographs of the Society for Research in Child Development, 63*(4), i-vi, 1-143.

Castelli, F., Happé, F., Frith, U., & Frith, C. D. (2000). Movement and mind: A functional imaging study of perception and interpretation of complex intentional movement patterns. *NeuroImage, 12*, 314-325.

Chan, D., Fox, N. C., Scahill, R. I., Crum, W. R., Whitwell, J. L., Leschziner, G., Rossor, A. M., Stevens, J. M., Cipolotti, L., & Rossor, M. N. (2001). Patterns of temporal lobe atrophy in semantic dementia and Alzheimer's disease. *Annals of Neurology, 49*, 433-442.

Chao, L. L., Haxby, J. V., & Martin, A. (1999). Attribute-based neural substrates in temporal cortex for perceiving and knowing about objects. *Nature Neuroscience, 2*, 913-919.

Cheney, D. L., & Seyfarth, R. M. (1990). *How Monkeys See the World: Inside the mind of another species*. University of Chicago Press.

Clements, W. A., & Perner, J. (1994). Implicit understanding of belief. *Cognitive Development, 9*, 377-395.

Clements, W. A., & Perner, J. (2001). When actions really do speak louder than words?but only explicitly: Young children's understanding of false belief in action. *British Journal of Developmental Psychology, 19*, 413-432.

Corbetta, M. (1993). Positron emission tomography as a tool to study human vision and attention. *Proceedings of the National Academy of Sciences of the United States of America, 90*, 10901-10903.

Corbetta, M., Kincade, J. M., Ollinger, J. M., McAvoy, M. P., & Shulman, G. L. (2000). Voluntary orienting is dissociated from target detection in human posterior parietal cortex. *Nature Neuroscience, 3*, 292-297.

Crichton, M. T., & Lange-Küttner, C. (1999). Animacy and propulsion in infancy: Tracking, waving and reaching to self-propelled and induced moving objects. *Developmental Science, 2*, 318-324.

Critchley, H. D., Corfield, D. R., Chandler, M. P., Mathias, C. J., & Dolan, R. J. (2000). Cerebral correlates of autonomic cardiovascular arousal: A functional neuroimaging investigation in humans. *The Journal of Physiology, 523*, 259-270.

Critchley, H. D., Mathias, C. T., & Dolan, R. J. (2001). Neuroanatomical basis for first- and second-order representations of bodily states. *Nature Neuroscience, 4*, 207-212.

Csibra, G. (2003). Teleological and referential understanding of action in infancy. *Philosophical Transactions of the Royal Society B: Biological Sciences, 358*, 447-458. doi: 10.1098/rstb.2002.1235

Dennett, D. C. (1978). Beliefs about beliefs. *Behavioral and Brain Sciences, 1*, 568-570.

Devinsky, O., Morrell, M. J., & Vogt, B. A. (1995). Contributions of anterior cingulate cortex to behaviour. *Brain, 118*, 279-306.

Downar, J., Crawley, A. P., Mikulis, D. J., & Davis, K. D. (2000). A multimodal cortical network for the detection of changes in the sensory environment. *Nature Neuroscience, 3*, 277-283.

Duncan, J., & Owen, A. M. (2000). Dissociative methods in the study of frontal lobe function. In S. Monsell & J. Driver (Eds.), *Control of Cognitive Processes* (Vol. XVIII, pp. 567-576). Cambridge, MA: MIT Press.

Ferstl, E. C., & von Cramon, D. Y. (2002). What does the frontomedian cortex contribute to language processing: coherence or theory of mind? *NeuroImage, 17*, 1599-1612.

Fine, C., Lumsden, J., & Blair, R. J. R. (2001). Dissociation between 'theory of mind' and executive functions in a patient with early left amygdala damage. *Brain, 124*, 287-298.

Fink, G. R., Markowitsch, H. J., Reinkemeier, M., Bruckbauer, T., Kessler, J., & Heiss, W. D. (1996). Cerebral representation of one's own past: Neural networks involved in autobiographical memory. *The Journal of Neuroscience, 16*, 4275-4282.

Flavell, J. H., Everett, B. A., Croft, K., & Flavell, E. R. (1981). Young children's

knowledge about visual perception: Further evidence for the level 1 - level 2 distinction. *Developmental Psychology, 17*, 99-103.

Fletcher, P. C., Happé, F., Frith, U., Baker, S. C., Dolan, R. J., Frackowiak, R. S. J., & Frith, C. D. (1995). Other minds in the brain: A functional imaging study of "theory of mind" in story comprehension. *Cognition, 44*, 283-296; 57, 109-128.

Frith, C. D., & Frith, U. (1999). Interacting minds: A biological basis. *Science, 286*, 1692-1695.

Frith, U., & Frith, C. D. (2003). Development and neurophysiology of mentalizing. *Philosophical Transactions of the Royal Society B: Biological Sciences, 358*, 459-473. doi: 10.1098/rstb.2002.1218

Funnell, E. (2001). Evidence for scripts in semantic dementia: Implications for theories of semantic memory. *Cognitive Neuropsychology, 18*, 323-341.

Gallagher, H. L., Happé, F., Brunswick, N., Fletcher, P. C., Frith, U., & Frith, C. D. (2000). Reading the mind in cartoons and stories: An fMRI study of'theory of mind'in verbal and nonverbal tasks. *Neuropsychologia, 38*, 11-21.

Gallagher, H. L., Jack, A. I., Roepstorff, A., & Frith, C. D. (2002). Imaging the intentional stance in a competitive game. *NeuroImage, 16*, 814-821.

Gergely, G., Nádasdy, Z., Csibra, G., & Bíró, S. (1995). Taking the international stance at 12 months of age. *Cognition, 56*, 165-193.

Goel, V., Grafman, J. N. S., & Hallett, M. (1995). Modelling other minds. *NeuroReport, 6*, 1741-1746.

Gopnik, A., & Wellman, H. M. (1994). The theory theory. In L. A. Hirschfeld & S. A. Gelman (Eds.), *Mapping the Mind: Domain specificity in cognition and culture* (pp.257-293). New York: Cambridge University Press.

Greene, J. D., Sommerville, R. B., Nystrom, L. E., Darley, J. M., & Cohen, J. D. (2001). An fMRI investigation of emotional engagement in moral judgment. *Science, 293*, 2105-2108.

Grèzes, J., Costes, N., & Decety, J. (1998). Top-down effect of strategy on the perecption of human biological motion: A PET investigation. *Cognitive Neuropsychology, 15*, 553-582.

Grèzes, J., Fonlupt, P., Bertenthal, B., Delon-Martin, C., Segebarth, C., & Decety,

J. (2001). Does perception of biological motion rely on specific brain regions? *NeuroImage, 13,* 775-785.

Grice, H. P. (1957). Meaning. *The Philosophical Review, 66,* 377-388.

Grossman, E., Donnelly, M., Price, R., Pickens, D., Morgan, V., Neighbor, G., & Blake, R. (2000). Brain areas involved in perception of biological motion. *Journal of Cognitive Neuroscience, 12,* 711-720.

Gusnard, D. A., Akbudak, E., Shulman, G. L., & Raichle, M. E. (2001). Medial prefrontal cortex and self-referential mental activity: Relation to a default mode of brain function. *Proceedings of the National Academy of Sciences of the United States of America, 98,* 4259-4264.

Happé, F. G. E. (1994). An advanced test of theory of mind: Understanding of story characters' thoughts and feelings by able autistic, mentally handicapped and normal children and adults. *Journal of Autism and Developmental Disorders, 24,* 129-154.

Harris, P. L. (1991). The work of the imagination. In A. Whiten (Ed.), *Natural Theories of Mind: Evolution, development and simulation of everyday mindreading* (pp. 283-304). Cambridge, MA: Blackwell.

Heider, F., & Simmel, M. (1944). An experimental study of apparent behavior. *The American Journal of Psychology, 57,* 243-259.

Heyes, C. M. (1998). Theory of mind in nonhuman primates. *Behavioral and Brain Sciences, 21,* 101-134.

Hoffman, E. A., & Haxby, J. V. (2000). Distinct representations of eye gaze and identity in the distributed human neural system for face perception. *Nature Neuroscience, 3,* 80-84.

Hogrefe, G. J., Wimmer, H., & Perner, J. (1986). Ignorance versus false belief: A developmental lag in attribution of epistemic states. *Child Development, 57,* 567-582.

Hood, B. M., Willen, J. D., & Driver, J. (1998). Adult's eyes trigger shifts of visual attention in human infants. *Psychological Science, 9,* 131-134.

Johnson, M. H., & Morton, J. (1991). *Biology and Cognitive Development: The case of face recognition.* Oxford: Blackwell.

Johnson, S. C. (2003). Detecting agents. *Philosophical Transactions of the Royal Society B: Biological Sciences, 358,* 549-559. doi: 10.1098/rstb.2002.1237

Kampe, K., Frith, C. D., & Frith, U. (2003)."Hey John": signals conveying communicative intention towards the self activate brain regions associated with"mentalizing"regardless of modality. *The Journal of Neuroscience, 23*, 5258-5263.

Lane, R. D. (2000). Neural correlates of conscious emotional experience. In R. D. Lane & L. Nadel (Eds.), *Cognitive Neuroscience of Emotion* (pp.345-370). London: Oxford University Press.

Lane, R. D., Fink, G. R., Chua, P. M., & Dolan, R. J. (1997). Neural activation during selective attention to subjective emotional responses. *NeuroReport, 8*, 3969-3972.

Lane, R. D., Reiman, E. M., Axelrod, B., Yun, L. S., Holmes, A., & Schwartz, G. E. (1998). Neural correlates of levels of emotional awareness: Evidence of an interaction between emotion and attention in the anterior cingulate cortex. *Journal of Cognitive Neuroscience, 10*, 525-535.

Lee, A. C. H., Robbins, T. W., Graham, K. S., & Owen, A. M. (2002)."Pray or prey?"Dissociation of semantic memory retrieval from episodic memory processes using positron emission tomography and a novel homophone task. *NeuroImage, 16*, 724-735.

Legerstee, M. (1992). A review of the animate-inanimate distinction in infancy. *Early Development and Parenting, 1*, 59-67.

Lempers, J. D., Flavell, E. R., & Flavell, J. H. (1977). The development in very young children of tacit knowledge concerning visual perception. *Genetic Psychology Monographs, 95*, 3-53.

Leslie, A. M. (1987). Pretence and representation: The origins of'theory of mind'. *Psychological Review, 94*, 412-426.

Leslie, A. M. (1994). Pretending and believing: Issues in the theory of mind ToMM. *Cognition, 50*, 211-238.

Lillard, A. (1998). Ethnopsychologies: Cultural variations in theories of mind. *Psychological Bulletin, 123*, 3-32.

McCabe, K., Houser, D., Ryan, L., Smith, V., & Trouard, T. (2001). A functional imaging study of cooperation in two-person reciprocal exchange. *Proceedings of the National Academy of Sciences of the United States of America, 98*, 11832-11835.

McGuire, P. K., Paulesu, E., Frackowiak, R. S. J., & Frith, C. D. (1996). Brain activity

during stimulus independent thought. *NeuroReport, 7*, 2095-2099.

Maguire, E. A., & Mummery, C. J. (1999). Differential modulation of a common memory retrieval network revealed by positron emission tomography. *Hippocampus, 9*, 54-61.

Maguire, E. A., Frith, C. D., & Morris, R. G. M. (1999). The functional neuroanatomy of comprehension and memory: The importance of prior knowledge. *Brain, 122*, 1839-1850.

Maguire, E. A., Mummery, C. J., & B?chel, C. (2000). Patterns of hippocampal-cortical interaction dissociate temporal lobe memory subsystems. *Hippocampus, 10*, 475-482.

Maguire, E. A., Vargha-Khadem, F., & Mishkin, M. (2001). The effects of bilateral hippocampal damage on fMRI regional activations and interactions during memory retrieval. *Brain, 124*, 1156-1170.

Maquet, P., Schwartz, S., Passingham, R., & Frith, C. D. (2003). Sleep-related consolidation of a visuo-motor skill: Brain mechanisms as assessed by fMRI. *The Journal of Neuroscience, 23*, 1432-1440.

Maratos, E. J., Dolan, R. J., Morris, J. S., Henson, R. N. A., & Rugg, M. D. (2001). Neural activity associated with episodic memory for emotional context. *Neuropsychologia, 39*, 910-920.

Masangkay, Z. S., McCluskey, K. A., McIntyre, C. W., Sims-Knight, J., Vaughn, B. E., & Flavell, T. H. (1974). The early development of inferences about the visual percepts of others. *Child Development, 45*, 357-366.

Mazoyer, B. M., Tzourio, N., Frak, V., Syrota, A., Murayama, N., Levrier, O., Salamon, G., Dehaene, S., Cohen, L., & Mehler, J. (1993). The cortical representation of speech. *Journal of Cognitive Neuroscience, 5*, 467-479.

Meltzoff, A. N. (1995). Understanding the intentions of others: Re-enactment of intended acts by 18-month-old children. *Developmental Psychology, 31*, 838-850.

Morán, M. A., Mufson, E. J., & Mesulam, M. M. (1987). Neural inputs into the temporopolar cortex of the rhesus monkey. *The Journal of Comparative Neurology, 256*, 88-103.

Nakamura, K., Kawashima, R., Sato, N., Nakamura, A., Sugiura, M., Kato, T., Hatano,

K., Ito, K., Fukuda, H., Schormann, T., & Zilles, K. (2000). Functional delineation of the human occipito-temporal areas related to face and scene processing. A PET study. *Brain, 123*, 1903-1912.

Nakamura, K., Kawashima, R., Sugiura, M., Kato, T., Nakamura, A., Hatano, K., Nagumo, S., Kubota, K., Fukuda, H., Ito, K., & Kojima, S. (2001). Neural substrates for recognition of familiar voices: A PET study. *Neuropsychologia, 39*, 1047-1054.

Nimchinsky, E. A., Gilissen, E., Allman, J. M., Perl, D. P., Erwin, J. M., & Hof, P. R. (1999). A neuronal morphologic type unique to humans and great apes. *Proceedings of the National Academy of Sciences of the United States of America, 96*, 5268-5273.

Noppeney, U., & Price, C. J. (2002a). A PET study of stimulus- and task-induced semantic processing. *NeuroImage, 15*, 927-935.

Noppeney, U., & Price, C. J. (2002b). Retrieval of visual, auditory, and abstract semantics. *NeuroImage, 15*, 917-926.

O'Neill, D. (1996). Two-year-old children's sensitivity to a parent's knowledge state when making requests. *Child Development, 67*, 659-677.

O'Neill, D., & Gopnik, A. (1991). Young children's ability to identify the sources of their beliefs. *Developmental Psychology, 27*, 390-397.

Onishi, K. H., & Baillargeon, R. (2002). 15-month-old infants' understanding of false belief. Presented at XIIIth Biennial International Conference on Infant Studies, Toronto, Canada.

Perner, J., & Wimmer, H. (1985).'John thinks that Mary thinks that...': Attribution of second-order beliefs by 5- to 10-year-old children. *Journal of Experimental Child Psychology, 39*, 437-471.

Perner, J., Leekam, S. R., & Wimmer, H. (1987). Three-year-olds' difficulty with false belief: The case for a conceptual deficit. *British Journal of Developmental Psychology, 5*, 125-137.

Petit, L., Courtney, S. M., Ungerleider, L. G., & Haxby, J. V. (1998). Sustained activity in the medial wall during working memory delays. *The Journal of Neuroscience, 18*, 9429-9437.

Petrovic, P., & Ingvar, M. (2002). Imaging cognitive modulation of pain processing.

Pain, 95, 1-5.

Phan, K. L., Wager, T., Taylor, S. F., & Liberzon, I. (2002). Functional neuroanatomy of emotion: a meta-analysis of emotion activation studies in PET and fMRI. *NeuroImage, 16*, 331-348.

Phillips, A. T., Wellman, H. M., & Spelke, E. S. (2002). Infants' ability to connect gaze and emotional expression to intentional action. *Cognition, 85*, 53-78.

Picard, N., & Strick, P. L. (1996). Motor areas of the medial wall: a review of their location and functional activation. *Cerebral Cortex, 6*, 342-353.

Poulin-Dubois, D., Tilden, J., Sodian, B., Metz, U., & Schöppner, B. (submitted). Implicit understanding of the seeing? knowing relation in 14- to 24-month-old children.

Povinelli, D. J., & Bering, J. M. (2002). The mentality of apes revisited. *Current Directions in Psychological Science, 11*, 115-119.

Povinelli, D. J., & deBlois, S. (1992). Young children's (Homo sapiens) understanding of knowledge formation in themselves and others. *Journal of Comparative Psychology, 106*, 228-238.

Povinelli, D. J., & Preuss, T. M. (1995). Theory of mind: Evolutionary history of a cognitive specialization. *Trends in Neurosciences, 18*, 418-424.

Premack, D., & Woodruff, G. (1978). Does the chimpanzee have a theory of mind? *Behavioral and Brain Sciences, 1*, 515-526.

Price, C. J., Moore, C. J., Humphreys, G. W., & Wise, R. J. S. (1997). Segregating semantic from phonological processes during reading. *Journal of Cognitive Neuroscience, 9*, 727-733.

Puce, A., & Perrett, D. (2003). Electrophysiology and brain imaging of biological motion. *Philosophical Transactions of the Royal Society B: Biological Sciences, 358*, 435-445. doi: 10.1098/rstb.2002.1221

Puce, A., Allison, T., Bentin, S., Gore, J. C., & McCarthy, G. (1998). Temporal cortex activation in humans viewing eye and mouth movements. *The Journal of Neuroscience, 18*, 2188-2199.

Rainville, P., Hofbauer, R. K., Paus, T., Duncan, G. H., Bushnell, M. C., & Price, D. D. (1999). Cerebral mechanisms of hypnotic induction and suggestion. *Journal of*

Cognitive Neuroscience, 11, 110-125.

Repacholi, B. M. (1998). Infants' use of attentional cues to identify the referent of another person's emotional expression. *Developmental Psychology, 34*, 1017-1025.

Rizzolatti, G., Fogassi, L., & Gallese, V. (2002). Motor and cogntiive functions of the ventral premotor cortex. *Current Opinion in Neurobiology, 12*, 149-154.

Rowe, A. D., Bullock, P. R., Polkey, C. E., & Morris, R. G. (2001).'Theory of mind'impairments and their relationship to executive functioning following frontal lobe excisions. *Brain, 124*, 600-616.

Ruffman, T., Perner, J., Naito, M., Parkin, L., & Clements, W. A. (1998). Older (but not younger) siblings facilitate false belief understanding. *Developmental Psychology, 34*, 161-174.

Russell, J. (1996). *Agency: Its role in mental development*. Oxford: Erlbaum.

Schank, R. C., & Abelson, R. P. (1977). *Scripts, Plans, Goals and Understanding: An inquiry into human knowledge structures*. Hillsdale, NJ: Erlbaum.

Schultz, R. T., Grelotti, D. J., Klin, A., Kleinman, J., Van der Gaag, C., Marois, R., & Skudlarski, P. (2003). The role of the fusiform face area in social cognition: implications for the pathobiology of autism. *Philosophical Transactions of the Royal Society B: Biological Sciences, 358*, 415-424. doi: 10.1098/rstb.2002.1208

Shatz, M., Wellman, H. M., & Silber, S. (1983). The acquisition of mental verbs: A systematic investigation of the first reference to mental state. *Cognition, 14*, 301-321.

Sodian, B., & Thoermer, C. (2004). Infants' understanding of looking, pointing and reaching as cues to goal-directed action. *Journal of Cognition and Development, 5*, 289-316.

Spelke, E. S., Phillips, A., & Woodward, A. L. (1995). Infants' knowledge of object motion and human action. In D. Sperber & D. Premack (Eds.), *Causal Cognition: A multidisciplinary debate*. Symposia of the Fyssen Foundation (pp.44-78). New York: Clarendon Press/Oxford University Press.

Sperber, D., & Wilson, D. (1995). *Relevance: Communication and cognition*. Oxford: Blackwell Scientific.（内田聖二・宋南先・中逵俊明・田中圭子（訳）(1999). 関連性理論 ── 伝達と認知. 研究社出版.）

Sullivan, K., Zaitchik, D., & Tager-Flusberg, H. (1994). Preschoolers can attribute

second-order beliefs. *Developmental Psychology, 30*, 395-402.

Tulving, E. (1985). Memory and consciousness. *Canadian Psychology, 26*, 1-12.

Vandenberghe, R., Price, C., Wise, R., Josephs, O., & Frackowiak, R. S. J. (1996). Functional anatomy of a common semantic system for words and pictures. *Nature, 383*, 254-256.

Vandenberghe, R., Nobre, A. C., & Price, C. J. (2002). The response of left temporal cortex to sentences. *Journal of Cognitive Neuroscience, 14*, 550-560.

Varley, R., Siegal, M., & Want, S. C. (2001). Severe impairment in grammar does not preclude theory of mind. *Neurocase: The Neural Basis of Cognition, 7*, 489-493.

Vogeley, K., Bussfeld, P., Newen, A., Herrmann, S., Happé, F., Falkai, P., Maier, W., Shah, N. J., Fink, G. R., & Zilles, K. (2001). Mind reading: Neural mechanisms of theory of mind and self-perspective. *NeuroImage, 14*, 170-181.

Wellman, H. M., & Estes, D. (1986). Early understanding of mental entities: A reexamination of childhood realism. *Child Development, 57*, 910-923.

Wellman, H. M., Phillips, A. T., & Rodriguez, T. (2000). Young children's understanding of perception, desire, and emotion. *Child Development, 71*, 895-912.

Wicker, B., Michel, F., Henaff, M., & Decety, J. (1998). Brain regions involved in the perception of gaze: A PET study. *NeuroImage, 8*, 221-227.

Wimmer, H., & Perner, J. (1983). Beliefs about beliefs: Representation and constraining function of wrong beliefs in young children's understanding of deception. *Cognition, 13*, 103-128.

Woodward, A. L. (1998). Infants selectively encode the goal object of an actor's reach. *Cognition, 69*, 1-34.

Woodward, A. L., Sommerville, J. A., & Guajardo, J. J. (2001). How infants make sense of intentional action. In B. F. Malle & L. J. Moses (Eds.), *Intentions and Intentionality: Foundations of social cognition* (pp.149-169). Cambridge, MA: MIT Press.

Zeki, S., Watson, J. D., Lueck, C. J., Friston, K. J., Kennard, C., & Frackowiak, R. S. (1991). A direct demonstration of functional specialization in human visual cortex. *The Journal of Neuroscience, 11*, 641-649.

Zysset, S., Huber, O., Ferstl, E., & von Cramon, D. Y. (2002). The anterior

frontomedian cortex and evaluative judgment: An fMRI study. *NeuroImage, 15*, 983-991.

2 乳児における脳の機能的活動とネットワークの発達

Boas, D. A., Elwell, C. E., Ferrari, M., & Taga, G. (2014). Twenty years of functional near-infrared spectroscopy: Introduction for the special issue. *Neuroimage, 85*, 1-5.

Bullmore, E., & Sporns, O. (2009). Complex brain networks: Graph theoretical analysis of structural and functional systems. *Nature Reviews Neuroscience, 10*, 186-198.

Csibra, G., Davis, D., Spratling, M. W., Johnson, M. H. (2000). Gamma oscillations and object processing in the infant brain. *Science 290*, 1582-1585.

Dehaene-Lambertz, G., Dehaene, S. (1994). Speed and cerebral correlates of syllable discrimination in infants. *Nature 370*, 292-295.

Fox, M. D., & Raichle, M. E. (2007). Spontaneous fluctuations in brain activity observed with functional magnetic resonance imaging. *Nature Reviews Neuroscience, 8*, 700-711.

Fransson, P., Skiöld, B., Horsch, S., Nordell, A., Blennow, M., Lagercrantz, H., & Åden, U. (2007). Resting-state networks in the infant brain. *Proceedings of the National Academy of Sciences, 104*, 15531-15536.

Funane, T., Homae, F., Watanabe, H., Kiguchi, M., & Taga, G. (2014). Greater contribution of cerebral than extracerebral hemodynamics to near-infrared spectroscopy signals for functional activation and resting-state connectivity in infants. *Neurophotonics, 1*, 025003-025003.

Gao, W., Zhu, H., Giovanello, K. S., Smith, J. K., Shen, D., Gilmore, J. H., & Lin, W. (2009). Evidence on the emergence of the brain's default network from 2-week-old to 2-year-old healthy pediatric subjects. *Proceedings of the National Academy of Sciences, 106*, 6790-6795.

Harris, J. J., Reynell, C., & Attwell, D. (2011). The physiology of developmental changes in BOLD functional imaging signals. *Developmental cognitive neuroscience, 1*, 199-216.

Hill, J., Inder, T., Neil, J., Dierker, D., Harwell, J., & Van Essen, D. (2010). Similar

patterns of cortical expansion during human development and evolution. *Proceedings of the National Academy of Sciences, 107*, 13135-13140.

Homae, F., Watanabe, H., Nakano, T., Asakawa, K., & Taga, G. (2006). The right hemisphere of sleeping infant perceives sentential prosody. *Neuroscience Research, 54*, 276-280.

Homae, F., Watanabe, H., Otobe, T., Nakano, T., Go, T., Konishi, Y., & Taga, G. (2010). Development of global cortical networks in early infancy. *The Journal of Neuroscience, 30*, 4877-4882.

Homae, F., Watanabe, H., & Taga, G. (2014). The neural substrates of infant speech perception. *Language Learning, 64*, 6-26.

Homae, F., Watanabe, H., Nakano, T., & Taga, G. (2011). Large-scale networs underlying language acquisition in early infancy. *Frontiers in Psychology, 2*, 93.

Huang, H., Xue, R., Zhang, J., Ren, T., Richards, L. J., Yarowsky, P., ... & Mori, S. (2009). Anatomical characterization of human fetal brain development with diffusion tensor magnetic resonance imaging. *The Journal of Neuroscience, 29*, 4263-4273.

Huttenlocher, P. R., & Dabholkar, A. S. (1997). Regional differences in synaptogenesis in human cerebral cortex. *Journal of comparative Neurology, 387*, 167-178.

Imada, T., Zhang, Y., Cheour, M., Taulu, S., Ahonen, A., & Kuhl, P. K. (2006). Infant speech perception activates Broca's area: A developmental magnetoencephalography study. *Neuroreport, 17*, 957-962.

Imai, M., Watanabe, H., Yasui, K., Kimura, Y., Shitara, Y., Tsuchida, S., ... & Taga, G. (2014). Functional connectivity of the cortex of term and preterm infants and infants with Down's syndrome. *NeuroImage, 85*, 272-278.

Karmiloff-Smith, A. (1995). *Beyond Modularity: A developmental perspective on cognitive science*. MIT press.

Keehn, B., Wagner, J. B., Tager-Flusberg, H., & Nelson, C. A. (2013). Functional connectivity in the first year of life in infants at-risk for autism: A preliminary near-infrared spectroscopy study. *Frontiers in Human Neuroscience, 7*, 444.

Mahmoudzadeh, M., Dehaene-Lambertz, G., Fournier, M., Kongolo, G., Goudjil, S., Dubois, J., ... & Wallois, F. (2013). Syllabic discrimination in premature human infants prior to complete formation of cortical layers. *Proceedings of the National*

Academy of Sciences, 110, 4846-4851.

Matsui, M., Homae, F., Tsuzuki, D., Watanabe, H., Katagiri, M., Uda, S., Nakashima, M., Dan, I., & Taga, G. (2014). Referential framework for transcranial anatomical correspondence for fNIRS based on manually traced sulci and gyri of an infant brain. *Neuroscience Research, 80*, 55-68.

Minagawa-Kawai, Y., van der Lely, H., Ramus, F., Sato, Y., Mazuka, R., & Dupoux, E. (2010). Optical brain imaging reveals general auditory and language-specific processing in early infant development. *Cerebral Cortex*, bhq082.

Nakano, T., Watanabe, H., Homae, F., & Taga, G. (2009). Prefrontal cortical involvement in young infants' analysis of novelty. *Cerebral Cortex, 19*, 455-463.

Peña, M., Maki, A., Kovaččić, D., Dehaene-Lambertz, G., Koizumi, H., Bouquet, F., & Mehler, J. (2003). Sounds and silence: An optical topography study of language recognition at birth. *Proceedings of the National Academy of Sciences, 100*, 11702-11705.

Sasai, S., Homae, F., Watanabe, H., & Taga, G. (2011). Frequency-specific functional connectivity in the brain during resting state revealed by NIRS. *Neuroimage, 56*, 252-257.

Sasai, S., Homae, F., Watanabe, H., Sasaki, A., Tanabe, H., Sadato, N., & Taga, G. (2012). A NIRS-fMRI study of resting state network. *Neuroimage, 63*, 179-193.

Sato, H., Hirabayashi, Y., Tsubokura, H., Kanai, M., Ashida, T., Konishi, I., ... & Maki, A. (2012). Cerebral hemodynamics in newborn infants exposed to speech sounds: A whole - head optical topography study. *Human Brain Mapping, 33*, 2092-2103.

Sheridan, C. J., Matuz, T., Draganova, R., Eswaran, H., & Preissl, H. (2010). Fetal ma gnetoencephalography?achievements and challenges in the study of prenatal and early postnatal brain responses: A review. *Infant and Child Development, 19*, 80-93.

Spector, F., & Maurer, D. (2009). Synesthesia: A new approach to understanding the development of perception. *Developmental Psychology, 45*, 175.

Taga, G., Konishi, Y., Maki, A., Tachibana, T., Fujiwara, M., & Koizumi, H. (2000). Spontaneous oscillation of oxy- and deoxy- hemoglobin changes with a phase difference throughout the occipital cortex of newborn infants observed using non-

invasive optical topography. *Neuroscience Letters, 282*, 101-104.

Taga, G., Asakawa, K., Maki, A., Konishi, Y., & Koizumi, H. (2003). Brain imaging in awake infants by near-infrared optical topography. *Proceedings of the National Academy of Sciences, 100*, 10722-10727.

Taga, G., Watanabe, H., & Homae, F. (2011). Spatiotemporal properties of cortical haemodynamic response to auditory stimuli in sleeping infants revealed by multi-channel near-infrared spectroscopy. *Philosophical Transactions of the Royal Society A: Mathematical, Physical and Engineering Sciences, 369*, 4495-4511.

Watanabe, H., Homae, F., & Taga, G. (2010). General to specific development of functional activation in the cerebral cortexes of 2-to 3-month-old infants. *Neuroimage, 50*, 1536-1544.

Watanabe, H., Homae, F., Nakano, T., Tsuzuki, D., Enkhtur, L., Nemoto, K., ... & Taga, G. (2013). Effect of auditory input on activations in infant diverse cortical regions during audiovisual processing. *Human Brain Mapping, 34*, 543-565.

Zeki, S. (1993). *A Vision of the Brain*. UK: Blackwell Scientific Publications.

3　乳児の顔認知の発達

Bar-Haim Y, Z. T., Lamy D, & Hodes RM. (2006). Nature and nurture in own-race face processing. *Psychological Science, 17*, 159-163.

Bentin, S., Allison, T., Puce, A., Perez, E., & McCarthy, G. (1996). Electrophysiological studies of face perception in humans. *Journal of Cognitive Neuroscience, 8*, 551-565.

Bertin, E., & Bhatt, R. S. (2004). The Thatcher illusion and face processing in infancy. *Developmental Science, 7*, 431-436.

Bushnell, I. W. R., Sai, F., & Mullin, J. T. (1989). Neonatal recognition of the mother's face. *British Journal of Developmental Psychology, 7*, 3-15.

Bushnell, I. W. R. (2001). Mother's Face Recognition in Newborn Infants: Learning and Memory. *Infant and Child Development, 10*, 67-74.

Carey, S., & Diamond, R. (1977). From piecemeal to configurational representation of faces. *Science, 195*, 312-314.

de Heering, A., & Maurer, D. (2014). Face memory deficits in patients deprived of early visual input by bilateral congenital cataracts. *Developmental Psychobiology, 56*(1),

96-108.

de Haan, M., Pascalis, O., & Johnson, M. H. (2002). Specialization of neural mechanisms underlying face recognition in human infants. *Journal of Cognitive Neuroscience, 14*, 199-209.

de Heering, A., Turati, C., Rossion, B., Bulf, H., Goffaux, V., Simion, F. (2008). Newborns' face recognition is based on spatial frequencies below 0.5 cycles per degree. *Cognition, 106*(1), 444-54.

Diamond, R., & Carey, S. (1986). Why faces are not special: An effect of expertise. *Journal of Experimental Psychology: General, 115*, 107-117.

Dobkins, K. R. & Harms, R. (2014). The face inversion effect in infants is driven by high, and not low, spatial frequencies. *Journal of Vision, 14*(1), 1.

Doi, H., Koga, T., & Shinohara, K. (2009). 18-Month-olds can perceive Mooney faces. *Neuroscience Research, 64*, 317-322.

Fantz, R. L. (1961). The origin of form perception. *Scientific American, 204*, 66-72.

Farroni, T., Chiarelli, A. M., Lloyd-Fox, S., Massaccesi, S., Merla, A., Di Gangi, V., Mattarello, T., Faraguna, D., & Johnson, M.H. (2013). Infant cortex responds to other humans from shortly after birth. *Scientific Reports, 3*, 2851.

Farroni, T., Csibra, G., Simion, F., & Johnson, M. H. (2002). Eye contact detection in humans from birth. *Proceedings of the National Academy of Sciences of the United States of America, 99*, 9602-9605.

Farroni, T., Johnson, H. M., Menon, E., Zulian, L., Faraguna, D. & Csibra, G. (2005). Newborns' preference for face relevant stimuli: Effects of contrast polarity. *Proceeding National Academy of Sciences of the United States of America, 102*, 17245-17250.

Farroni, T., Menon, E., Rigato, S., & Johnson, M. H. (2007). The perception of facial expressions in newborns. *European Journal of Developmental Psychology, 4*, 2-13.

Frank, M. C., Vul, E., Johnson, S. P. (2009). Development of infants' attention to faces during the first year. *Cognition, 110*(2), 160-170.

Geldart, S., Mondloch, C., Maurer, D., de Schonen, S., & Brent, H. (2002). The effects of early visual deprivation on the development of face processing. *Developmental Science, 5*, 490-501.

Gliga, T., Elsabbagh, M., Andravizou, A., & Johnson, M. (2009). Faces attract infants'

attention in complex displays. *Infancy, 14*(5), 550-562.

Halit, H., de Haan, M., & Johnson, M. H. (2003). Cortical specialisation for face processing: Face-sensitive event-related potential components in 3- and 12-month-old infants. *NeuroImage, 19*, 1180-1193.

Haxby, J. V., Hoffman, E. A., & Gobbini, M. I. (2000). The distributed human neural system for face perception. *Trends in Cognitive Sciences, 4*(6), 223-233.

Hood, B.M. & Atkinson, J. (1993). Disengaging visual attention in the infant and adult. *Infant Behavior and Development, 16*(4), 405-422.

Kanwisher, N., McDermott, J., & Chun, M. M. (1997). The fusiform face area: A module in human extrastriate cortex specialized for face perception. *Journal of Neuroscience, 17*(11), 4302-4311.

Kelly, D. J., Quinn, P. C., Slater, A. M., Lee, K., Gibson, A., Smith, M., Ge, L., & Pascalis, O. (2005). Three-month-olds, but not newborns, prefer own-race faces. *Developmental Science, 8*, F31-F36.

Kelly, D. J., Liu, S., Ge, L., Quinn, P. C., Slater, A. M., Lee, K., Liu, Q., & Pascalis, O. (2007a). Cross-race preferences for same-race faces extend beyond the African versus Caucasian contrast in 3-month-old infants. *Infancy, 11*, 87-95.

Kelly, D. J., Quinn, P. C., Slater, A. M., Lee, K., Ge, L., & Pascalis, O. (2007b). The other-race effect develops during infancy: Evidence of perceptual narrowing. *Psychological Science, 18*, 1084-1089.

Kobayashi, M., Otsuka, Y., Nakato, E.,Kanazawa, S., Yamaguchi, M. K., & Kakigi, R. (2011). Do infants represent the face in a viewpoint-invariant manner? Neural adaptation study as measured by near-infrared spectroscopy. *Frontiers in Human Neuroscience, 5*, 153.

Kobayashi, M., Otsuka, Y., Kanazawa, S., Yamaguchi M. K., & Kakigi, R. (2012). Size-invariant representation of face in infant brain: fNIRS-adaptation study. *NeuroReport, 23*(17), 984-988.

Le Grand, R., Mondloch, C. J., Maurer, D., & Brent, H. P. (2001). Early visual experience and face processing. *Nature, 410*, 890.

Leo, I., & Simion, F. (2009a). Face processing at birth: A Thatcher illusion study. *Developmental Science, 12*, 492-498.

Leo, I., & Simion, F. (2009b). Newborns' Mooney-face perception. *Infancy, 14*, 641-653.

Lloyd-Fox, S., Blasi, A., & Elwell, C.E. (2010). Illuminating the developing brain: The past, present and future of functional near infrared spectroscopy. *Neuroscience & Biobehavioral Reviews, 34*, 269-284.

Lovén, J., Herlitz, A., Rehnman, J. (2011). Women's own-gender bias in face recognition memory. *Experimental Psychology. 58*(4), 333-40.

Macchi Cassia, V., Turati, C. & Simion, F. (2004). Can a non specific bias toward top-heavy patterns explain newborns' face preference? *Psychological Science, 15*, 379-383.

Matsuzawa, T. & Shimojo, S. (1997). Infants' fast saccades in the gap paradigm and development of visual attention. *Infant Behavior and Development, 20*(4), 449-455.

McCleery, J. P, Akshoomoff, N., Dobkins, K. R. & Carver, L. J. (2009). Atypical face vs. object processing and hemispheric asymmetries in 10-month-old infants at risk for autism. *Biological Psychiatry, 66*(10), 950-957.

Mondloch, C. J., Robbins, R., & Maurer, D. (2010). Discrimination of facial features by adults, 10-year-olds, and cataract-reversal patients. *Perception, 39*, 184-194.

Mondloch, C. J., Segalowitz, S. J., Lewis, T. L., Dywan, J., Le Grand, R., & Maurer, D. (2013). The effect of early visual deprivation on the development of face detection. *Developmental Science, 16*(5), 728-42.

Mooney, C. M. (1957). Age in the development of closure ability in children. *Canadian Journal of Psychology, 11*, 216-226.

Nakato, E., Otsuka, Y., Kanazawa, S., Yamaguchi, M. K., Watanabe, S., & Kakigi, R. (2009). When do infants differentiate profile face from frontal face? A near-infrared spectroscopic study. *Human Brain Mapping, 30*(2), 462-72.

Nakato, E., Otsuka, Y., Kanazawa, S.,Yamaguchi, M. K., & Kakigi, R. (2011a). Distinct differences in the pattern of hemodynamic response to happy and angry facial expressions in infants: A near-infrared spectroscopic study. *NeuroImage, 54*, 1600-1606.

Nakato, E., Otsuka, Y., Kanazawa, S., Yamaguchi, M. K., Honda, Y., & Kakigi, R. (2011b). I know this face: Neural activity during the mother' face perception in 7- to 8-month-old infants as investigated by near-infrared spectroscopy. *Early Human*

Development, 87, 1-7.

Otsuka, Y. (2013). Face recognition in infants: a review of behavioural and near-infrared spectroscopic studies. *Japanese Psychological Research, 56*(1), 76-90.

Otsuka, Y., Nakato, E., Kanazawa, S., Yamaguchi, M. K., Watanabe, S., & Kakigi, R. (2007). Neural activation to upright and inverted faces in infants measured by near infrared spectroscopy. *Neuroimage, 34*, 399-406.

Otsuka, Y., Hill H. C., Kanazawa, S., Yamaguchi, M. K., & Spehar, B. (2012). Perception of Mooney faces by young infants: Local feature visibility, contrast polarity and motion. *Journal of Experimental Child Psychology, 111*, 164-179.

Pascalis, O., de Haan, M., & Nelson, C. A. (2002). Is face processing species-specific during the first year of life? *Science, 296*(5571), 1321-1323.

Pascalis, O., Scott, L. S., Kelly, D. J., Shannon, R. W., Nicholson, E., Coleman, M., & Nelson, C. A. (2005). Plasticity of face processing in infancy. *Proceedings of the National Academy of Sciences of the United States of America, 102*, 5297-5300.

Pascalis, O., & de Schonen, S. (1994). Recognition memory on3- to 4-day-old human neonates. *NeuroReport, 5*, 1721-1724.

Puce, A., Allison, T., Asgari, M., Gore, J. C., & McCarthy, G. (1996). Differential sensitivity of human visual cortex to faces, letterstrings, and textures: A functional magnetic resonance imaging study. *Journal of Neuroscience, 16*(16), 5205-5215.

Quinn, P. C., Yahr, J., Kuhn, A., Slater, A. M., & Pascalils, O. (2002). Representation of the gender of human faces by infants: A preference for female. *Perception, 31*, 1109-1121.

Rossion, B., Delvenne, J.F., Debatisse, D., Goffaux, V., Bruyer, R., & Crommelinck, M., et al. (1999). Spatio-temporal localization of the face inversion effect: An event-related potentials study. *Biological Psychology, 50*, 173-189.

Sangrigoli, S., & De Schonen, S. (2004). Recognition of own-race and other-race faces by three-month-old infants. *Journal of Child Psychology and Psychiatry, 45*, 1219-1227.

Sangrigoli, S., Pallier, C., Argenti, A.-M. , Ventureyra, V. A. G., & de Schonen, S. (2005). Reversibility of the other-race effect in face recognition during childhood. *Psychological Science, 16*, 440-444.

Simion, F., Macchi Cassia, V., Turati, C., & Valenza, E. (2001). The origins of face perception: Specific vs non-specific mechanisms. *Infant and Child Development, 10*, 59-65.

Simion, F., Valenza, E., Macchi Cassia, V., Turati, C., & Umiltà, C. (2002). Newborns' preference for up-down asymmetrical configurations. *Developmental Science, 5*, 427-434.

Slater, A., Quinn, P. C., Hayes, R., & Brown, E. (2000). The role of facial orientation in newborn infants' preference for attractive faces. *Developmental Science, 3*, 181-185.

Thompson, P. (1980). Margaret Thatcher: A new illusion. *Perception, 9*(4), 483-484.

Turati, C., Valenza, E., Leo, I. & Simion, F. (2005). Three-month-old visual preference for faces and its underlying visual processing mechanisms. *Journal of Experimental Child Psychology, 90*, 255-273.

Turati, C., Macchi Cassia, V., Simion, F., & Leo, I. (2006). Newborns' face recognition: Role of inner and outer facial features. *Child Development, 77*, 297-231.

Viola, P., & Jones, M. (2001). Rapid object detection using a boosted cascade of simple features. *Proceedings of the 2001 IEEE Computer Society Conference on Computer Vision and Pattern Recognition.* CVPR 2001, pp.511, doi: 10.1109/CVPR.2001.990517

Wilmer, J.B., Germine, L., Chabris, C.F., Chatterjee, G., Williams, M., Loken, E., Nakayama, K., Duchaine, B. (2010). A genetic basis for face memory: Evidence from twins. *Proceedings of the National Academy of Sciences of the United States of America. 107*, 5238-5241.

Zhu, Q., Song, Y., Hu, S., Li, X., Tian, M., Zhen, Z., Dong, Q., Kanwisher, N., Liu, J. (2010). Heritability of the specific cognitive ability of face perception. *Current Biology, 20*(2), 137-42.

4　コミュニケーション行動の発達と障害

Ainsworth, M. D. S., & Bell, S. M. (1970). Attachment, exploration, and separation: Illustrated by the behavior of one-year-olds in a strange situation. *Child Development, 41*, 49-67.

American Psychiatric Association. (2013). *Diagnostic and Statistical Manual of Mental Disorders* (5th ed.). Washington, DC: American Psychiatric Publishing. (日本精神

神経学会（監修）(2014). DSM-5 精神疾患の分類と診断の手引. 医学書院.)

Amsterdam, B. (1972). Mirror self-image reactions before age two. *Developmental Psychobiology, 5*(4), 297-305.

Argyle, M., Salter, V., Nicholson, H., Williams, M., & Burgess, P. (1970). The communication of inferior and superior attitudes by verbal and non-verbal signals. *British Journal of Social and Clinical Psychology, 9*, 222-231.

Autism and Developmental Disabilities Monitoring Network Surveillance Year 2006 Principal Investigators. (2009). *Prevalence of autism spectrum disorders-Autism and developmental disabilities monitoring network, United States, 2006. MMWR Surveill Summ, 58*(10), 1-20.

Baron-Cohen, S., Leslie, A. M., & Frith, U. (1985). Does the autistic child have a "theory of mind"? *Cognition, 21*(1), 37-46.

Berlo, D. K. (1960). *The Process of Communication: An introduction to theory and practice*. New York: Holt, Rinehart and Winston.

Bushnell, I. (2001). Mother's face recognition in newborn infants: Learning and memory. *Infant and Child Development, 10*(1-2), 67-74.

Carpenter, G. (1974). Mother's face and the newborn. *New Scientist, 61*, 742-744.

Dalton, K. M., Nacewicz, B. M., Johnstone, T., Schaefer, H. S., Gernsbacher, M. A., Goldsmith, H. H., Alexander, A. L., & Davidson, R. J. (2005). Gaze fixation and the neural circuitry of face processing in autism. *Nature Neuroscience, 8*, 519-526.

Dawson, G., & McKissick, F. C. (1984). Self-recognition in autistic children. *Journal of Autism and Developmental Disorders, 14*(4), 383-394.

Dawson, G., Osterling, J., Meltzoff, A. N., and Kuhl, P. (2000). Case study of the development of an infant with autism from birth to two years of age. *Journal of Applied Developmental Psychology, 21*(3), 299-313.

Devue, C., & Br?dart, S. The neural correlates of visual self-recognition. *Consciousness and Cognition, 20*, 40-51.

Ekman, P., & Friesen, W. V. (1971). Constants across cultures in the face and emotion. *Journal of Personality and Social Psychology, 17*, 124-129.

Ekman, P., Sorenson, E.R. & Friesen, W.V. (1969). Pan-cultural elements in facial displays of emotions. *Science, 164*, 86-88.

Fantz, R. L. (1963). Pattern vision in newborn infants. *Science, 140*, 296-297.

Ferrari, M., & Matthews, W. S. (1983). Self-recognition deficits in autism: Syndrome-specific or general developmental delay? *Journal of Autism and Developmental Disorders, 13*(3), 317-324.

深田博己. (1998). インターパーソナルコミュニケーション —— 対人コミュニケーションの心理学. 京都: 北大路書房.

Gallup, G. G. (1970). Chimpanzees: Self-recognition. *Science, 167*(3914), 86-87.

Gauthier, I., Skudlarski, P., Gore, J. C., & Anderson, A. W. (2000). Expertise for cars and birds recruits brain areas involved in face recognition. *Nature Neuroscience, 3*(2), 191-197.

Gibson, E. J., & Walk, R.D. 1960. Visual cliff. *Scientific American, 202*, 64.

Gunji, A., Goto, T., Kita, Y., Sakuma, R., Kokubo, N., Koike, T., Sakihara, K., Kaga, M., & Inagaki, M. (2013). Facial identity recognition in children with autism spectrum disorders revealed by P300 analysis: A preliminary study. *Brain & Development, 35*, 293-298.

Gunji, A., Inagaki, M., Inoue, Y., Takeshima, Y., & Kaga, M. (2009). Event-related potentials of self-face recognition in children with pervasive developmental disorders. *Brain and Development, 31*(2), 139-147.

Joassin, F., Pesenti, M., Maurage, P., Verreckt, E., Bruyer, R., & Campanella, S. (2011). Cross-modal interactions between human faces and voices involved in person recognition. *Cortex, 47*, 367-376.

北洋輔・軍司敦子・後藤隆章・稲垣真澄・細川徹. (2012). 自閉症スペクトラム障害児に対するソーシャルスキルトレーニングの実践 —— 脳機能計測を利用した客観的評価法. 東北大学大学院教育学研究科研究年報, *61*, 127-143.

Kita, Y., Gunji, A., Goto, T., Sakuma, R., Koike, T., Hosokawa, T., Kaga, M., & Inagaki, M. (2010a). Interventional effects of social-skill training for children with autism spectrum disorders: Quantitative behavioral assessments with two-dimensional motion capture system. *ICNApedia ejournal, 1*, BHV15.

Kita, Y., Gunji, A., Sakihara, K., Inagaki, M., Kaga, M., Nakagawa, E., & Hosokawa, T. (2010b). Scanning strategies do not modulate face identification: Eye-tracking and

near-infrared spectroscopy study. *PLoS One, 5*(6), e11050.

北洋輔・稲垣真澄. (2012). 自閉症スペクトラム障害の顔認知. *BRAIN and NERVE, 64*(7), 821-830.

Kita, Y., Gunji, A., Inoue, Y., Goto, T., Sakihara, K., Kaga, M., Inagaki, M., & Hosokawa, T. (2011). Self-face recognition in children with autism spectrum disorders: A near-infrared spectroscopy study. *Brain and Development, 33*, 494-503.

Lee, A., Hobson, R. P., & Chiat, S. (1994). I, you, me, and autism: An experimental study. *Journal of Autism and Developmental Disorders, 24*(2), 155-176.

Mans, L., Cicchetti, D., & Sroufe, L. A. (1978). Mirror reactions of Down's syndrome infants and toddlers: Cognitive underpinnings of self-recognition. *Child Development, 49*(4), 1247-1250.

Merabian, A. (1968). Communication without words. *Psychological Today, 2*, 53-55.

Nakato, E., Otsuka, Y., Kanazawa, S.,Yamaguchi, M. K., Honda,Y., & Kakigi, R. (2011). I know this face: Neural activity during the mother' face perception in 7- to 8-month-old infants as investigated by near-infrared spectroscopy. *Early Human Development, 87*, 1-7.

Neisser, U. (1988). Five kinds of self-knowledge. *Philosophical Psychology, 1*(1), 35-59.

Neuman, Cynthia J., & Hill, Suzanne D. (1978). Self-recognition and stimulus preference in autistic children. *Developmental Psychobiology, 11*(6), 571-578.

Ochsner, K. N., Beer, J. S., Robertson, E. R., Cooper, J. C., Gabrieli, J. D., Kihsltrom, J. F., & D'Esposito, M. (2005). The neural correlates of direct and reflected self-knowledge. *NeuroImage, 28*(4), 797-814.

Osterling, J., & Dawson, G. (1994). Early recognition of children with autism: A study of first birthday home videotapes. *Journal of Autism & Devlopmental Disorders, 24*(3), 247-257.

Quinn, P. C., Yahr, J., Kuhn, A., Slater, A. M., & Pascalis, O. (2002). Representation of the gender of human faces by infants: A preference for female. *Perception, 31*(9), 1109-1121.

Robins, D. L., Casagrande, K., Barton, M., Chen C. M. A., Dumont-Mathieu, D., & Fein, D. (2013). Validation of the modified checklist for autism in toddlers, revised with follow-up (M-CHAT-R/F). *Pediartrics, 155*, 37-45.

佐久間隆介・軍司敦子・後藤隆章・北洋輔・小池敏英・加我牧子・稲垣真澄. (2012). 二次元尺度化による行動解析を用いた発達障害児におけるソーシャルスキルトレーニングの有効性評価. 脳と発達, *44*, 320-326.

Schmitz, T. W., Kawahara-Baccus, T. N., Johnson, S. C. (2004). Metacognitive evaluation, self-relevance, and the right prefrontal cortex. *Neuroimage, 22*, 941-947.

Spiker, D., & Ricks, M. (1984). Visual self-recognition in autistic children: Developmental relationships. *Child Development, 55*(1), 214-225.

田中真理・廣澤満之・小林望. (2006). 高機能広汎性発達障害児における表情への注意の指向性と感情理解. LD 研究, *15*, 110-117.

van Elk, M., van Schie, H. T., Hunnius, S., Vesper, C., & Bekkering, H. (2008). You'll never crawl alone: Neurophysiological evidence for experience-dependent motor resonance in infancy. *Neuroimage, 43*, 808-814.

Vargas, M. F. (1986). *Louder than Words: An introduction to nonverval communication*. Ames, IA: Iowa State University press. (石丸正（訳）(1987). 非言語コミュニケーション. 東京: 新潮社.)

Vogeley, K., Kurthen, M., Falkai, P., & Maier, W. (1999). Essential functions of the human self model are implemented in the prefrontal cortex. *Consciousness and Cognition, 8*(3), 343-363.

Walk, R. D., & Gibson, E. J. (1961). A comparative and analytical study of visual depth perception. *Psychological Monographs: General and Applied, 75*, 1-44.

Wang, A. T., Lee, S. S., Sigman, M., & Dapretto, M. (2007). Reading affect in the face and voice: Neural correlates of interpreting communicative intent in children and adolescents with autism spectrum disorders. *Archives of General Psychiatry, 64*, 698-708.

和辻哲郎. (1934). 人間の学としての倫理学. 東京: 岩波書店.

White, B. L. (1970). Experience and the development of motor mechanism in infancy. In Connolly, K. (ED.) *Mechanisms of Motor Skill Development*. London: London academic press.

Wimmer, H., & Perner, J. (1983). Beliefs about beliefs: Representation and constraining function of wrong beliefs in young children's understanding of deception. *Cognition, 13*(1), 103-128.

5　母子の絆と社会脳

青山志緒里・斉藤由里・福原里恵・福本理恵・利島 保. (2006). 母子の絆形成における嗅覚刺激と血行動態反応の関連について(3). 日本心理学会第70回大会論文集, 3PM145.

Aoyama, S., Toshima, T., Saito, Y., Konishi, N., Motoishige, K., Ishikawa, N., Nakamura, K., & Kobayashi, M. (2010). Maternal breast milk odour induces frontal lobe activation in neonates: A NIRS study. *Early Human Development, 86*, 541-545.

Banks, M. S., & Salapatek, P. (1978). Acuity and contrast sensitivity in 1-, 2-, and 3-month-old human infants. *Investigative Ophthalamology and Visual Science, 17*, 361-365.

Bartrip, J., Morton, J., & deSchonen, S. (2001). Responses to mother face in 3-week to 5-month-old infants. *British Journal of Developmental Psychology, 19*, 219-232.

Barbas, H. (1993). Organization of cortical afferent input to the orbitofrontal area in the rhesus monkey. *Neurocience, 56*, 841-864.

Barbas, H. (1988). Anatomical organization of basic ventral and mid dorsal visual recipient prefrontal regions in the rhesus monkey. *Journal of Comparative Neurology, 276*, 313-342.

Bartocci, M., Winberg, J., Ruggiero, C., Bergqvist, L. L., Serra, G., & Lagercrantz, H. (2000). Activation of olfactory cortex in newborn infants after odor stimulation: A functional near- infrared spectroscopy study. *Pediatric Research, 48*, 18-23.

Baylis, L. L., Rolls, E. T., & Baylis, G. C. (1994). Affective connections of the orbitofrontal cortex taste area of the primate. *Science, 46*, 801-812.

Bhatt, R., Bertin, E., Hayden, A., & Reed, A. (2005). Face processing in infancy: developmental changes in the use of different kinds of relational information. *Child Development, 76*, 169-181.

Brazerton, T. B. (1981). *On Becoming a Family? the growth of attachment.* New York: Delacorte Press/Seymour Lawrence.（小林登（訳）(1982). ブラゼルトンの親と子のきずな ── アタッチメントを育てるとは？　医歯薬出版.）

Cohen, L. B., & Strauss, M. S. (1979). Concept acquisition in the human infant. *Child Development, 61*, 1584-1595.

Cooper, R. P., & Aslin, R. N. (1990). Preference for infant-direct speech in the first

month after Birth. *Child Development, 61*, 1584-1595.

Dawson, G., & Fischer, K. W. (1994). *Human Behavior and the Developing Brain*. New York, NY: The Guilford Press.

Dawson, D., & Ashman, S. B., (2000). On the origins of a vulnerability to depression: The influence of the early social environment on the development of psychobiological systems related to risk for affective disorder. In C. A. Nelson (Ed.), *The Minnesota symposia on child development Vol. 31: The effects on early adversity on neurobehavioral development*. Mahwah: Lawrence Erlbaum Associates, 245-279.

DeCasper, A. J., & Fifer, W. P. (1980). Of human bonding: Newborns prefer their mothers' voices. *Science, 208*, 1174-1176.

DeCasper, A. J., & Spence, M. J. (1986). Prenatal maternal speech influences newborns' perception of speech sound. *Infant Behavior & Development, 9*, 133-150.

Eliot, L. (1999). *What's Going On In There? How the brain and mind develop in the first five years of life*. New York: Bantam Books.

Ferguson, C. A. (1964). Baby talk in six languages. *American Anthropologist, 66*, 103-114.

Fernald, A. (1992). Meaningful melodies in mother's speech to infants. In H. Papousek, U. Jurgens, & M. Papousek (Eds.), *Nonverbal Vocal Communication: Comparative and developmental approaches*. UK Cambridge: Cambridge University Press, 262-282.

Foote, S. L., (1999). Development and vulnerability: New perspectives for anxiety disorders. *Biological Psychiatry, 46*, 1457-1460.

Fox, N. A., & Davidson, R. J. (1986). Taste-elicited changes in facial signs of emotion and the asymmetry of brain electrical activity in human newborns. *Neuropsychologia, 24*, 417-422.

福原里恵・近藤武夫・藤原信・木原裕貴・中村朱里・岩永甲午郎・利島保. (2005). 極低出生体重児における痛み刺激前後の脳血流の変化（第 1 報）. 日本周産期・新生児医学会雑誌, *41*, 277.

福原里恵・利島保・近藤武夫・藤原信・木原裕貴・中村朱里・岩永甲午郎. (2008). 極低出生体重児における痛み刺激前後の脳血流の変化（第 4 報）. 日本周産期・新生児医学会雑誌, *44*, 636.

Gerhardt, S. (2004). *Why Love Maters: How affection shapes a baby's brain*. New York,

NY: Brunner-Routledge.

Glenn, S. M., & Cunningham, C. C. (1983). What do babies listen to most? A developmental study of auditory preferences in non-handicapped infants and infants with Down's syndrome. *Developmental Psychology, 19*, 332-337.

Goldman-Rakic, P. S., Isseroff, A., Schwartz, M. L., & Bugbee, N. M. (1983). The neurobiology of cognitive development. In P.H. Mussen (Ed.), *Handbook of Child Development Psychology* 4th ed. New York, NY: Wiley. 281-344.

Goren, C., Sarty, M., & Wu, P. (1975). Visual following and pattern discrimination of face like stimuli by newborn infants. *Pediatrics, 56*, 544-549.

橋本優花里・利島保・小林正夫・近藤武夫. (2003). 乳幼児の認知・情動的クオリアの発達に関する神経心理学的研究（２）. 日本心理学会第67回大会論文集, 621.

Harlow, H. (1958). The nature of love. *American Psychologist, 13*, 573-685.

Hill, D. L., Mistretta, C. M., & Bradley, R. M. (1986). Effects of dietary NaCl deprivation during early development on behavioral and neurophysiological taste responses. *Behavioral Neuroscience, 100*, 390-398.

Huttenlocher, P. R. (1990). Morphometric study of human cerebral cortex development. *Neuropsychologia, 28*, 517-527.

Jusczyk, P. W., Houston, D. M., & Newsome, M. (1999). The beginnings of word segmentation in English-learning infants. *Cognitive Psychology, 39*, 159-207.

小林登 (1990). マツダ財団第6回講演会記録「母と子のきずな ── 家庭教育の原点」財団法人マツダ財団.

小林登・石井威望・高橋悦二郎・渡辺富夫・加藤忠明・多田裕. (1983). 周生期の母子コミュニケーションにおけるエントレイメントとその母子相互作用としての意義. 周産期医学, *13*, 1883-1896. 小林登. (1990). マツダ財団第6回講演会記録「母と子のきずな ── 家庭教育の原点」. 財団法人マツダ財団.

小嶋謙四郎. (1968). 乳幼児期の母子関係. 東京：医学書院.

小嶋謙四郎. (1969). 母子関係と子どもの性格. 東京：川島書店.

Kondou, T., Toshima, T., & Hashimoto, Y. (2004). Different infant's brain activation for mother and stranger in strange situation: A near-infrared spectroscopy study.

Brain Impairment, 5, 156.

Klaus, M. H., & Kennell, J. K. (1976). *Maternal-Infant Bonding: The impact of early separation or loss on family development*. St. Louis: The C.V. Mosby Co.（竹内徹・柏木哲夫（訳）(1979). 母と子のきずな ── 母子関係の原点を探る. 医学書院.）

LaBarbera, J. D., Izard, C. E., Vietze, P., & Parisi, S. A. (1976). Four- and six-moth-old infants' visual response to joy, anger and neutral expressions. *Child Development, 47*, 535-538.

Macchi, C. V., Simon, F., & Umilta, C. (2001). Face preference at birth: The role of an orienting mechanism. *Developmental Science, 4*, 101-108.

Macfarlance, A. (1975). Olfaction in the development of social preferences in the human neonate. *Ciba Foundation Symposium, 33*, 103-113.

Main, M. (1991). Metacognitive knowledge, metacognitive monitoring, and singular (coherent) vs. multiple (incoherent) models of attachment: Findings and directions for future research. In C. M. Parkes, J. Stevenson-Hinde, & P. Marris (Eds.), *Attachment Across the Life Cycle*. New York: Routledge, 127-159.

Mehler, J., Jusczyk, P. W., Lambert, G., Halsted, N., Bertoncini, J., & Amiel-Tison, C. (1988). A precursor of language acquisition in young infant. *Cognition, 29*, 143-178.

Meltzoff, A. N., & Moore, M. K. (1977). Imitation of facial and manual gesture by human neonates. *Science, 198*. 75.

Mizukami, K., Kobayashi, N., Ishi, T., & Iwata, H. (1990). First selective attachment begins in early infancy: A study using telethermography. *Infant Behavior and Development, 13*, 257-271.

Nelson, C. A., & Dolgin, K. (1985). The generalization discrimination of facial expressions by 7-month-old infants. *Child Development, 56*, 58-61.

Nelson, C. A. (2000). *The Minnesota Symposia on child Psychology. Vol.31: The effects of early adversity on neurobehavioral development*. Mahwah, NJ: Lawrence Erbaum Associate.

Ongür, D. & Price, J. L. (2000). The organization of networks within the orbital and medial prefrontal cortex of rats, monkeys and humans. *Journal of Comparative Neurology, 323*, 341-358.

Pena, M., Maki, A., Kovacic, D., Dehaene-Lambertz, G., Koizumi, H., Bouquet, F., & Mehler, J. (2003). Sounds and silence: An optical topography study of language recognition at birth. *Procedings of the National Academy of Science of the United States of America. 100*, 11702-11705.

Pegg, J. E., Werker, J. F., & McLeod, P. J. (1992). Preference for infant-directed over adult-directed speech: Evidence from 7-week-old infants. *Infant Behavior and Development, 15*, 325-345.

Portes, H. H., Makin, J. W., Davis, L. B., & Christensen, K. M. (1991). An assessment of the salient of olfactory environment of formula-fed infants. *Physiology and Behavior, 50*, 907-911.

Rolls, E. T. (2004). The functions of the orbitofrontal cortex. *Brain and Cognition, 55*, 11-29.

Rolls, E. T., & Baylis, I. L. (1994). Gustatory, olfactory and visual convergence within the primate orbitofrontal cortex. *Journal of Neuroscience, 14*, 5437-5452.

Russell, M. (1976) . Human olfactory communication. *Nature, 260*, 907-911.

斉藤由里. (2006). 乳児の表情認識における脳血行動態反応. 広島大学大学院教育学研究科紀要第三部（教育人間科学関連領域）, *55*, 253-258.

Saito, Y., Aoyama, S., Kondo, K., Fukumoto, R., Konishi, N., Nakamura, K., Kobayashi, M., & Toshima, T. (2007a). Frontal cerebral blood flow change associated with infant-directed speech (IDS). *Archives of Disease in Childhood, Fetal and Neonatal Edition, 92*, 113-116.

Saito, Y., Kondo, T., Aoyama, S., Fukumoto, R., Konishi, N., Nakamura, K., Kobayashi, M., & Toshima, T. (2007b). The function of the frontal lobe in neonates for response to a prosodic voice. *Early Human Development, 83*, 225-230.

Saito, Y. , Fukuhara, R., Aoyama, S., & Toshima, T. (2009). Frontal brain activation in premature infants' response to auditory stimuli in neonatal intensive care unit. *Early Human Development, 85*, 471-474.

Sherrod, L. R. (1981). Issues in cognitive-perceptual development: The special case of social stimuli. In M. E. Lamb & L. R. Sherrod (Eds.), *Infant Social Cognition: Empirical and theoretical considerations*. Hillsdale, NJ: Lawrence Erlbaum Associates. 11-36.

Schore, A. N. (1994). *Affect Regulation and the Origin of the Self.* Hillsdale: Lawrence Erbaum Associates.

Spitz, R. A. (1962). *Die Entstehung der Ernsten Objektbezihungen: Direct Beobachtungen an Sauglingen wahrend des ersten Lebensjahres.* Tubingen: Klett-Cotta (古賀行義(訳)(1964). 母 - 子関係の成りたち ── 生後1年間における乳児の直接観察. 同文書院.)

利島保・小林正夫・橋本優花里・近藤武夫. (2003). 乳幼児の認知・情動的クオリアの発達に関する神経心理学的研究（1）. 日本心理学会第67回大会論文集, 617.

Stern, D. N., Spieker, S., & MacKain, K. (1982). Intonation contours as signals in maternal speech to prelinguistic infants. *Developmental Psychology, 18*, 727-735.

安松聖高・内田誠也・菅野久信・鈴木尊志. (1994). 乳児の脳波に及ぼす母乳とオレンジの香りの影響. 産業医科大学雑誌, *16*, 71-83.

Yamamoto, T., & Kato, T. (2002). Paradoxical correlation between signal in functional magnetic resonance imaging and deoxygenated haemoglobin content in capillaries: A new theoretical explanation. *Physiology and Medical Biology, 47*, 1121-1141.

6　子どもの認知的抑制機能と前頭葉

Aron, A. R., Robbins, T. W., & Poldrack, R. A. (2004). Inhibition and the right inferior frontal cortex. *Trends in Cognitive Sciences, 8*(4), 170-177. doi: http://dx.doi.org/10.1016/j.tics.2004.02.010

Aron, A. R., Robbins, T. W., & Poldrack, R. A. (2014). Inhibition and the right inferior frontal cortex: One decade on. *Trends in Cognitive Sciences, 18*(4), 177-185.

Baron-Cohen, S., Leslie, A. M., & Frith, U. (1985). Does the autistic child have a"theory of mind"? *Cognition, 21*(1), 37-46.

Bedard, A.-C., Nichols, S., Barbosa, J. A., Schachar, R., Logan, G. D., & Tannock, R. (2002). The development of selective inhibitory control across the life span. *Developmental Neuropsychology, 21*(1), 93-111.

Chelune, G. J., & Baer, R. A. (1986). Developmental norms for the Wisconsin Card Sorting test. *Journal of Clinical and Experimental Neuropsychology, 8*(3), 219-228.

Gerstadt, C. L., Hong, Y. J., & Diamond, A. (1994). The relationship between

cognition and action-performance of children 31/2-7 years old on a Stroop-Like Day-Night Test. *Cognition, 53*(2), 129-153.

Grant, B. A., & Berg, E. A. (1948). A behavioral analysis of degree of reinforcement and ease of shifting to new responses in a Weigl-type card-sorting problem. *Journal of Experimental Psychology, 38*, 404-411.

Happé, F. (1999). Autism: cognitive deficit or cognitive style? *Trends in Cognitive Sciences, 3*(6), 216-222.

Happé, F., Ronald, A., & Plomin, R. (2006). Time to give up on a single explanation for autism. *Nature Neuroscience, 9*(10), 1218-1220. doi: Doi 10.1038/Nn1770

Hill, E. L. (2004). Executive dysfunction in autism. *Trends in Cognitive Sciences, 8*(1), 26-32. doi: DOI 10.1016/j.tics.2003.11.003

Hughes, C., Russell, J., & Robbins, T. W. (1994). Evidence for executive dysfunction in autism. *Neuropsychologia, 32*(4), 477-492.

Ikeda, Y., Okuzumi, H., & Kokubun, M. (2014). Age-related trends of inhibitory control in Stroop-like big-small task in 3 to 12-year-old children and young adults. *Frontiers in Psychology, 5*, 227. doi: 10.3389/fpsyg.2014.00227

Johnson, M. H. (2011). Interactive specialization: A domain-general framework for human functional brain development? *Developmental Cognitive Neuroscience, 1*(1), 7-21.

Johnson, M. H. (2012). Executive function and developmental disorders: The flip side of the coin. *Trends in Cognitive Sciences.* doi: 10.1016/j.tics.2012.07.001

Konishi, S., Nakajima, K., Uchida, I., Kameyama, M., Nakahara, K., Sekihara, K., & Miyashita, Y. (1998). Transient activation of inferior prefrontal cortex during cognitive set shifting. *Nature Neuroscience, 1*(1), 80-84.

Leon-Carrion, J., Garcia-Orza, J., & Perez-Santamaria, F. J. (2004). Development of the inhibitory component of the executive functions in children and adolescents. *International Journal of Neuroscience, 114*(10), 1291-1311.

Mehnert, J., Akhrif, A., Telkemeyer, S., Rossi, S., Schmitz, C. H., Steinbrink, J., . . . Neufang, S. (2013). Developmental changes in brain activation and functional connectivity during response inhibition in the early childhood brain. *Brain and Development, 35*(10), 894-904. doi: http://dx.doi.org/10.1016/

j.braindev.2012.11.006

Milner, B. (1963). Effects of different brain lesions on card sorting: The role of the frontal lobes. *Archives of Neurology, 9*(1), 90.

Moriguchi, Y. (2012). The effect of social observation on children's inhibitory control. *Journal of Experimental Child Psychology, 113*(2), 248-258. doi: http://dx.doi.org/10.1016/j.jecp.2012.06.002

森口佑介. (2012). わたしを律するわたし ― 子どもの抑制機能の発達. 京都: 京都大学学術出版会.

森口佑介. (2014). おさなごころを科学する ― 進化する乳幼児観. 東京: 新曜社.

Moriguchi, Y., Evans, A. D., Hiraki, K., Itakura, S., & Lee, K. (2012). Cultural differences in the development of cognitive shifting: East-West comparison. *Journal of Experimental Child Psychology, 111*(2), 156-163.

Moriguchi, Y., & Hiraki, K. (2009). Neural origin of cognitive shifting in young children. *Proceedings of the National Academy of Sciences USA, 106*(14), 6017-6021. doi: 10.1073/pnas.0809747106

Moriguchi, Y., & Hiraki, K. (2011). Longitudinal development of prefrontal function during early childhood. *Developmental Cognitive Neuroscience, 1*(2), 153-162. doi: DOI: 10.1016/j.dcn.2010.12.004

Munakata, Y., Herd, S. A., Chatham, C. H., Depue, B. E., Banich, M. T., & O'Reilly, R. C. (2011). A unified framework for inhibitory control. *Trends in Cognitive Sciences, 15*(10), 453-459.

Ozonoff, S., & Jensen, J. (1999). Brief report: Specific executive function profiles in three neurodevelopmental disorders. *Journal of Autism and Developmental Disorders, 29*(2), 171-177.

Ozonoff, S., & Strayer, D. L. (1997). Inhibitory function in nonretarded children with autism. *Journal of Autism and Developmental Disorders, 27*(1), 59-77.

Ozonoff, S., Strayer, D. L., McMahon, W. M., & Filloux, F. (1994). Executive function abilities in autism and Tourette syndrome: An information processing approach. *Journal of Child Psychology and Psychiatry, 35*(6), 1015-1032.

Schroeter, M. L., Zysset, S., Kupka, T., Kruggel, F., & von Cramon, D. Y. (2002).

Near-infrared spectroscopy can detect brain activity during a color-word matching Stroop task in an event-related design. *Human Brain Mapping, 17*(1), 61-71.

Simpson, A., & Riggs, K. J. (2007). Under what conditions do young children have difficulty inhibiting manual actions? *Developmental Psychology, 43*(2), 417-428. doi: Doi 10.1037/0012-1649.43.2.417

Stroop, J. R. (1935). Studies of interference in serial verbal reactions. *Journal of Experimental Psychology, 18*(6), 643-662.

Stuss, D., Floden, D., Alexander, M., Levine, B., & Katz, D. (2001). Stroop performance in focal lesion patients: Dissociation of processes and frontal lobe lesion location. *Neuropsychologia, 39*(8), 771-786.

Stuss, D., Levine, B., Alexander, M., Hong, J., Palumbo, C., Hamer, L., . . . Izukawa, D. (2000). Wisconsin Card Sorting Test performance in patients with focal frontal and posterior brain damage: Effects of lesion location and test structure on separable cognitive processes. *Neuropsychologia, 38*(4), 388-402.

Xiao, T., Xiao, Z., Ke, X., Hong, S., Yang, H., Su, Y., . . . Liu, Y. (2012). Response inhibition impairment in high functioning autism and attention deficit hyperactivity disorder: Evidence from near-infrared spectroscopy data. *PloS One, 7*(10), e46569.

Yasumura, A., Kokubo, N., Yamamoto, H., Yasumura, Y., Moriguchi, Y., Nakagawa, E., . . . Hiraki, K. (2012). Neurobehavioral and hemodynamic evaluation of cognitive shifting in children with autism spectrum disorder. *Journal of Behavioral and Brain Science, 2*, 463-470.

Zelazo, P. D. (2006). The Dimensional Change Card Sort (DCCS): A method of assessing executive function in children. *Nature Protocols, 1*(1), 297-301.

Zelazo, P. D., Anderson, J. E., Richler, J., Wallner-Allen, K., Beaumont, J. L., & Weintraub, S. (2013). NIH Toolbox Cognition Battery (NIHTB-CB): Measuring executive function and attention. *Monographs of the Society for Research in Child Development, 78*(4), 16-33. doi: 10.1111/mono.12032

Zelazo, P. D., Frye, D., & Rapus, T. (1996). An age-related dissociation between knowing rules and using them. *Cognitive Development, 11*(1), 37-63. doi: 10.1016/S0885-2014(96)90027-1.

Zysset, S., Müller, K., Lohmann, G., & von Cramon, D. Y. (2001). Color-word

matching Stroop task: Separating interference and response conflict. *NeuroImage, 13*(1), 29-36.

7　社会脳からみた児童虐待

Anda, R. F., Felitti, V. J., Bremner, J. D., Walker, J. D., Whitfield, C., Perry, B. D., Dube, S. R., & Giles, W. H. (2006). The enduring effects of abuse and related adverse experiences in childhood. A convergence of evidence from neurobiology and epidemiology. *European Archives of Psychiatry and Clinical Neuroscience, 256*(3), 174-186.

Andersen, S. L., & Teicher, M. H. (2004). Delayed effects of early stress on hippocampal development. *Neuropsychopharmacology, 29*(11), 1988-1993.

Andersen, S. L., Tomoda, A., Vincow, E. S., Valente, E., Polcari, A., & Teicher, M. H. (2008). Preliminary evidence for sensitive periods in the effect of childhood sexual abuse on regional brain development. *The Journal of Neuropsychiatry and Clinical Neurosciences, 20*(3), 292-301.

Bremner, J. D., Randall, P., Vermetten, E., Staib, L., Bronen, R. A., Mazure, C., Capelli, S., McCarthy, G., Innis, R. B., & Charney, D. S. (1997). Magnetic resonance imaging-based measurement of hippocampal volume in posttraumatic stress disorder related to childhood physical and sexual abuse: A preliminary report. *Biological Psychiatry, 41*(1), 23-32.

Choi, J., Jeong, B., Polcari, A., Rohan, M. L., & Teicher, M. H. (2012). Reduced fractional anisotropy in the visual limbic pathway of young adults witnessing domestic violence in childhood. *Neuroimage, 59*(2), 1071-1079.

Choi, J., Jeong, B., Rohan, M. L., Polcari, A. M., & Teicher, M. H. (2009). Preliminary evidence for white matter tract abnormalities in young adults exposed to parental verbal abuse. *Biological Psychiatry, 65*(3), 227-234.

de Lange, F. P., Koers, A., Kalkman, J. S., Bleijenberg, G., Hagoort, P., van der Meer, J. W., & Toni, I. (2008). Increase in prefrontal cortical volume following cognitive behavioural therapy in patients with chronic fatigue syndrome. *Brain, 131*(Pt 8), 2172-2180.

Lenroot, R. K., Gogtay, N., Greenstein, D. K., Wells, E. M., Wallace, G. L., Clasen, L.

S., Blumenthal, J. D., Lerch, J., Zijdenbos, A. P., Evans, A. C., Thompson, P. M., & Giedd, J. N. (2007). Sexual dimorphism of brain developmental trajectories during childhood and adolescence. *Neuroimage, 36*(4), 1065-1073.

Teicher, M. H. (2010). Commentary: Childhood abuse: New insights into its association with posttraumatic stress, suicidal ideation, and aggression. *Journal of Pediatric Psychology, 35*(5), 578-580.

Teicher, M. H., Dumont, N. L., Ito, Y., Vaituzis, C., Giedd, J. N., & Andersen, S. L. (2004). Childhood neglect is associated with reduced corpus callosum area. *Biological Psychiatry, 56*(2), 80-85.

Teicher, M. H., & Samson, J. A. (2013). Childhood maltreatment and psychopathology: A case for ecophenotypic variants as clinically and neurobiologically distinct subtypes. *The American Journal of Psychiatry.*

Teicher, M. H., Samson, J. A., Polcari, A., & McGreenery, C. E. (2006). Sticks, stones, and hurtful words: Relative effects of various forms of childhood maltreatment. *The American Journal of Psychiatry, 163*(6), 993-1000.

Teicher, M. H., Tomoda, A., & Andersen, S. L. (2006). Neurobiological consequences of early stress and childhood maltreatment: Are results from human and animal studies comparable? *Annals of the New York Academy of Sciences, 1071*, 313-323.

友田明美. (2012). 新版いやされない傷 ── 児童虐待と傷ついていく脳. 東京: 診断と治療社, 1-151.

Tomoda, A., Navalta, C. P., Polcari, A., Sadato, N., & Teicher, M. H. (2009). Childhood sexual abuse is associated with reduced gray matter volume in visual cortex of young women. *Biological Psychiatry, 66*(7), 642-648.

Tomoda, A., Polcari, A., Anderson, C. M., & Teicher, M. H. (2012). Reduced visual cortex gray matter volume and thickness in young adults who witnessed domestic violence during childhood. *PLoS One, 7*(12), e52528.

Tomoda, A., Sheu, Y. S., Rabi, K., Suzuki, H., Navalta, C. P., Polcari, A., & Teicher, M. H. (2011). Exposure to parental verbal abuse is associated with increased gray matter volume in superior temporal gyrus. *Neuroimage, 54* Suppl 1, S280-286.

Tomoda, A., Suzuki, H., Rabi, K., Sheu, Y. S., Polcari, A., & Teicher, M. H. (2009). Reduced prefrontal cortical gray matter volume in young adults exposed to harsh

corporal punishment. *Neuroimage, 47* Suppl 2, T66-71.

van Harmelen, A. L., van Tol, M. J., van der Wee, N. J., Veltman, D. J., Aleman, A., Spinhoven, P., van Buchem, M. A., Zitman, F. G., Penninx, B. W., & Elzinga, B. M. (2010). Reduced medial prefrontal cortex volume in adults reporting childhood emotional maltreatment. *Biological Psychiatry, 68*(9), 832-838.

8　加齢とワーキングメモリ

Baddeley, A. D. (1986). *Working memory*. New York: Oxford University Press.

Braver, T. S., Barch, D. M., Gray, J. R., Molfese, D. L., & Snyder, A. (2001). Anterior cingulate cortex and response confliet: Effects of frequency, inhibition and errors. *Cerebral Cortex, 11*, 825-836.

Cabeza, R. (2001). Cognitive neuroscience of aging: Contributions of functional neuroimaging. *Scandinavian Journal of Psychology, 42*, 277-286.

Cabeza, R., Anderson, N. D., Locantore, J. K., & McIntosh, A. R. (2002). Aging Gracefully: Compensatory brain activity in high-performing older adults. *Neuroimage, 17*, 1394-1402.

Cabeza, R., Grady, C. L., Nyberg, L., McIntosh, A. R., Tulving, E., Kapur, S., Jeninnings, J. M., Houle, S., & Craik, F. I. M. (1997). Age-related differences in neural activity during memory encoding and retrieval: A positron emission tomography study. *Journal of Neuroscience, 17*, 391-400.

Cabeza, R., & Nyberg, L. (2000). Imaging cognition II: An empirical review of 275 PET and fMRI studies. *Journal of Cognitive Neuroscience, 12*, 1-47.

Corbetta, M., Patel, G., & Shulman, G. L. (2008). The reorienting system of the human brain: from environment to theory of mind. *Neuron, 58*, 306-324.

Craik, F. I. M., & Salthouse, T. A. (2000). *Handbook of aging and cognition* (2nd ed.). Mahwah, NJ/London: Lawrence Erlbaum Associates.

MacDonald, A. W., III, Cohen, J. D., Stenger, V. A., & Carter, C. S. (2000). Dissociating the role of the dorsolateral prefrontal and anterior cingulate cortex in cognitive control. *Science, 288*, 1835-1838.

Madden, D. J., Whiting, W. L., Huettel, S. A., White, L. E., MacFall, J. R., & Provenzale, J. M. (2004). Diffusion tensor imaging of adult agc differences in cerebral

white matter: Relation to response time. *Neuroimage, 21*, 1174-1181.

Mayr, U., Spieler, D. H., & Kliegl, R. (2001). *Aging and executive control*. Hove, UK: Psychology Press.

苧阪満里子 (2002). 脳のメモ帳：ワーキングメモリー　新曜社.

苧阪満里子 (2006). ワーキングメモリにおける注意のフォーカスと抑制の脳内表現.　心理学評論, *49*, 341-357.

苧阪満里子 (2009). 高齢者のワーキングメモリとその脳内機構.　心理学評論, *52*, 276-286.

苧阪満里子 (2014). もの忘れの脳科学. 講談社　ブルーバックス.

Osaka, M., Komori, M., Morishita, M., & Osaka, N. (2007). Neural bases of focusing attention in working memory: An fMRI study based on group differences. *Cognitive, Affective, and Behavioral Neuroscience, 7*, 130-139.

Osaka, M., & Osaka, N. (2007). Neural bases of focusing attention in working memory: An fMRl study based on individual differences. In N. Osaka, R. Logie, & M. D'Esposito (Eds.), *The cognitive neuroscience of working memory* (pp.99-118). Oxford: Oxford University Press.

Osaka, M., Otsuka, Y., & Osaka, N. (2012a). Verbal to visual code switching improves working memory in older adults: An fMRI study. *Frontiers in Human Neuroscience, 6*, 24.

Osaka, M., Yaoi, K., Otsuka, Y., Katsuhara, M., & Osaka, N. (2012b). Practice on conflict tasks promotes executive function of working memory in the elderly. *Behavioural Brain Research, 233*, 90-98.

Otsuka, Y., Osaka, N., & Osaka, M. (2008). Functional asymmetry of superior parietal lobule for working memory in the elderly. *Neuroreport, 19*, 1355-1359.

Persson, J., Nyberg, L., Lind, J., Larsson, A., Nilsson, L., Ingvar, M., & Buckner, R. L. (2006). Structure-function correlates of cognitive decline in aging. *Cerebral Cortex, 16*, 907-915.

Raz, N. (2004). The aging brain observed in vivio: Differential changes and their modifiers. In N. Cabeza, L. Nyberg, & D. C. Park (Eds.), *Cognitive neuroscience of aging: Linking cognitive and cerebral aging* (pp.19-57). New York: Oxford University Press.

Resnick, S. M., Pham, D. L., Kraut, M. A., Zonderman, A. B., & Davatzikos, C. (2003). Longitudinal magnetic resonance imaging studies of older adults: A shrinking brain. *Journal of Neuroscience, 23*, 3295-3301.

Reuter-Lorenz, P. A. (2002). New visions of the aging mind and brain. *Trends in Cognitive Sciences, 6*, 394-400.

Salthouse, T. A. (1996). The processing speed theory of adult age differences in cognition. *Psychological Review, 103*, 403-428.

Sarter, M., & Bruno, J. P. (2004). Developmental origins of the age-related decline in cortical cholinergic function and associated cognitive abilities. *Neurobiological Aging, 25*, 1127-1139.

Smith, E. E., Geva, A., Jonides, J., Miller, A., Reuter-Lorenz, P., & Koeppe, R. A. (2001). The neural basis of task-switching in working memory: Effects of performance and aging. *Proceedings of the National Academy of Sciences of the United States of America, 98*, 2095-2100.

Smith, E. E., & Jonides, J. (1999). Storage and executive processes in the frontal lobes. *Science, 283*, 1657-1661.

West, R. L. (1996). An application of prefrontal cortex function theory to cognitive aging. *Psychological Bulletin, 120*, 270-292.

9　認知症者と社会脳

American Psychiatric Association (2013). *Diagnostic and statistical manual of mental disorders fifth edition*. American Psychiatric Association, pp.602-611.（髙橋三郎・大野裕（監訳), 染矢俊幸・神庭重信・尾崎紀夫・三村將・村井俊哉（訳）(2014) DSM-5精神疾患の診断・統計マニュアル．医学書院.）

Baron-Cohen, S., Leslie, A.M., & Frith, U. (1985). Does the autistic child have a'theory of mind'? *Cognition, 21*, 37-46.

Baron-Cohen, S., Jolliffe, T., Mortimore, C., & Robertson, M. (1997). Another advanced test of theory of mind: Evidence from very high functioning adults with autism or Asperger syndrome. *Journal of Child Psychology and Psychiatry, 38*, 813-22.

Baron-Cohen, S., O'Riordan, M., Stone, V., Jones, R., & Plaisted, K. (1999). Recognition of faux pas by normally developing children and children with Asperger

syndrome or high - functioning autism. *Journal of Autism and Developmental Disorders, 29*, 407-418.

Cahill, L., Prins, B., Weber, M. et al. (1994). β -Adrenergic activation and memory for emotional events. *Nature, 371*, 702-704.

Cummings, J. L., Mega, M., Gray, K., et al. (1994). The Neuropsychiatric Inventory: comprehensive assessment of psychopathology in dementia. *Neurology, 44*, 2308-2314.

Davis, M. H. (1983). Measuring individual differences in empathy: Evidence for a multidimensional approach. *Journal of Personality and Social Psychology*, 44.

Ikeda, M., Mori, E., Hirono, N. et al.(1998). Amnestic people with Alzheimer's disease who remembered the Kobe earthquake. *British Journal of Psychiatry, 172*, 425-428.

池田　学 (2010). 認知症　専門医が語る診断・治療・ケア.　中央公論新社.

池田　学 (2014a). 前頭側頭葉変性症の症候学. 池田　学（編）日常臨床に必要な認知症症候学 (pp.50-62). 新興医学出版社.

池田　学 (2014b). 認知症者に対する自立と支援. 安西祐一郎（編）コミュニケーションの認知科学 5　自立と支援 (pp.11-26). 岩波書店.

Irish, M., Kumfor, F., Hodges, J.R., & Piguet, O. (2013). A tale of two hemispheres: contrasting socioemotional dysfunction in right-versus left-lateralised semantic dementia. *Dementia e Neuropsychologia, 7*, 88-95.

Hsieh, S., Irish, M., Daveson, N., Hodges, J. R., & Piguet, O. (2013). When one loses empathy: Its effect on carers of patients with dementia. *Journal of Geriatric Psychiatry and Neurology, 26*, 174-184.

Hwang, T. J., Masterman, D. L., & Ortiz, F. (2004). Mild cognitive impairment is associated with Characteristic neuropsychiatric symptoms. *Alzheimer Disease and Associated Disorders, 18*, 17-21.

Kazui, H., Mori, E., Hashimoto, M. et al. (2000). The impact of emotion on memory. A controlled study of the influence of emotionally charged material on declarative memory in Alzheimer's disease. *British Journal of Psychiatry, 177*, 343-347.

Kensinger, E. A. (2009). Remembering the details: Effects of emotion. *Emotion Review, 1*, 99-113.

Kipps, C. M. & Hodges, J. R. (2006). Theory of mind in frontotemporal

dementia. *Social Neuroscience, 1*, 235-244.
Kumfer, F., Irish, M., Hodges, J.R., Piguet, O. (2013). The orbitofrontal cortex is involved in emotional enhancement of memory: Evidence from the dementias. *Brain 136*, 2992-3003.
Gregory, C., Lough, S., Stone, V., Erzinclioglu, S., Martin, L., Baron-Cohen, S., & Hodges, J. R. (2002). Theory of mind in patients with frontal variant frontotemporal dementia and Alzheimer's disease: Theoretical and practical implications. *Brain, 125*, 752-764.
Kipps, C. M., Nestor, P. J., Acosta-Cabronero, J., Arnold, R., & Hodges, J. R. (2009). Understanding social dysfunction in the behavioural variant of frontotemporal dementia: The role of emotion and sarcasm processing. *Brain, 132*, 592-603.
Marin, R. S. (1991). Apathy: A neuropsychiatric syndrome. *Journal of Neuropsychiatry and Clinical Neurosciences, 3*, 243-254.
McDonald, S., Flanagan, S., & Rollins, J. (2007). *The Awareness of Social Inference Test (TASIT)*. Bury St Edmonds, UK: Thames Valley Test Company.
Mendez, M. M. (2010). The unique predisposition to criminal violations in frontotemporal dementia. *Journal of the American Academy of Psychiatry and the Law, 38*, 318-323.
Mori, E., Ikeda, M., Hirono, N. et al. (1999). Amygdalar volume and emotional memory in Alzheimer's disease. *American Journal of Psychiatry, 156*, 216-222.
守口善也 (2014). アレキシサイミアと社会脳. 苧阪直行（編）自己を知る脳・他者を理解する脳 (pp.1-39). 新曜社.
大東祥孝 (2010). 前頭側頭型認知症と心の理論. 池田　学（編）前頭側頭型認知症の臨床 (pp.132-137). 中山書店.
Perner, J. & Wimmer, H. (1985). John thinks that Mary thinks that: Attribution of second order beliefs by 5-year-old to 10-year-old children. *Journal of Experimental Child Psychology, 39*, 437-471.
Premack, D. & Woodruff, G. (1978). Does the chimpanzee have a theory of mind? *Behavioral and Brain Sciences, 1*, 515-526.
Rankin, K. P., Gorno-Tempini, M. L., Allison, S. C., Stanley, C. M., Glenn, S., Weiner, M. W., & Miller, B. L. (2006). Structural anatomy of empathy in

neurodegenerative disease. *Brain, 129*, 2945-2956.

Rascovsky, K., Hodges, J. R., Knopman, D., et al. (2011). Sensitivity of revised diagnostic criteria for the behavioural variant of frontotemporal dementia. *Brain, 134*, 2456-2477.

Shigenobu, K., Ikeda, M., Fukuhara, R., et al. (2002). The Stereotypy Rating Inventory for frontotemporal lobar degeneration. *Psychiatry Research, 110*, 175-187.

田邉敬貴 (2000). 痴呆の症候学. 医学書院.

Wilhelm, K. & Parker, G. (1988). The development of a measure of intimate bonds. *Psychological Medicine, 18*, 225-234.